电磁工程计算丛书

空气绝缘预测理论与应用

阮江军　邱志斌　舒胜文　著

科学出版社

北　京

内 容 简 介

本书主要阐述空气绝缘预测的基本理论、建模方法、放电电压预测及工程应用等。在此基础上，系统地提出空气间隙绝缘强度预测理论、方法与模型，详细阐述相应的研究思想与数学分析手段，并给出多种情况下的仿真计算与试验验证实例。将空间映射的思想与机器学习的方法引入空气放电的研究领域，通过电场仿真分析将空气间隙三维结构映射至电场分布特征量，结合表征电压波形的特征量，共同构成空气间隙的储能特征集，利用机器学习算法挖掘储能特征量与放电电压的灰关联映射关系，为空气放电理论与绝缘预测研究提供一种崭新的分析手段。

本书可作为高等院校高电压与绝缘技术专业研究生的参考书，也可供高等院校科研人员，电力系统设计、运行，以及电工装备制造部门工程技术人员参考。

图书在版编目（CIP）数据

空气绝缘预测理论与应用／阮江军，邱志斌，舒胜文著．—北京：科学出版社，2020.10

（电磁工程计算丛书）

ISBN 978-7-03-063233-3

Ⅰ．①空…　Ⅱ．①阮…②邱…③舒…　Ⅲ．①气体绝缘-放电电压-研究　Ⅳ．①TM853

中国版本图书馆 CIP 数据核字（2019）第 250639 号

责任编辑：魏英杰／责任校对：张小霞
责任印制：吴兆东／封面设计：苏　波

科学出版社 出版
北京东黄城根北街 16 号
邮政编码：100717
http：//www.sciencep.com

北京建宏印刷有限公司 印刷

科学出版社发行　各地新华书店经销

*

2020 年 10 月第　一　版　开本：787×1092　1/16
2021 年　3 月第二次印刷　印张：11 1/2
字数：273 000

定价：128.00 元

（如有印装质量问题，我社负责调换）

丛 书 序

电磁场理论的建立将电磁场作为一种新的能量形式，流转于各种电气设备与系统之间，对人类社会进步的推动和影响巨大且深远。电磁场已成为“阳光、土壤、水、空气”四大要素之后的现代文明不可或缺的第五要素。与地球环境自然赋予的四大要素不同的是，电磁场完全靠人类自我生产和维系，其流转的安全可靠性时刻受到自然灾害、设备安全、系统失控、人为破坏等各方面影响。

电气设备肩负电磁场能量的传输和转换的任务。从材料研制、结构设计、产品制造、运行维护至退役的全寿命过程中，电气设备都离不开电磁、温度/流体、应力、绝缘等各种物理性能的考量，它们相互耦合、相互影响。设备中的电场强度由电压（额定电压、过电压）产生，受绝缘介质放电电压耐受值的限制。磁场由电流（额定电流、偏磁电流）产生，受导磁材料的磁饱和限制。电流在导体中产生焦耳热损耗，磁场在铁芯中产生铁磁损耗，电压在绝缘介质中产生介质损耗，这些损耗产生的热量通过绝缘介质向大气散热（传导、对流、辐射），在设备中形成的温度场受绝缘介质的温度限值限制。电气设备在结构自重、外力（冰载荷、风载荷、地震）、电动力等作用下在设备结构中形成应力场，受材料的机械强度限制。绝缘介质在电场、温度、应力作用下会逐渐老化，其绝缘强度不断下降，需要及时检测诊断。由此可见，电磁-温度/流体-应力-绝缘等多不同物理场相互耦合、相互作用构成了电气设备内部的多物理场。在电气设备设计、制造过程中如何优化多物理场分布，在设备运维过程中如何检测多物理场状态，多物理场计算成为共性关键技术。

我的博士生导师周克定先生是我国计算电磁学的创始人，1995 年，我在周克定先生的指导下完成了博士论文《三维瞬态涡流场的棱边耦合算法及工程应用》，完成了大型汽轮发电机端部涡流场和电动力的计算，是我从事电磁计算领域研究的起点。可当我拿着研究成果信心满满地向上海电机厂、北京重型电机厂的专家推介交流时，专家们中肯地指出：涡流损耗、电动力的计算结果不能直接用于电机设计，需进一步结合端部散热条件计算温度场，结合绕组结构计算应力场。从此我产生了进一步开展电磁、温度/流体、应力多场耦合计算的念头。1996 年，我来到原武汉水利电力大学，从事博士后研究工作，师从高电压与绝缘技术领域的知名教授解广润先生，开始有关高电压与绝缘技术领域的电磁计算研究，如高压直流输电系统直流接地极电流场和土壤温升耦合计算、交直流系统偏磁电流计算、特高压绝缘子串电场分布计算等。1998 年博士后出站留校工作，在陈允平教授、柳瑞禹教授、孙元章教授等学院领导和同事们的支持和帮助下，历经 20 余年，先后面向运动导体涡流场、直流离子流场、大规模并行计算、多物理场耦合计算、状态参数多物理场反演、空气绝缘强度预测等国际计算电磁学领域中的热点问题，和课题组研究生同学们一起攻克了一个又一个的难题，形成了电气设备电磁多物理场计算与状态反演的共性关键技术体系。2017 年，我带领团队完成的“电磁多物理场分析关键技术及其在电工装备虚拟设计与状态评估中的应用”获湖北省科技进步奖一等奖。

本丛书的内容基于多年来团队科研总结，编委全部是课题组培养的博士研究生，各专题著作的主要内容源自他们读博期间的科研成果。尽管还有部分博士和硕士生的研究成果没有被本丛书纳入，但他们为课题组长期坚持电磁多物理场研究提供了有力的支撑和帮助，对此表示感谢！当然，还应该感谢长期以来国内外学者对课题组撰写的学术论文、学位论文的批评、指正与帮助，感谢科技部、自然科学基金委，以及电力行业各企业给课题组提供各种科研项目，为课题组开展电磁多物理场研究与应用提供了必要的经费支持。

编写本丛书的宗旨在于：系统总结课题组多年来关于电工装备电磁多物理场的研究成果，形成一系列有关电工装备优化设计与智能运维的专题著作，以期对从事电气设备设计、制造、运维工作的同行们有所启发和帮助。丛书编写过程中虽然力求严谨、有所创新，但缺陷与不妥之处也在所难免。“嘤其鸣矣，求其友声”，诚恳读者不吝指教，多加批评与帮助。

谨为之序。

阮江军

2019 年 7 月 1 日于珞珈山

前 言

空气间隙是高压输变电工程的主要外绝缘形式，其放电电压是外绝缘设计的重要依据。随着我国特高压输电系统的全面建设与发展，空气间隙放电研究更受到高电压工程领域的重点关注，探究是否能够通过理论研究计算得到空气间隙的放电电压值。在过去数十年内，人们已获得大量空气间隙放电电压实测数据，以及由此提出的经验公式。然而，空气放电计算理论仍然不够完善，如何建立科学的仿真模型并准确计算空气间隙的放电电压始终是个难题。

空气放电可以被认为是储存在间隙中的电场能量释放过程，间隙的储能状态与放电电压之间必然存在某种对应关系。我们编写本书的目的是希望在空气间隙绝缘预测研究方面另辟蹊径，探索空气放电计算理论研究的新思路、新方法，以准确预测空气间隙的放电电压值，实现输变电工程外绝缘结构的优化设计，同时为构建“计算高电压工程”学科体系提供有益探索。

本书是在总结作者多年来从事空气绝缘预测研究工作的基础上完成的，系统总结了武汉大学武汉大学高电压与绝缘技术创新团队在该领域取得的研究成果。

全书共 7 章。第 1 章是空气绝缘预测的研究背景，概述空气放电的研究与发展，以及空气绝缘预测的研究设想。第 2 章是空气绝缘预测的理论基础，主要介绍空气放电的影响因素、空气间隙的储能特征，以及空间映射的思想及应用。第 3 章是空气间隙放电电压预测模型，主要介绍空气绝缘预测模型的相关算法理论基础、建模手段和实现方法。第 4 章是电极结构的电晕起始电压预测，主要介绍预测模型在棒-板电极、绞线、阀厅均压球等电极结构的直流起晕电压预测方面的应用。第 5 章是空气间隙的稳态击穿电压预测，主要介绍预测模型在典型电极和异形电极短空气间隙工频击穿电压预测方面的应用。第 6 章是空气间隙的冲击放电电压预测，主要介绍预测模型在长空气间隙操作冲击和雷电冲击放电电压及伏秒特性预测方面的应用。第 7 章是空气绝缘预测模型的工程应用，主要介绍预测模型在输电线路绝缘子串并联间隙、输电线路杆塔空气间隙、直升机带电作业组合空气间隙等工程间隙结构放电电压预测中的应用。

本书由阮江军教授整体策划，编写大纲并对各章节内容进行修改和定稿。第 1、2、5、6、7 章由邱志斌博士编写，第 3、4 章由舒胜文博士编写。邱志斌博士，黄从鹏、徐闻婕、王学宗、金颀、卢威、邓永清等研究生对全书的文字、图表进行了校对和编辑，为本书付出很多心血。

限于作者水平，书中难免存在不妥之处，恳请读者批评指正。

作　者

2019 年 6 月于武汉

目 录

第1章

空气绝缘预测的研究背景

空气是电力系统中最常用的绝缘介质。空气绝缘要解决的问题是确定各种间隙结构在不同电压作用下的击穿电压，选择合适的电极结构与绝缘距离，指导电气设备的绝缘结构优化设计。空气放电计算理论至今尚不完善，目前很难对空气间隙的击穿电压进行准确的理论计算。国内外在超/特高压输变电工程的设计与建设中，主要通过成本高、周期长的放电试验获取空气间隙的绝缘强度，采用工程经验模型估计各类绝缘结构的放电特性，无法摆脱对放电试验与经验规律的依赖。因此，如何通过仿真计算获取空气间隙的放电电压值，受到高电压工程领域研究者的重视。

近年来，部分学者提出“计算高电压工程”这一研究构想，旨在推动以试验为主的传统高压绝缘学科向理论分析与仿真计算方面发展。其核心要素在于多物理场计算和绝缘放电计算。随着数值计算方法的快速发展和计算机数值计算能力的不断提升，多物理场耦合计算已经成为高电压工程领域的研究热点，在电工装备结构设计和状态评估中日益发挥重要的作用。目前，通过数值仿真可以实现高压电气设备的电磁、温度、应力、流体等多场耦合计算，仿真计算结果可用于校核设备绝缘是否满足机械性能和热性能的要求。然而，至关重要的绝缘强度还是依赖高电压试验技术。缺少绝缘计算的多物理场计算是不完整的。绝缘计算一直是制约电工装备虚拟设计与智能制造的短板。

绝缘介质的放电特性是高电压工程的学科基础。其放电电压是各类高压电气设备绝缘设计的重要依据。在各类电介质中，人们对空气放电的物理机制、统计规律及影响因素的研究最为成熟，因此实现空气绝缘计算/预测应成为计算高电压工程学科体系的重要组成部分及突破点。空气放电的研究已有上百年的历史，但至今仍没有形成完善的放电计算理论与放电计算模型，从宏观发展过程和微观物理机制都没有完全揭示空气放电的奥秘，因此空气放电的物理建模、数值仿真与绝缘计算始终难以取得突破性进展。鉴于此，探索实现空气绝缘计算/预测的新途径，形成面向工程间隙的绝缘强度预测理论和绝缘结构设计方法，具有重要的科学意义和应用价值。

本书介绍一种全新的空气绝缘预测理论与方法，以期为解决上述问题提供一条新途径，并为构建计算高电压工程学科体系提供有益支撑。本章首先简要回顾空气放电研究与发展概况，简述空气放电试验、放电理论与放电物理模型的研究现状及主要结论，然后提出空气绝缘预测的研究设想。

1.1　空气放电研究与发展

空气放电的试验与机理研究不仅在大气物理、等离子体物理等基础学科领域具有重要的理论价值,同时在高压输变电工程外绝缘设计与雷电防护等工程技术领域具有广泛的现实需求。空气间隙的放电研究主要涵盖放电特性试验、放电理论、放电物理模型。其共同的研究目标在于准确获取空气间隙在运行电压与过电压作用下的绝缘特性，指导绝缘配合设计。通过简要回顾空气放电的研究与发展，从中提炼相关结论与现存问题，可为建立全新的空气绝缘预测理论提供有益的启示。

1.1.1　空气放电试验

空气放电源于电场作用下的气体电离，当空气介质承受的电场强度超过一定限值时，或者说，当空气间隙储存的电场能量超过限值时，间隙内将发生放电而失去绝缘能力。影响电场分布和大气状态的因素都会改变空气间隙的绝缘强度。这些影响因素可以归纳为三个方面：决定电场空间分布的间隙结构、决定电场瞬时变化的加载电压和决定大气状态的气象参数[1,2]。多年来，空气放电试验的研究对象主要是上述三类因素对放电特性的影响规律。

早在 19 世纪，Paschen 就从实验中总结出均匀电场气隙的击穿电压 U_b 与气压 p 和间隙距离 d 的关系，称为 Paschen 定律。对于不均匀电场空气间隙的击穿电压，不仅要考虑间隙距离，还要考虑电场不均匀程度产生的影响。典型的均匀电场与不均匀电场空气间隙示意图如图 1-1 所示。平行板间隙的中间部分为均匀电场，间距/球径⩽0.5 的球隙之间的电场为稍不均匀电场。棒-板间隙（不对称结构）和棒-棒间隙（对称结构）之间的电场是典型的极不均匀电场。

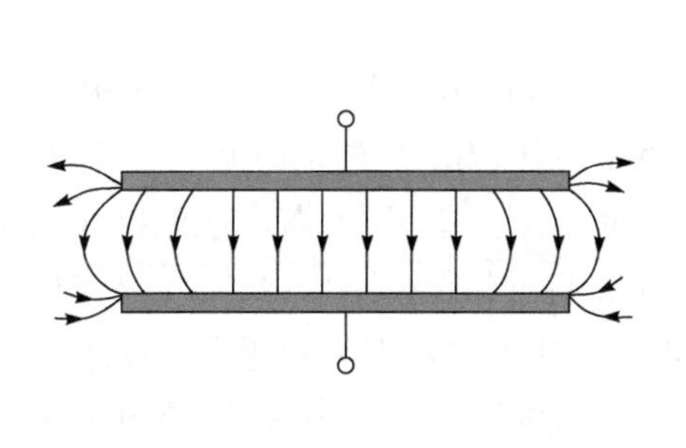

(a) 均匀电场(平行板间隙中间部分)

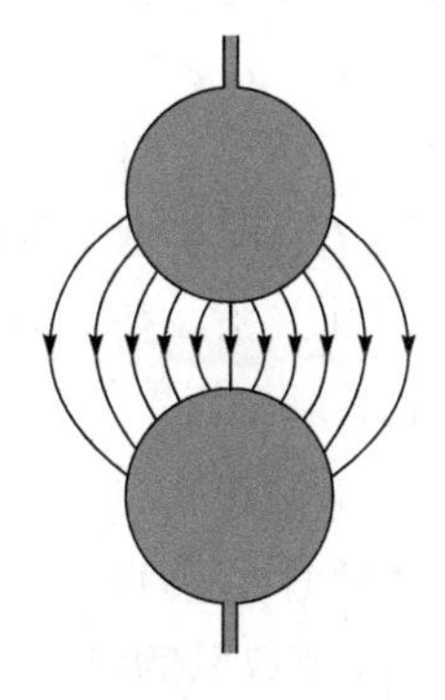

(b) 稍不均匀电场(球隙)

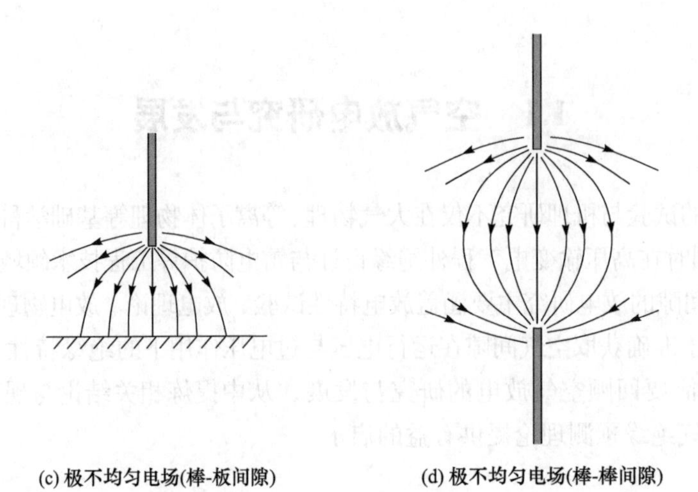

(c) 极不均匀电场(棒-板间隙)　　(d) 极不均匀电场(棒-棒间隙)

图 1-1　典型的均匀电场与不均匀电场空气间隙示意图

在均匀电场中，空气间隙的击穿电压可以根据 Paschen 定律进行计算，稍不均匀电场中空气间隙的击穿电压可以根据电场不均匀系数或起始场强经验公式进行估算。对于某些特定结构的极不均匀电场空气间隙，其击穿电压也可依据一些经验公式进行估算。一般而言，当间隙距离相等时，电场越不均匀的空气间隙，击穿电压越低；对于极不均匀电场中的长空气间隙，随着间隙距离的增大，在工频电压和操作冲击电压下的平均击穿场强逐渐减小，出现明显的饱和现象。

自 20 世纪中期以来，苏联、美国、加拿大、日本、中国等为了发展超/特高压输电技术，相继建立超/特高压试验基地，开展了大量的长空气间隙放电特性试验研究，获得了不同间隙结构在各类电压作用下的放电特性，并根据试验数据拟合得到许多实用的经验公式。

在超/特高压输电系统中，应根据操作过电压下的长空气间隙放电特性进行绝缘设计。通常情况下，由于正极性放电电压低于负极性，因此在绝缘配合中主要关注长空气间隙的正极性放电特性。长空气间隙在正极性操作冲击电压下的放电特性试验研究的主要结论可以总结如下。

（1）当间隙距离 d 一定时，长空气间隙的 50%放电电压 U_{50} 与冲击电压的波前时间 T_f 呈 U 形曲线关系，U_{50} 最小值对应的波前时间称为临界波前时间 T_{cr}。当间隙结构一定时，T_{cr} 与 d 近似呈线性关系。在具有 T_{cr} 的冲击电压作用下，若高压电极（如棒、导线等）的曲率半径 R 小于某一临界值 R_{cr} 时，U_{50} 将近似保持不变；当 $R > R_{cr}$ 时，U_{50} 将随着 R 的增加显著增大。R_{cr} 称为临界电晕半径，在大多数实际问题中，高压电极的半径都小于 R_{cr} [1]。此时，在具有 T_{cr} 的冲击电压下，空气间隙具有最小的 50%放电电压，记为 $U_{50,crit+}$。

（2）长空气间隙放电的试验对象一般包括棒-板、棒-棒等典型间隙和输变电工程间隙[3]。通过大量试验研究，许多学者根据试验数据拟合得到棒-板间隙在正极性操作冲击电压下的 $U_{50,crit+}$ 与间隙距离 d 的关系式[4-6]。这些公式具有不同的适用范围。

（3）输变电工程间隙的放电特性通常采用间隙系数进行修正[7,8]，认为任何结构空气间隙的正极性操作冲击 U_{50} 等于相同间隙长度的棒-板间隙在相同电压作用下的放电电压与间隙系数 k 的乘积。k 是一个独立于间隙长度 d 的系数，与间隙类型、电极结构有关[1]。国际电工委员会（International Electrotechnical Commission，IEC）标准[9]推荐采用 $U_{50}=k500d^{0.6}$ 拟合工程间隙结构的正极性标准操作冲击放电电压与间隙距离的关系。由于输电线路杆塔构架的电极结构与棒-板间隙差异较大，为了提高拟合精度，在实际应用中也常将幂指数作为拟合参量对放电试验数据进行拟合[10]。

（4）空气间隙的放电电压受气压、温度、湿度等大气参数的影响。这 3 个参数又都与海拔高度有关。不同大气条件或不同海拔高度下的空气间隙放电电压可以根据相关校正公式校正至标准大气条件下[11]。此外，雾、雨、沙尘、雾霾、火焰等复杂、恶劣环境条件对空气间隙的放电特性也具有明显的影响。

目前，基于放电试验得到的击穿电压与间隙距离之间的经验公式往往只在特定试验条件下适用，难以考虑更为丰富的间隙三维结构因素，当外推至其他条件时将产生较大的误差。在实际输变电工程中，间隙结构千差万别，依靠间隙系数修正复杂工程间隙的放电电压也存在较大误差，且对于每种新型间隙结构，其间隙系数的获取都需要通过大量的放电试验。

在影响空气间隙绝缘强度的主要因素中，间隙距离、电极结构等具有决定性的影响，冲击电压波形具有显著的影响[1]。在特定的电压波形和标准大气条件下，可以认为空气间隙的放电电压取决于间隙结构，而间隙结构与静电场分布存在一一对应的关系，因此若能建立静电场分布与放电电压的关联性，将有助于实现空气间隙的绝缘强度预测，突破通过试验获得间隙放电电压、利用工程经验模型估计放电特性[12]的研究现状。

1.1.2　经典放电理论

空气放电理论研究已有上百年的历史。20 世纪初，英国学者 Townsend 基于大量放电试验，系统研究了气体放电的规律，并提出著名的 Townsend 理论[13]，通过对气体放电物理过程的定量阐释，奠定了空气放电理论研究的基础。Townsend 理论能够对 Paschen 定律进行推导和阐释可以较好地解释均匀电场中低气压短间隙的气体放电过程，即电子碰撞气体分子形成电子崩，正离子撞击阴极使其表面电离产生二次电子，进而使放电达到自持。Townsend 理论在一系列假设的前提下，给出了放电电流和击穿电压的计算公式，但难以解释气体击穿的形成时延、放电通道的分枝等现象，且没有考虑电子崩引起的空间电荷效应。

20 世纪 30 年代末，德国学者 Raether 与美国学者 Loeb 和 Meek 分别独立地提出流注理论[14-16]，对 Townsend 理论的不足进行了较好的补充。流注理论认为空气放电是以流注的形式向前发展的。所谓流注，是指一种导电等离子体通道。流注理论描述的放电物理过程包括单个电子崩的发展、电子崩向流注的过渡，以及流注的发展。它认为电子碰撞电离和空间光电离是维持自持放电的主要因素。流程理论同时考虑电子崩和流注造成的空间电荷的电场畸变效应。

当间隙距离较长（如棒-板间隙距离大于 1m）时，若外施电压不足以让流注贯通整个间隙，仍有可能产生击穿。当流注发展到足够的长度后，将有许多电子沿着通道流向电极，通过通道根部的电子最多，导致流注根部温度升高，出现热电离，这个具有热电离过程的通道称为先导。20 世纪 70 年代，法国 Les Renardières 实验室[17-20]的研究者通过建立先进的放电观测系统，对长空气间隙的放电过程进行了系统的试验观测研究，记录了棒-板等典型间隙放电过程中的电压、电流、电荷、光谱及放电图像等放电物理参数，基本澄清了长空气放电的发展过程，同时解释了部分放电机理。

Les Renardières 实验室的研究者将正极性长空气间隙的放电过程归纳为初始电晕起始、流注先导转化、连续先导发展和末跃 4 个阶段。负极性长空气间隙放电是以梯级先导的方式不连续发展的，一次梯级先导的形成过程可归纳为初始电晕起始、空间芯柱（pilot system，PS）、空间先导（space leader，SL）和连接过程 4 个阶段。这些试验研究初步确定了长空气间隙放电过程中的基本物理参数，揭示了不同放电发展阶段的物理机制。

概括起来，引起空气放电的基本物理过程主要包括碰撞电离、光电离、热电离、阴极表面电离，以及电子吸附、复合、扩散等过程。目前，Townsend 理论和流注理论是被广泛接受的气体放电经典理论，但需要指出的是，流注理论还很粗糙。Les Renardières 实验室提出的流注-先导放电发展过程实际上仍是一种描述长空气间隙放电特性的假说。关于空气放电过程与放电理论，国内外已有许多著作进行了详细介绍，如文献[2]，[13]～[16]，[21]～[24]，这里不再赘述。

1.1.3　放电物理模型

为了对空气放电试验结果及放电物理过程进行解释，许多研究者提出基于大量简化与假设的放电物理模型，开展空气间隙放电过程的数值建模与仿真研究。其目标是实现长空气间隙的放电特性计算，建立仿真与试验相结合的绝缘配合分析手段。

空气间隙放电过程物理模型的基本思路是依次建立不同放电阶段的数学模型或判据，通过计算各个放电阶段的关键物理参数，实现对放电全过程的仿真分析，获得空气间隙在不同间隙结构、加载电压波形和大气条件下的放电特性[3]。现有的空气间隙放电物理模型主要针对正极性的情况，由于正极性放电包含不同的放电发展阶段，现有模型主要包括对于单个放电阶段（电晕起始、流注发展、先导形成与发展等）的仿真模型或判据，以及对于放电全过程的仿真模型（自洽模型）。正极性空气间隙的放电物理模型如表 1-1 所示。

表 1-1　正极性空气间隙的放电物理模型

放电阶段	代表性的物理模型
电晕起始	临界场强判据（Peek 公式[25]、Ortéga 公式[26]、Lowke 公式[27]等）、临界电荷判据（Raether 判据[14]等）、光电离模型[28-30]、临界体积模型[17]、Hepworth 电晕云模型[31]
流注发展	Gallimberti 等效电子崩模型[32,33]、Fofana 等效电路模型[34]、Goelian-Lalande 模型[35]、Becerra-Cooray 模型[36,37]、Ortéga 模型[38]、Arevalo 模型[39]
先导起始	Carrara 临界电晕半径判据[40]、Rizk 判据[41,42]、局部热平衡（local thermal equilibrium，LTE）模型（1500K 临界热电离温度判据、1μC 临界电荷判据）[33,35]
先导发展	Rizk 电弧模型[41]、局部热平衡模型[33]、非局部热平衡（non-LTE）模型[33,43]、Fofana 等效电路模型[34,44,45]、Becerra-Cooray 模型[36,37]
放电全过程仿真模型	Hutzler 模型[46]、Ortéga 模型[47]、Lemke 模型[48]、Aleksandrov 模型[49]、Jones 模型[50]、Carrara-Thione 模型[40]、Bazelyan 模型[51]、Rizk 模型[41,42]、Bondiou-Gallimberti 模型[35,52]、Arevalo 模型[53,54]、Beroual-Fofana 模型[55]

在表 1-1 中，部分模型仅对放电发展过程中的某个阶段进行了描述，部分模型对整个放电过程进行了建模仿真。它们对不同放电阶段的处理有所不同。文献[1], [3], [22], [55]对这些空气放电物理模型进行了介绍与评述，这些模型大都基于经典放电理论，具有丰富的物理内涵，有助于提高对空气放电内部过程的理解和认识，在大量简化与假设的前提下，可以计算某些特定间隙结构的放电物理参数并实现其放电电压预测。然而，由于空气放电理论尚不完善，部分现象缺乏合理的物理解释，部分物理参数难以统一取值，因此各个模型都有局限性，如何建立科学的放电物理模型并准确预测空气间隙的放电特性，仍有待进一步的研究。

1.1.4　现有研究的启示

关于空气放电的相关研究，包括试验、理论、模型，其目标均在于获取空气间隙的放电电压，指导输变电工程中的绝缘结构优化设计。从上百年的空气放电研究历史中，我们可以获得一些有益的启示。

（1）放电特性试验研究得出的经验公式只是一种数据拟合手段，其适用性必然受限于特定的间隙结构和试验条件，外推性能较差。对于目前广泛采用的间隙系数法，间隙系数 k 的取值往往依赖真型放电试验，且随着间隙结构的变化而改变。实际上，经验公式大都是放电电压与间隙距离的简单关系式，仅用间隙系数 k 这一个参数来综合表征不同电极结构的差异性是远远不够的，无法表达间隙距离和电极结构共同决定的空气间隙静电场分布，因此类似于 $U_{50}=k500d^{0.6}$ 的拟合公式只是对空气间隙放电电压与静电场分布关联性的简单描述。对于实际输变电工程中的绝缘间隙，如输电线路杆塔空气间隙，其结构十分复杂且形式多样，根据工程经验得出的间隙系数取值往往不适合新型间隙结构，因此不能简单采用间隙距离和间隙系数对空气间隙的三维空间结构进行表征，必须寻求更为有效的间隙结构表征方法。

（2）根据工程经验，所有间隙结构的正极性操作冲击放电电压都可以表示为相同尺度的棒-板间隙在相同操作冲击下的放电电压与间隙系数k的乘积，且k与间隙长度无关。也就是说，当给定间隙距离时，空气间隙的耐受电压具有一个基准值，对于不同的间隙类型和电极结构，其绝缘强度只是在这一基准值的基础上乘以一个系数。那么，可以将这种特性表述为空气介质的放电本征，它是空气介质在某种外部激励下能够耐受电压的固有属性。间隙结构与介质本征的综合作用结果即放电电压，间隙结构往往是已知的。介质本征是一个无法准确描述的虚拟量，放电电压可以通过试验进行测量，这种空气介质的放电本征可以通过间隙结构与放电电压的关联关系进行间接描述。

（3）空气放电的物理模型是一种基于因果分析与模型推导的理论计算方法，需要通过先进的测试技术对放电过程中的特性参数进行测量，结合对放电现象的物理解释和不断进步的计算科学，采用步进式的计算流程对空气放电起始、发展、击穿等各个阶段的因果关系进行数学描述和模型推导，揭示空气放电的内在机理与演化规律，并对相关的物理参数和放电电压进行计算。这一方法虽然具有充分的理论基础和丰富的物理内涵，但限于空气放电物理过程的内在复杂性，放电过程的不确定性影响因素众多，放电路径随机性强，部分关键物理参数的可控可测性差，难以形成对长空气间隙放电全过程进行严格描述的控制方程，对于不同放电发展阶段进行物理建模往往需要基于经验规律和许多简化假设。模型的适用性和计算结果的准确性必然受到影响。

（4）放电物理模型虽然种类多样，但目前尚没有一个模型能够直接应用于复杂工程间隙结构的放电电压计算。例如，Beroual-Fofana 等效电路模型[55]以电极几何参数、电压波形、大气压和温度等为输入参量，根据高压电极半径和间隙距离，利用 Peek 公式判断电晕起始，进而利用等效电网络对后续的放电发展过程进行模拟。该模型在棒-板间隙的 50%放电电压计算中取得成功[56]。然而，即使准确计算得到棒-板间隙的放电电压，在估算输变电工程间隙的放电电压时仍需要依赖间隙系数法。实际上，由于长空气间隙放电物理过程的复杂性和随机性，相关的放电理论和假说虽然能够对放电过程中的电、光、热等物理现象进行定性解释，但始终无法构建出描述这一复杂物理过程的控制方程。缺乏严格控制方程的理论计算，只能依赖一些经验规律和简化假设，难以实现对外绝缘设计的有效指导。因此，如何建立能够适用于复杂工程间隙结构的绝缘计算/预测模型，仍有待进一步探索。

1.2 空气绝缘预测的研究设想

空气放电是一种物理机制十分复杂的非线性时空演变过程，从宏观角度看，它是外部激励与空气介质相互作用的结果，因此空气放电系统可以视为一个因果问题，其中加载电压波形、间隙结构（静电场分布）等宏观因素是引起空气放电的“因”，是放电系统的外部激励，而放电电压是“果”，是放电系统的响应。由于放电过程难以采用显式的数学关系进行描述，因此这种因果关系缺乏严格的控制方程。从数学层面来看，空气放电的外部激励与放电电压存在一定的映射关系，相关的宏观影响因素可以表征为某些物理量或数学量，但这种映射关系无法通过某些具有明确物理意义的数学方程进行描述，因此可以将放电过程，也就是上述映射关系视为一个灰箱模型，从试验数据中训练得到各类影响因素与放电电压之间的隐式函数关系，进而实现除训练数据和模型结构以外的其他结构条件下的空气间隙放电电压预测。基于此，本书提出一种基于关联分析与数据挖掘的空气绝缘预测理论、方法与模型。

1.2.1　研究思路

如图 1-2 所示，对于一个空气放电系统，其放电电压取决于加载电压波形和间隙结构，其中电压波形决定电场的瞬时变化，间隙结构决定电场的空间分布，两者共同决定空气间隙在放电起始前的电场储能状态；在电压和空气介质的相互作用下，触发放电起始，经过粒子运动、电弧发展等中间演变过程，产生电、光、热等多种物理现象，导致间隙击穿。

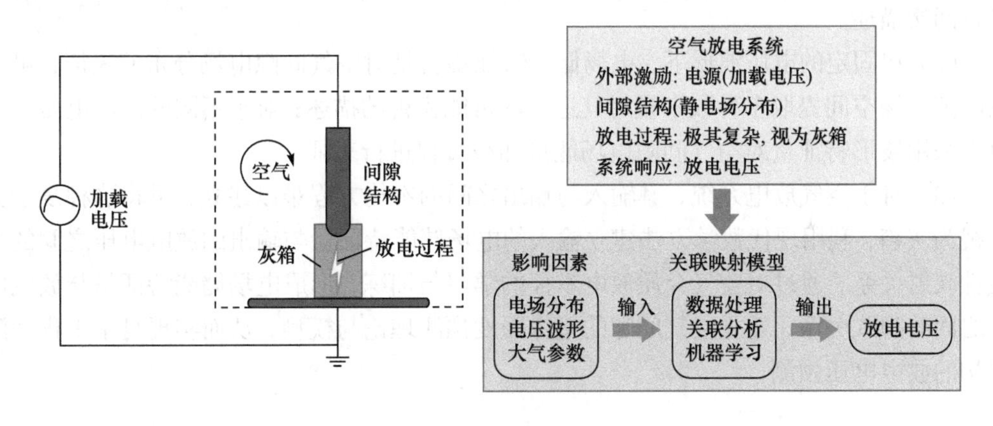

图 1-2　空气绝缘预测的研究设想

传统的空气放电物理模型是一种基于放电过程分析与模型推导的理论计算方法。与此不同，本书提出的空气绝缘预测理论是一种基于放电影响因素与放电电压关联分析与数据挖掘的智能预测方法。这一新的研究思路将放电过程视为一个灰箱，通过建立模型的输入特征集，对影响空气间隙绝缘强度的各类因素进行参数化表征，利用人工智能、机器学习等数据挖掘技术建立预测模型，并通过已知样本输入特征与放电电压之间的关联关系对模型进行训练，实现未知样本空气间隙的绝缘强度预测。该思路以确定性的宏观参数（可通过物理量或数学量定量表达）为研究对象，直接建立放电起始之前的电场储能状态（外部激励）与放电电压（系统响应）的关联性，可以避免对随时空演变且充满不确定性的放电物理过程的描述。通过对外部激励（加载电压、电场分布）的宏观调

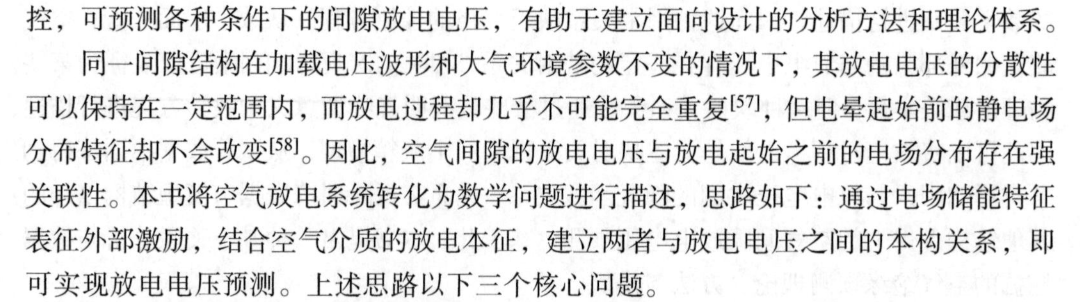

控，可预测各种条件下的间隙放电电压，有助于建立面向设计的分析方法和理论体系。

同一间隙结构在加载电压波形和大气环境参数不变的情况下，其放电电压的分散性可以保持在一定范围内，而放电过程却几乎不可能完全重复[57]，但电晕起始前的静电场分布特征却不会改变[58]。因此，空气间隙的放电电压与放电起始之前的电场分布存在强关联性。本书将空气放电系统转化为数学问题进行描述，思路如下：通过电场储能特征表征外部激励，结合空气介质的放电本征，建立两者与放电电压之间的本构关系，即可实现放电电压预测。上述思路以下三个核心问题。

（1）空气介质的放电本征如何表达？

（2）如何建立有效的电场储能特征集，对放电系统的外部激励进行合理的表征？

（3）如何建立系统输入与输出之间的本构关系？

解决上述问题成为建立空气绝缘预测模型的关键，围绕上述问题，我们提出如下设想。

（1）空气介质的放电本征是对介质在某种外部激励（电源+结构）下能够耐受的电压的整体反映。若已知典型电极结构（如球隙、棒-板、棒-棒等）在加载电压波形下的放电结果，则可以采用典型间隙结构与放电电压之间的映射关系对空气介质的放电本征进行间接描述。

（2）在固定的电压波形下，电场储能特征集就是对空气间隙电场分布的表征，可以从间隙电场空间提取多种数学量对其进行尽可能完善的描述；对于不同的冲击电压波形，可以采用波形特征量对空气间隙电场能量加载过程进行表征。

（3）对于空气放电系统，其输入与输出之间的本构方程难以建立，可将这种复杂关系视为灰箱，利用现代数学方法建立输入的电场储能特征量与输出的放电电压之间的非线性映射关系，通过对空气介质放电本征的学习与训练，形成电场储能特征量与放电电压之间的隐式关系，建立空气间隙的绝缘强度预测理论与模型，从而实现复杂工程间隙结构的放电电压预测。

1.2.2 实现方法

工程中，人们通常采用升降法进行冲击放电试验获取空气间隙的 50% 放电电压 U_{50}。具体实施方法是：首先估计 U_{50} 的预期值 U_i，第一次对空气间隙施加冲击电压值 U_i，若未引起放电，则下一次施加电压应为 $U_i+\mathrm{d}U$，其中 $\mathrm{d}U$ 为电压增量；若在 U_i 下发生放电，则下一次施加电压应为 $U_i-\mathrm{d}U$；如此反复升降施加电压至足够次数后，统计各级电压下的施加电压次数，并以此求出 U_{50}。

本书借鉴升降法试验的思想，将空气间隙放电电压预测由回归问题转化为二分类问题。设某一空气间隙 Ω_1 的放电电压为 U_b，定义 $[(100\%-a)U_\mathrm{b},U_\mathrm{b})$ 为耐受电压区间，记为−1；$[U_\mathrm{b},(100\%+a)U_\mathrm{b}]$ 为放电电压区间，记为 1，其中 a 根据经验及误差允许范围取值。采用上述方法，可将空气绝缘预测模型的输出由具体的放电电压值转化为-1 和 1 两个二分类的数值。

综合上述分析，本书提出的空气绝缘预测的实现方法可概括如下。

（1）采用未放电状态的电场分布特征集表征空气间隙的空间结构（能量空间分布），采用冲击电压波形特征量表征施加在间隙上的能量积累过程（时间梯度），将上述两类特征量构成的储能特征集作为预测模型的输入参量。

（2）基于二分类的思想，将空气间隙在加载电压下耐受或击穿分别表示为-1 和 1，作为预测模型的输出参量。

（3）采用人工智能或机器学习算法建立空气间隙的放电电压预测模型，建立电场分布+电压波形→放电电压的灰关联性。

（4）合理选取典型空气间隙的放电试验数据作为训练样本，通过电场计算获得其储能特征量，加载耐受区间和击穿区间内的电压对预测模型进行训练，采用经过训练和优化后的模型对其他非典型间隙结构的放电电压进行预测。

该方法假设空气间隙在特定电压波形和大气环境下的放电电压分散性可保持在一定范围内，不考虑实际情况中随机性因素对放电起始位置和放电发展路径的影响，仅从数学角度对空气间隙的储能状态特征量及其放电电压的多维非线性关系进行描述。

1.2.3　关键技术

实现空气间隙的绝缘强度预测必须依靠理论分析、数学建模、仿真计算、试验验证相结合的手段。根据上述思路，需要解决以下关键技术问题。

（1）电场储能特征集的定义和提取。根据空气放电的基本规律，构建表征空气间隙三维空间结构的电场分布特征集和表征能量加载过程的电压波形特征集，研究各类特征的计算、提取、选择和降维方法。

（2）空气绝缘预测模型的建立和优化。选取合适的智能算法构建空气绝缘预测模型，采用已知试验数据训练空气间隙的储能特征量与放电电压之间的多维非线性关系，通过典型预测算例分析各种因素对预测效果的影响规律。

（3）空气绝缘预测模型的算例实现与工程应用。利用空气绝缘预测模型对棒-板等各种典型间隙在不同电压类型下的放电电压进行预测，验证预测理论与模型的有效性，进而将其应用于复杂工程间隙结构的放电电压预测。

本书提出的空气绝缘预测研究设想以气体放电、计算电磁学、空间映射、人工智能与机器学习等相关理论为基础，涉及静电场仿真计算、冲击电压波形模拟、特征提取与选择、关联分析、机器学习与智能预测等技术方法。相关的数值计算与数学分析方法在电气工程学科已有广泛应用。本书将这些技术引入高压外绝缘领域，有望解决空气间隙绝缘强度预测这一传统难题，突破绝缘设计依赖试验的研究现状，有助于建立仿真与试验相结合的绝缘配合及电气设计方法体系，支撑输变电工程外绝缘结构的精细化设计。

1.3 本书内容概要

本书旨在提供一种全新的空气绝缘预测理论、方法与模型，并介绍其在不同间隙结构放电电压预测中的应用。

在后续各章节中，本书将相继介绍空气绝缘预测的理论基础、放电电压预测模型，以及预测模型在电极结构电晕起始电压预测、典型空气间隙稳态击穿电压与冲击放电电压预测中的应用。最后，介绍空气绝缘预测模型在复杂工程间隙放电电压预测中的应用案例。

参 考 文 献

[1] Thione L, Pigini A, Allen N L, et al. Guidelines for the evaluation of the dielectric strength of external insulation[R]. Paris: CIGRE Brochure, 1992.

[2] 马乃祥. 长间隙放电[M]. 北京: 中国电力出版社, 1998.

[3] 陈维江, 曾嵘, 贺恒鑫. 长空气间隙放电研究进展[J]. 高电压技术, 2013, 39（6）: 1281-1295.

[4] Gallet G, Leroy G, Lacey R, et al. General expression for positive switching impulse strength valid up to extra long air gaps[J]. IEEE Transactions on Power Apparatus and Systems, 1975, 94（6）: 1989-1993.

[5] Cortina R, Garbagnati E, Pigini A, et al. Switching impulse strength of phase-to-earth UHV external insulation-research at the 1000 kV project[J]. IEEE Transactions on Power Apparatus and Systems, 1985, 104（11）: 3161-3168.

[6] Kishizima I, Matsumoto K, Watanabe Y. New facilities for phase-to-phase switching impulse tests and some test results[J]. IEEE Transactions on Power Apparatus and Systems, 1984, 103（6）: 1211-1216.

[7] Paris L. Influence of air gap characteristics on line-to-ground switching surge strength[J]. IEEE Transactions on Power Apparatus and Systems, 1967, 86（8）: 936-947.

[8] Paris L, Cortina R. Switching and lightning impulse discharge characteristics of large air gaps and long insulator strings[J]. IEEE Transactions on Power Apparatus and Systems, 1968, 87（4）: 947-957.

[9] International Electrotechnical Commission. Insulation coordination. part 2: application guide: IEC 60071-2:1996[S]. Geneva：IEC, 1996: 187-197.

[10] 霍锋. 特高压输电线路长空气间隙绝缘特性及电场分布研究[D]. 武汉: 武汉大学博士学位论文, 2012.

[11] 孙才新, 司马文霞, 舒立春. 大气环境与电气外绝缘[M]. 北京: 中国电力出版社, 2002.

[12] 国家自然科学基金委员会工程与材料科学部. 电气科学与工程学科发展战略研究报告（2016～2020）[M]. 北京: 科学出版社, 2017.

[13] Townsend J S. The Theory of Ionization of Gases by Collision[M]. New York: D. Van Nostrand Company, 1910.

[14] Reather H. Electron Avalanches and Breakdown in Gases[M]. London: Butterworth, 1964.

[15] Loeb L B, Meek J M. The Mechanism of the Electric Spark[M]. Stanford: Stanford University Press, 1941.

[16] Meek J M, Craggs J D. Electrical Breakdown of Gases[M]. Oxford: Oxford University Press, 1953.

[17] Les Renardières Group. Research on long air gap discharges at Les Renardières[J]. Electra, 1972,（23）: 53-157.

[18] Les Renardières Group. Research on long air gap discharges at Les Renardières-1973 results[J]. Electra, 1974, （35）: 49-156.

[19] Les Renardières Group. Positive discharges in long air gap discharges at Les Renardières-1975 results and conclusions[J]. Electra, 1977, （53）: 31-153.

[20] Les Renardières Group. Negative discharges in long air gap discharges at Les Renardières-1978 results[J]. Electra, 1981, （74）: 67-216.

[21] Raizer Y P. Gas Discharge Physics[M]. Berlin: Springer, 1991.

[22] 杨津基. 气体放电[M]. 北京: 科学出版社, 1983.

[23] 徐学基, 诸定昌. 气体放电物理[M]. 上海: 复旦大学出版社, 1996.

[24] 严璋, 朱德恒. 高电压绝缘技术[M]. 2 版. 北京: 中国电力出版社, 2007.

[25] Peek F W. Dielectric Phenomena in High Voltage Engineering[M]. New York: McGraw-Hill, 1929.

[26] Ortéga P, Domens P, Dupuy J, et al. Long air gap discharges under non-standard positive impulse voltages. part 2: physical interpretation[C]//The 7th International Symposium on High Voltage Engineering, 1991: 105.

[27] Lowke J J, Alessandro F D. Onset corona fields and electrical breakdown criteria[J]. Journal of Physics D: Applied Physics, 2003, 36（21）: 2673-2682.

[28] Nasser E, Abou-Seada M. Calculation of streamer thresholds using digital techniques[C]//IEE Conference, 1970: 534-537.

[29] Abdel-Salam M, Nakano M, Mizuno A. Corona-induced pressures, potentials, fields and currents in electrostatic precipitator configurations[J]. Journal of Physics D: Applied Physics, 2007, 40（7）: 1919-1926.

[30] 郑跃胜，何金良，张波．正极性电晕在空气中的起始判据[J]．高电压技术，2011，37（3）：752-757.

[31] Hepworth J K, Klewe R C, Tozer B A. A model of impulse breakdown in divergent field geometries[J]. Journal of Physics D: Applied Physics, 1972, 5（4）: 730-740.

[32] Gallimberti I. A computer model for streamer propagation[J]. Journal of Physics D: Applied Physics, 1972, 5（12）: 2179-2189.

[33] Gallimberti I. The mechanism of the long spark formation[J]. Journal de Physique Colloques, 1979, 40（C7）: 193-250.

[34] Fofana I, Béroual A. A model for long air gap discharge using an equivalent electrical network[J]. IEEE Transactions on Dielectrics and Electrical Insulation, 1996, 3（2）: 273-282.

[35] Goelian N, Lalande P, Bondiou-Clergerie A, et al. A simplified model for the simulation of positive-spark development in long air gaps[J]. Journal of Physics D: Applied Physics, 1997, 30（17）: 2441-2452.

[36] Becerra M, Cooray V. A self-consistent upward leader propagation model[J]. Journal of Physics D: Applied Physics, 2006, 39（16）: 3708-3715.

[37] Becerra M, Cooray V. A simplified physical model to determine the lightning upward connecting leader inception[J]. IEEE Transactions on Power Delivery, 2006, 21（2）: 897-908.

[38] Ortéga P, Heilbronner F, Rühling F, et al. Charge-voltage relationship of the first impulse corona in long airgaps[J]. Journal of Physics D: Applied Physics, 2005, 38（13）: 2215-2226.

[39] Arevalo L, Cooray V, Wu D, et al. A new static calculation of the streamer region for long spark gaps[J]. Journal of Electrostatics, 2012, 70（1）: 15-19.

[40] Carrara G, Thione L. Switching surge strength of large air gaps: a physical approach[J]. IEEE Transactions on Power Apparatus and Systems, 1976, 95（2）: 512-524.

[41] Rizk F A M. A model for switching impulse leader inception and breakdown of long air gaps[J]. IEEE Transactions on Power Delivery, 1989, 4（1）: 596-606.

[42] Rizk F A M. Switching impulse strength of air insulation: leader inception criterion[J]. IEEE Transactions on Power Delivery, 1989, 4（4）: 2187-2195.

[43] Gallimberti I, Bacchiega G, Bondiou-Clergerie A, et al. Fundamental processes in long air gap discharges[J]. Comptes Rendus Physique, 2002, 3（10）: 1335-1359.

[44] Fofana I, Béroual A. Modelling of the leader current with an equivalent electrical network[J]. Journal of Physics D: Applied Physics, 1995, 28（2）: 305-313.

[45] Fofana I, Béroual A. A predictive model of the positive discharge in long air gaps under pure and

oscillating impulse shapes[J]. Journal of Physics D: Applied Physics, 1997, 30（11）: 1653-1667.

[46] Hutzler B, Hutzler-Barre D. Leader propagation model for predetermination of switching surge flashover voltage of large air gaps[J]. IEEE Transactions on Power Apparatus and Systems, 1978, 97（4）: 1087-1096.

[47] Ortéga P. Comportement diélectrique des grands intervalles d'air soumis à des ondes de tension de polarité positive ou negative[D]. Pau: Université de Pau et des Pays de l'Adour, 1992.

[48] Lemke E. Durchschlag mechanisms and Schlagweite-Durchschlagspannungs-Kennlinien von inhomogenen Luftfunkenstrecken bei Schaltspannungen [D]. Dresden: Technical University of Dresden, 1967.

[49] Aleksandrov G N, Podporkyn G V. Analysis of experimental data on the electric strength of long air gaps[J]. IEEE Transactions on Power Apparatus and Systems, 1979, 98（2）: 597-605.

[50] Jones B. Switching surges and air insulation[J]. Philosophical Transactions of the Royal Society of London. Series A, Mathematical and Physical Sciences, 1973, 275（1248）: 165-180.

[51] Bazelyan E M. The leader of a long positive spark[J]. Electric Technology USSR, 1987, （2）: 47-60.

[52] Bondiou A, Gallimberti I. Theoretical modelling of the development of the positive spark in long gaps[J]. Journal of Physics D: Applied Physics, 1994, 27（6）: 1252-1266.

[53] Arevalo L, Cooray V, Montano R. Numerical simulation of long laboratory sparks generated by positive switching impulses[J]. Journal of Electrostatics, 2009, 67（2/3）: 228-234.

[54] Arevalo L, Wu D, Jacobson B. A consistent approach to estimate the breakdown voltage of high voltage electrodes under positive switching impulses[J]. Journal of Applied Physics, 2013, 114（8）: 083301.

[55] Beroual A, Fofana I. Discharge in Long Air Gaps: Modelling and Applications[M]. Bristol: IOP Publishing, 2016.

[56] Fofana I, Beroual A, Rakotonandrasana J H. Application of dynamic models to predict switching impulse withstand voltages of long air gaps[J]. IEEE Transactions on Dielectrics and Electrical Insulation, 2013, 20（1）: 89-97.

[57] Wang Y, An Y Z, E S L, et al. Statistical characteristics of breakdowns in long air gaps at negative switching impulses[J]. IEEE Transactions on Dielectrics and Electrical Insulation, 2016, 23（2）: 779-786.

[58] 舒胜文, 阮江军, 黄道春, 等. 基于电场特征量和 SVM 的空气间隙击穿电压预测[J]. 中国电机工程学报, 2015, 35（3）: 742-750.

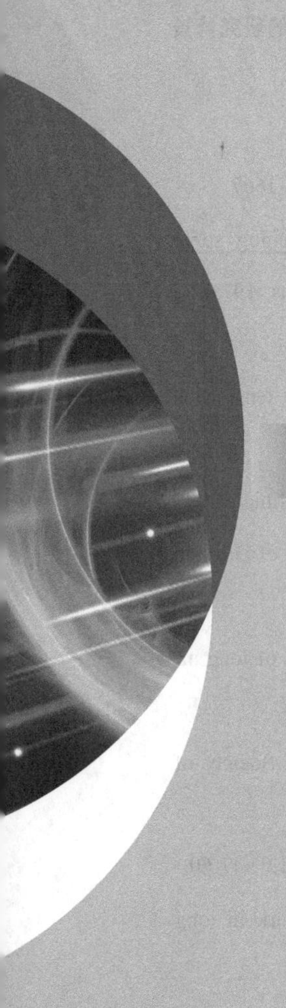

第 2 章

空气绝缘预测的理论基础

空气间隙的放电特性极为复杂，特别是对于极不均匀电场的长空气间隙，现有研究尚不能完全揭示其放电机理，因此短期内难以形成普遍的、易于使用的物理模型。空气放电仿真模型的困难在于：间隙击穿是一系列连续发展的物理现象的结果，而每一阶段的发展规律均具有统计性，同时需要考虑影响放电过程的各种因素，因此无法建立科学描述空气放电全过程的控制方程。从工程角度来看，各类放电模型的最终目的在于通过已知的宏观数据预测大尺度空气间隙的放电特性。这些宏观数据包括间隙结构、电压波形、大气参数等。目前尚难以建立科学的长空气间隙放电仿真模型，原因在于放电物理过程及数值建模与求解的内在复杂性。因此，要实现空气间隙的绝缘强度预测，必须设法对复杂的放电过程进行合理的处理。

本书提出的空气绝缘预测理论将放电过程研究前移至放电起始之前的空气间隙储能状态，将随机性强、可控可测性差的放电过程整体上视为一个灰箱，借鉴空间映射的思想，可以将空气间隙的三维结构空间映射为电场空间，通过建立表征电场空间分布与电场瞬时变化的特征集，利用人工智能与机器学习算法训练各类典型间隙结构的输入特征集与其放电电压的多维非线性关系，从而实现对非典型间隙结构的放电电压预测。

本章首先对空气放电的影响因素进行简要分析，然后对空气间隙的储能特征集，即电场分布特征和电压波形特征进行详细介绍，最后阐述空间映射思想在空气绝缘预测中的应用。

2.1　空气放电的影响因素

从宏观角度来讲，空气放电是储存在间隙中的电场能量向热能、光能等其他能量的转化释放过程，同时伴随着放电通道从绝缘状态向导电等离子体的转变[1]。从微观角度来讲，空气放电是一个涉及电子、离子、原子、分子、光子等多种粒子的复杂运动体系，在外加电场的作用下，这些粒子通过相互碰撞并交换能量，产生电离、复合、光子发射和吸收等微观物理现象[2]。

目前，以 Townsend 理论、流注理论和先导理论为代表的气体放电经典理论已被广泛接受，空气放电起始于自由电子在电场作用下的加速运动及其与气体分子的碰撞电离，由于电子和正离子的迁移率不同，可以形成电荷集中并改变原有电场分布，导致电离现象在间隙中沿着一定的通道发展，最终导致间隙击穿。基于对上述放电过程的认识，在过去的数十年间形成许多物理模型，试图从微观角度对空气放电的物理过程进行描述，解释空气放电的宏观规律。然而，受限于放电过程的内在复杂性，空气放电的物理机制仍然不够明晰，放电理论尚不完善，在短期内依然难以形成普遍适用的放电模型。

事实上，引起空气放电的电离现象可认为是电场和气体的相互作用，若想对空气间隙的放电机制进行完整而准确的描述，需要将放电发展过程中任何可能引起电场分布和气体状态变化的因素都考虑进来，这显然是十分困难的。然而，空气放电必然是由放电起始之前的宏观因素引起的，这些宏观影响因素可以归纳为电场分布、加载电压和大气环境 3 大类。其中，电场分布可通过以下两方面的参数进行表征[3,4]。

（1）静电场，取决于电极的几何形状、间隙距离、对地高度、与周围物体之间的距离等空间尺度因素。

（2）电场的暂态变化，取决于施加在间隙两端的电压波形，即时间尺度因素。

本书将静电场分布和加载电压波形分别作为两类因素进行考虑。静电场分布代表空气间隙在空间尺度上的储能状态。电压波形代表空气间隙在时间尺度上的能量加载过程。大气环境会对空气间隙的储能状态及放电起始之后的能量释放过程产生影响。

2.1.1　间隙结构

间隙结构是指决定电场空间分布的电极几何结构及间隙距离，在空气放电特性研究中涉及的间隙结构主要包括棒-板、棒-棒等典型间隙结构和输变电工程间隙结构两大类。目前，主要通过间隙长度、电极半径（球、棒等典型电极）等简单几何参数对间隙结构进行表征，已有的许多估算空气间隙放电电压的经验公式大多是放电电压 U 与间隙长度 d 之间的简单关系式。然而，电极形状、周围的接地体或带电体均会影响空气间隙的电场分布，仅通过间隙长度对间隙结构进行表征，难以准确描述影响空气间隙绝缘强度的更为丰富的三维结构因素，即无法准确描述空气间隙的三维电场分布。

分析认为，对于某一间隙结构，可通过电场分布对其三维空间结构进行表征，而电场分布可通过有限元仿真得到，并从计算结果中提取电场强度、电场能量、电场梯度、电场不均匀度等参数对其进行表征，将无穷维的电场分布转化为有限个与电场强度相关的特征参量，用以替代间隙长度、电极半径等描述间隙结构的简单几何参数。

2.1.2 电压波形

空气间隙的击穿电压和电压类型有关。电力系统中常见的电压类型包括直流电压、工频交流电压、操作冲击电压和雷电冲击电压。直流电压和工频交流电压统称为稳态电压或持续作用电压。它们具有恒定的波形，变化速度很小，放电发展时间与其相比可以忽略不计。操作过电压和雷电过电压的波形和幅值变化范围较大，且作用时间很短，通常采用250/2500μs标准操作冲击电压和1.2/50μs标准雷电冲击电压下空气间隙的放电特性对其绝缘强度进行考核。

电压波形决定电场的瞬时变化，当不同波形的电压作用于某一空气间隙时，将有不同的击穿电压。对于直流电压和工频交流电压下空气间隙的击穿特性，只考虑间隙结构（电场分布）的影响；对于操作冲击电压和雷电冲击电压下空气间隙的放电特性，还需要进一步考虑电压波形的影响。施加在间隙上的冲击电压波形可以通过测量得到，也可以通过计算机模拟出电压波形的形状，并通过电压幅值、电压作用时间、电压上升陡度、电压波形积分等参数进行表征。

2.1.3 大气环境

大气环境决定空气介质的本征属性。一般认为，影响空气间隙放电特性的大气参数主要是气压、温度和湿度。气压和温度反映空气介质的物理特性，可以通过相对空气密度进行表征，而湿度表征空气介质的化学成分，通常作为一个单独的参数。因此，IEC 推荐采用相对空气密度和绝对湿度两个参数来表征大气条件对空气间隙放电电压的影响，同时规定标准大气条件为气压 $p_0 = 101.3\text{kPa}$ 、温度 $t_0 = 20℃$ 、绝对湿度 $h_0 = 11\text{g/m}^3$ 。

目前，国内外相关标准规定了大气参数及海拔高度的校正公式，并已在工程实践中得到广泛应用。本书涉及的空气间隙放电电压均已校正修正至标准大气条件，因此暂不考虑不同大气环境下的空气绝缘预测。

2.2　空气间隙的储能特征量

2.2.1　电场分布特征量

对空气间隙而言，外施电压在电极之间产生的电场会对初始电晕起始、流注发展、流注先导转化、连续先导发展等各个放电阶段产生影响，而放电发展过程中产生的空间电荷又会对间隙之间的电场产生畸变作用。可见，电场与放电过程之间是一种复杂的相互作用机制，这种机制难以采用明确的数学表达式进行描述。在特定的电压波形下，空气间隙在电晕起始之前的静电场分布特征不会改变，但其放电发展过程却可能截然不同[5]。因此，可考虑直接建立静电场分布与放电电压之间的灰关联性，避免物理机制复杂、分散性大的放电过程研究。电场是无穷维分布，需要从中提取与放电电压存在强关联性的有限个特征量组成的特征集，用于空气间隙的放电电压预测模型。

1. 电场分布特征量的定义

以棒-板间隙为例，说明电场分布特征量的定义。如图 2-1 所示，半球头棒电极的半径为 R，间隙距离为 d。若在棒电极施加高压、板电极接地，则在棒电极表面附近的区域会产生电场集中，场强最大值应出现在棒电极端部，且沿着最短间距 d 所在的路径逐

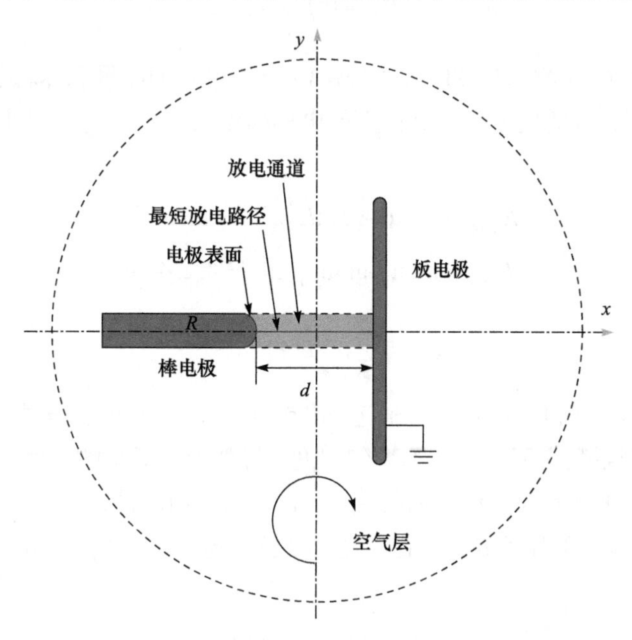

图 2-1　棒-板空气间隙放电通道、最短放电路径与电极表面示意图

渐降低。理想情况下，棒-板空气间隙的放电过程是沿着轴线从棒电极向板电极发展的，定义棒、板电极之间以 R 为半径的圆筒状区域为放电通道，间距 d 所在的路径为最短放电路径。棒-板空气间隙放电通道、最短放电路径与电极表面示意图如图 2-1 所示。由此易知放电发展过程主要取决于放电通道内和放电路径上的电场分布情况。这一区域的电场与放电电压存在强关联性，可用于作为空气间隙放电电压预测模型的输入参量。此外，电晕起始电压与电极表面状态有关，因此在进行电晕起始电压预测时，在电极表面也定义部分特征量。

空气间隙的电场分布可以通过有限元法计算得到，对电场计算结果进行后处理，便可提取出表征电场分布情况的特征集。根据图 2-1 所示的放电通道和最短放电路径示意图，本书定义以下 4 类电场分布特征量。

（1）电场强度，包括放电通道内的场强最大值 E_{m} 和场强平均值 E_{a}，即

$$E_{\mathrm{m}} = \max E_i, \quad i = 1,2,\cdots,n \tag{2.1}$$

$$E_{\mathrm{a}} = \sum_{i=1}^{n} E_i / n \tag{2.2}$$

式中，E_i 为第 i 个体单元场强的平均值；n 为体单元总数。

（2）电场能量，包括放电通道内的电场能量 W 和能量密度 W_{d}，即

$$W = \sum_{i=1}^{n} W_i = \sum_{i=1}^{n} \left(\frac{1}{2} \varepsilon_0 E_i^{\ 2} V_i \right) \tag{2.3}$$

$$W_{\mathrm{d}} = W \Big/ \sum_{i=1}^{n} V_i \tag{2.4}$$

式中，ε_0 为真空介电常数；W_i 和 V_i 分别为第 i 个体单元的能量和体积。

（3）电场梯度，包括最短放电路径上的电场梯度最大值 $E'_{\max}$、最小值 $E'_{\min}$ 和平均值 E'_{ave}，即

$$E'_{\max} = \max(|-\mathrm{grad}E_i|), \quad i = 1,2,\cdots,n \tag{2.5}$$

$$E'_{\min} = \min(|-\mathrm{grad}E_i|), \quad i = 1,2,\cdots,n \tag{2.6}$$

$$E'_{\mathrm{ave}} = \sum_{i=1}^{n} (|-\mathrm{grad}E_i|) / n \tag{2.7}$$

（4）电场不均匀程度。采用放电通道和最短放电路径上与电场强度、电场能量、电场梯度相关的比例系数表征电场的不均匀程度，可分为相对量的比例系数和绝对量的比例系数。相对量的比例系数包括场强畸变率 E_{d}、放电通道内超过 $x\%E_{\mathrm{m}}$ 区域所占体积的比例 V_{rx} 及其所占能量的比例 W_{rx}、最短放电路径上超过 $x\%E'_{\max}$ 的路径长度所占间隙长度的比例 E'_{rx}，即

$$E_{\mathrm{d}} = (E_{\mathrm{m}} - E_{\mathrm{a}}) / E_{\mathrm{a}} \tag{2.8}$$

$$V_{rx} = \sum_{xi=1}^{xn} V_{xi} \Big/ \sum_{i=1}^{n} V_i \tag{2.9}$$

$$W_{rx} = \sum_{xi=1}^{xn} W_{xi} / W \tag{2.10}$$

$$E'_{rx} = L_x / L \tag{2.11}$$

式（2.9）中，V_{xi} 为放电通道内第 i 个超过 $x\%E_m$ 体单元的体积；xn 为放电通道内超过 $x\%E_m$ 的体单元总数。式（2.10）中，W_{xi} 为放电通道内第 i 个超过 $x\%E_m$ 体单元的能量。式（2.11）中，L_x 为最短放电路径上超过 $x\%E'_{max}$ 的路径长度；L 为最短放电路径的总长度，即间隙距离；$x\%$取 90%、75%、50%和 25%。

绝对量的比例系数包括放电通道内超过 24kV/cm、7kV/cm 的区域所占体积的比例 V_{r24}、V_{r7} 和所占能量的比例 W_{r24}、W_{r7}，以及最短放电路径上场强值超过 24kV/cm、7kV/cm 的路径长度 L_{24}、L_7 及其所占间隙长度的比例 L_{r24}、L_{r7}，其计算公式与式（2.9）～式（2.11）类似。需要说明的是，24kV/cm 为标准大气条件下电离层边界 $(\alpha=\eta)$ 对应的场强值，可由式（2.12）～式（2.13）[6]计算得到，α 为电离系数，η 为附着系数；7kV/cm 为流注在均匀电场中稳定发展所需的场强值[7]。

$$\frac{\alpha}{\delta} = \begin{cases} 3632\exp\left(-168.0\dfrac{\delta}{E}\right), & 1.9 \leqslant \dfrac{E}{\delta} \leqslant 45.6 \\ 7358\exp\left(-200.8\dfrac{\delta}{E}\right), & 45.6 \leqslant \dfrac{E}{\delta} \leqslant 182.4 \end{cases} \tag{2.12}$$

$$\frac{\eta}{\delta} = 9.865 - 0.541\frac{E}{\delta} + 1.145\times10^{-2}\left(\frac{E}{\delta}\right)^2 \tag{2.13}$$

式（2.12）～式（2.13）中，α 和 η 的单位均为 cm^{-1}；E 的单位为 kV/cm，δ 为相对空气密度，即

$$\delta = \frac{p}{T}\cdot\frac{T_0}{p_0} = \frac{p}{p_0}\cdot\frac{273+t_0}{273+t} = \frac{2.89p}{273+t} \tag{2.14}$$

式中，p 为气压（kPa）；t 为温度（℃）；$p_0 = 101.3\text{kPa}$；$t_0 = 20℃$。

电极表面具有如下特征量。

（1）场强最大值 E_{ms}，其定义与式（2.1）相似，只是 E_i 为第 i 个面单元场强的平均值，n 为面单元总数。

（2）电极表面超过 $x\%E_{ms}$ 的区域所占表面积 S_x 为

$$S_x = \sum_{j=1}^{m} S_j \tag{2.15}$$

式中，S_j 为第 j 个超过 $x\%E_{ms}$ 的面单元的面积；m 为超过 $x\%E_{ms}$ 的面单元总数。

（3）电极表面超过 $x\%E_{ms}$ 区域所占表面积的比例 S_{rx} 为

$$S_{rx} = S_x / \sum_{i=1}^{n} S_i \tag{2.16}$$

式中，S_i 为第 i 个面单元的面积；n 为面单元总数。

同样，对于电极表面类特征量，x%取 90%、75%、50%和 25%。

上述特征量涵盖线、面、体 3 个空间维度，包含以下 6 种量纲，即电场强度，$LMT^{-3}I^{-1}$；电场能量，L^2MT^{-2}；能量密度，$L^{-1}MT^{-2}$；电场梯度，$MT^{-3}I^{-1}$；表面积，L^2；比例参数，无量纲。电场分布特征集从场强、能量、梯度、不均匀度（畸变率）等多个方面对电场分布情况进行了比较全面的描述，可以反映空气间隙的空间结构。

2. 电场分布特征量的提取方法

如图 2-2（a）所示，对电场分布特征量的提取方法进行说明。采用有限元方法建立棒-板间隙的二维轴对称计算模型，棒电极端部为半球形，直径为 $2R$，间距为 d。研究表明，理想情况下棒-板间隙的放电过程是沿着轴线从棒电极向板电极发展的[8]，定义放电通道和最短放电路径如图 2-2（a）所示，其中放电通道为棒-板电极之间宽度为 $2R$ 的区域。对放电通道、最短放电路径等区域进行加密剖分，如图 2-2（b）所示。对棒电极加载单位电位 1V，对板电极和截断空气边界加载零电位，以直径 20mm 棒，d=3cm 的情况为例，静电场分布的计算结果如图 2-2（c）所示。

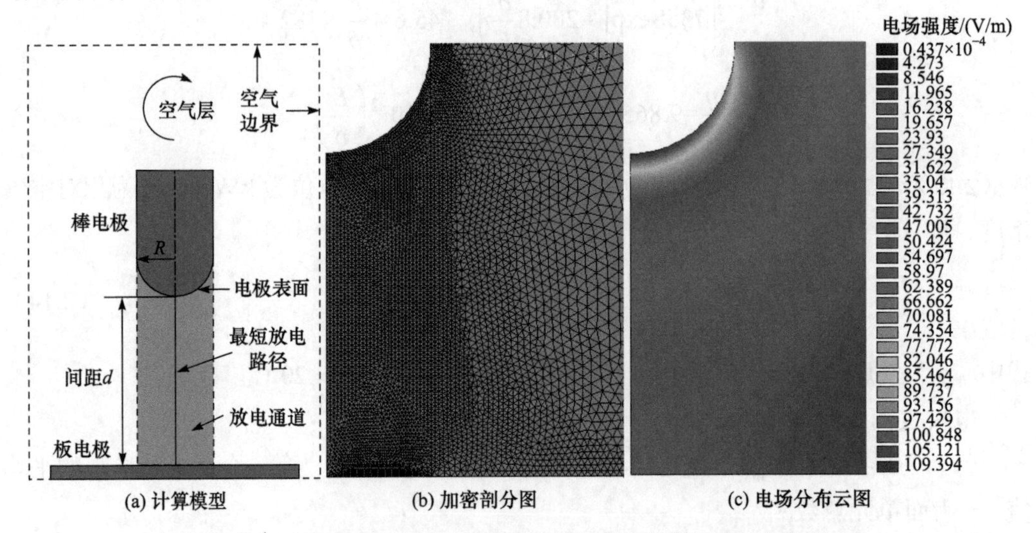

(a) 计算模型　(b) 加密剖分图　(c) 电场分布云图

图 2-2　棒-板空气间隙的静电场计算模型及计算结果示意图

采用类似方法对不同电极结构的空气间隙进行静电场计算。编写处理程序，从电场分布计算结果中提取节点、单元或路径上的电场计算值，以及节点或单元重心坐标、单元面积或体积等原始数据。进一步，根据各个电场分布特征量的定义和计算公式，编写程序计算得到各种间隙结构在加载电压下的电场分布特征量。

2.2.2　电压波形特征量

1. 电压波形特征量的定义

除静电场分布，加载电压波形也会显著影响空气间隙的放电电压。这里的加载电压主要是指操作冲击和雷电冲击电压，因为直流和工频交流等稳态电压的作用时间远大于间隙击穿所需的时间，可忽略其对放电特性的影响。IEC 标准[9]和中国国家标准[10]规定的冲击电压波形如图 2-3 所示。

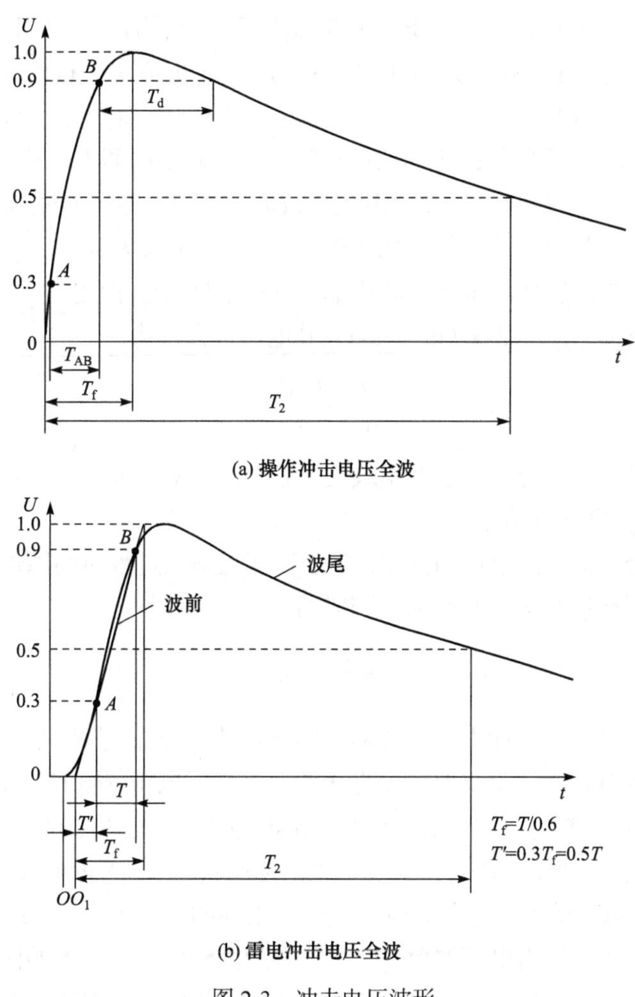

图 2-3　冲击电压波形

冲击电压的变化率、峰值、作用时间都会对空气间隙的放电特性产生影响。根据冲击电压波形的特点及其对空气间隙击穿的影响，本书采用如下基本特征量对电压波形进行表征。

（1）幅值特征，即冲击电压峰值U_{max}，表征能量施加的上限。冲击电压峰值U_{max}是电压波形在所有时刻下的最大值，即

$$U_{max} = \max(u(t)) \tag{2.17}$$

（2）时间特征，包括波前时间T_f和半峰值时间T_2。它们分别描述冲击电压波形的上升时间和持续时间。

对于操作冲击电压，波前时间T_f为电压波形实际原点到电压峰值时刻的时间间隔，半峰值时间T_2为电压波形实际原点和电压第一次衰减到半峰值时刻的时间间隔。

对于雷电冲击电压，用示波器提取波形时，零点附近往往模糊不清，或者存在起始振荡，波形的原点不容易确定；电压波的峰值附近比较平坦，在时间上也不容易确定。因此，IEC 标准和我国国家标准采用如图 2-3（b）所示的方法进行确定：在电压上升阶段，试验电压波形峰值的 30%和 90%对应的A、B两点作一条直线，该直线与时间轴的交点设为视在原点O_1，再根据O_1求出波前时间T_f和半峰值时间T_2。规定T_f为A、B之间时间间隔T的 1/0.6 倍，T_2为O_1点到试验电压波形下降到峰值一半时刻之间的时间间隔。

（3）陡度特征，指电压波形的平均上升率 $\mathrm{d}u/\mathrm{d}t$，定义为$30\%U_{max}$和$90\%U_{max}$之间拟合直线的斜率。该值表征电压上升的速率，对有效自由电子的产生具有重要影响。对于雷电冲击电压波形，从图 2-3（b）中易知其电压上升率为

$$\frac{\mathrm{d}u}{\mathrm{d}t} = \frac{U_{max}}{T_f} \tag{2.18}$$

由于电压上升阶段电压值与时间近似呈线性关系，因此对于操作冲击电压波形，同样采用式（2.18）近似求取其电压上升率。

（4）波形积分特征，指电压积分S，它表征能量施加过程对间隙击穿的累积作用。电压积分S指电压波形曲线与时间轴所围成的曲面面积，即

$$S = \int_0^{+\infty} u(t)\mathrm{d}t \tag{2.19}$$

上述基本特征量可以对冲击电压波形的整体特性进行描述。此外，有文献研究表明，空气间隙的冲击放电特性几乎仅取决于电压波形中高于电压峰值U_{max}某一比例的区域。Harada 等通过试验研究了操作冲击电压波形对空气间隙放电特性的影响，认为 50%放电电压U_{50}很大程度上取决于 90%电压峰值时刻的电压陡度[11]。Schneider 等认为，对于双指数波，$80\%U_{max}$以上的区域才是影响空气间隙击穿的主要因素。Menemenlis 等的试验研究表明[12]，对于操作冲击电压波形，电压上升阶段$85\%U_{max}$以上的区域是影响间隙击穿最重要的部分，而$85\%U_{max}$以下的波前形状对U_{50}和标准差都没有明显影响，据此提出 85%波前斜率k_{85}，以及 85%波前时间T_{85}的概念，认为在波形变化较为平缓时，可用这两个参数表征电压波形。其中，85%波前斜率k_{85}定义为在电压上升阶段$85\%U_{max}$时刻切线的斜率。该切线与时间轴和U_{max}交点确定的线段在时间轴上的投影定义为 85%波前时间T_{85}。可见，对于冲击电压波形何时影响间隙击穿，目前尚无定论。

为此，在冲击电压波形的波前部分 $x\%U_{\max}$ 时刻定义 5 个特征量，作为表征电压波形局部特性的附加特征量，其具体定义如下。

（1）$x\%$波前斜率 k_x 为

$$k_x = \left.\frac{\mathrm{d}u}{\mathrm{d}t}\right|_{t=t_x} \tag{2.20}$$

式中，t_x 为电压波形波前部分电压值上升到 $x\%U_{\max}$ 的时刻。

（2）超过 $x\%U_{\max}$ 的时间间隔 T_x 为

$$T_x = t_x' - t_x \tag{2.21}$$

式中，t_x' 为电压波形波尾部分衰减到 $x\%U_{\max}$ 的时刻。

（3）超过 $x\%U_{\max}$ 的波前时间间隔 T_{fx} 为

$$T_{fx}=T_f - t_x \tag{2.22}$$

（4）超过 $x\%U_{\max}$ 的波形区域电压积分 S_x 为

$$S_x = \int_{t_x}^{t_x'} u(t)\mathrm{d}t \tag{2.23}$$

（5）超过 $x\%U_{\max}$ 的波前部分电压积分 S_{fx} 为

$$S_{fx} = \int_{t_x}^{T_f} u(t)\mathrm{d}t \tag{2.24}$$

冲击电压波形附加特征量的定义如图 2-4 所示，其中 k_x 为陡度特征，T_x 和 T_{fx} 为时间特征，S_x 和 S_{fx} 为波形积分特征。本书 $x\%$分别取 60%、75%和 90%。

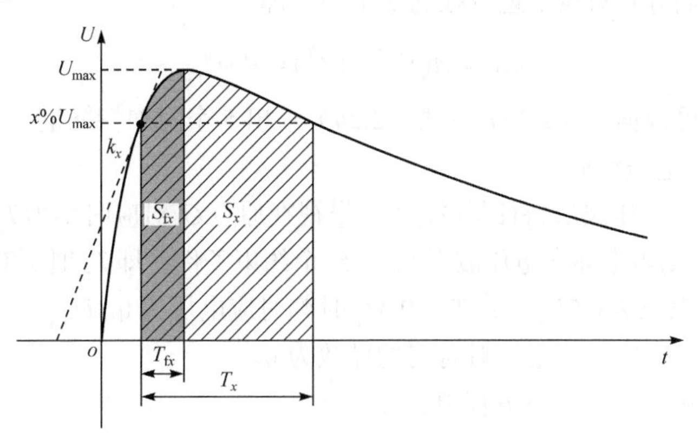

图 2-4　冲击电压波形附加特征量的定义

2. 电压波形特征量的求取方法

在工程中，常用双指数函数对冲击电压波形进行模拟，全波表达式可以写为

$$u(t) = A(\mathrm{e}^{-\alpha t} - \mathrm{e}^{-\beta t}) \tag{2.25}$$

式中，A 为幅值系数；α 和β 分别为波尾和波前时间常数的倒数。

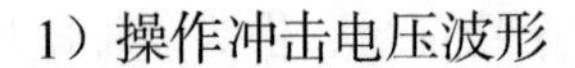

1）操作冲击电压波形

根据操作冲击全波的定义，可知其存在3个约束条件。

（1）波前时间T_f对应时刻的电压为峰值电压U_{max}。

（2）半峰值时间T_2对应时刻的电压为U_{max}的一半。

（3）波前时间T_f对应时刻的电压对时间的导数为0。

根据上述约束条件有如下方程组，即

$$\begin{aligned} u(T_f) &= A(e^{-\alpha T_f} - e^{-\beta T_f}) = U_{max} \\ u(T_2) &= A(e^{-\alpha T_2} - e^{-\beta T_2}) = 0.5U_{max} \\ \left.\frac{du}{dt}\right|_{t=T_f} &= A(\beta e^{-\beta T_f} - \alpha e^{-\alpha T_f}) = 0 \end{aligned} \tag{2.26}$$

在实际应用中，对冲击电压波形进行描述时，往往已知电压峰值U_{max}、波前时间T_f和半峰值时间T_2，可根据式（2.18）求得电压上升率du/dt。通过MATLAB软件编程，采用最小二乘法对非线性方程组（2.26）进行求解，即可得到A、α和β，从而确定冲击电压波形的双指数函数表达式。

由定积分可进一步求得电压积分S，即

$$S = \int_0^{+\infty} u(t)dt = \int_0^{+\infty} A(e^{-\alpha t} - e^{-\beta t})dt = A\left(\frac{1}{\alpha} - \frac{1}{\beta}\right) \tag{2.27}$$

此外，为了求取$x\%U_{max}$时刻对应的5个附加特征量，首先求取$x\%U_{max}$对应的2个时刻t_x和t'_x，它们分别对应下述方程的2个根，即

$$u(t) = A(e^{-\alpha t} - e^{-\beta t}) = x\%U_{max} \tag{2.28}$$

求出t_x和t'_x后，可根据式（2.20）～式（2.24）求出5个附加特征量。

2）雷电冲击电压波形

对于雷电冲击电压波形特征量的求取，设视在原点O_1对应时刻为T_0，电压峰值U_{max}对应时刻为T_m，则雷电冲击电压波形共有 5 个约束条件，即T_m时刻对应电压为U_{max}；$T_0 + T_2$时刻对应电压为$0.5U_{max}$；$T_0 + 0.3T_f$时刻对应电压为$0.3U_{max}$；$T_0 + 0.9T_f$时刻对应电压为$0.9U_{max}$；T_m时刻电压对时间的导数为0。

根据上述约束条件有如下方程组，即

$$\begin{aligned} u(T_m) &= A(e^{-\alpha T_m} - e^{-\beta T_m}) = U_{max} \\ u(T_0 + T_2) &= A[e^{-\alpha(T_0+T_2)} - e^{-\beta(T_0+T_2)}] = 0.5U_{max} \\ u(T_0 + 0.3T_f) &= A[e^{-\alpha(T_0+0.3T_f)} - e^{-\beta(T_0+0.3T_f)}] = 0.3U_{max} \\ u(T_0 + 0.9T_f) &= A[e^{-\alpha(T_0+0.9T_f)} - e^{-\beta(T_0+0.9T_f)}] = 0.9U_{max} \\ \left.\frac{du}{dt}\right|_{t=T_m} &= A(\beta e^{-\beta T_m} - \alpha e^{-\alpha T_m}) = 0 \end{aligned} \tag{2.29}$$

方程组（2.29）包含 5 个方程和 5 个未知数，已知 U_{max}、T_f 和 T_2 也可求出 A、α 和 β，然后进一步求得电压上升率 du/dt 和电压积分 S，以及 $x\%U_{max}$ 时刻对应的附加特征量，求取方法与操作冲击电压波形一致。

2.2.3　储能特征集

综上所述，本书定义的空气间隙的储能特征集如表 2-1 所示。在实际应用时，可根据需要选择不同类型特征量的组合进行分析。例如，在分析稳态电压（工频交流、直流）作用下的空气间隙击穿特性时，由于加载电压波形恒定，可不考虑电压波形特征量。本书对于电晕起始电压预测，同时考虑放电通道、最短放电路径和电极表面 3 类电场分布特征量；对于击穿电压预测，只考虑放电通道和最短放电路径 2 类电场分布特征量。

表 2-1　空气间隙的储能特征集

分类	储能特征量
电场分布特征量	放电通道：场强最大值 E_m、场强平均值 E_a；电场能量 W、能量密度 W_d；场强畸变率 E_d，超过 $x\%E_m$ 区域所占体积和能量的比例 V_{rx} 和 W_{rx}；场强值超过 24kV/cm 和 7kV/cm 的区域所占体积、能量的比例 V_{r24}、V_{r7} 和 W_{r24}、W_{r7}
	最短放电路径：电场梯度最大值 E'_{max}、最小值 E'_{min}、平均值 E'_{ave}；超过 $x\%E'_{max}$ 路径所占的比例 E'_{rx}；场强值超过 24kV/cm 和 7kV/cm 的路径长度 L_{24}、L_7 和比例 L_{r24}、L_{r7}
	电极表面：场强最大值 E_{ms}；超过 $x\%E_{ms}$ 区域所占表面积 S_{90}、S_{75}、S_{50}、S_{25} 及其比例 S_{r90}、S_{r75}、S_{r50}、S_{r25}
电压波形特征量	基本特征量：冲击电压峰值 U_{max}；波前时间 T_f；半峰值时间 T_2；电压上升率 du/dt；电压积分 S
	附加特征量：$x\%$波前斜率 k_i；超过 $x\%U_{max}$ 的时间间隔 T_x；超过 $x\%U_{max}$ 的波前时间间隔 T_{fx}；超过 $x\%U_{max}$ 的波形区域电压积分 S_x；超过 $x\%U_{max}$ 的波前部分电压积分 S_{fx}

2.3　空间映射的思想及应用

本书提出的空气绝缘预测思路借鉴空间映射的思想，从数学层面对空气放电问题进行再认识，将复杂的空气放电系统转化为多对一关联映射问题，通过建立系统输入（电场储能特征 E、空气介质本征）与输出（放电电压 U）之间的隐式映射关系，实现空气间隙的放电电压预测。

2.3.1　空间映射的基本思想

空间映射（space mapping，SM）技术最早由 Bandler 等于 1994 年提出[13]。其基本思想是通过某种数学方法结合粗糙模型（coarse model）和精细模型（fine model），建立两个模型中设计参数之间的映射关系，并不断地迭代优化该映射关系，找出精细模型的最优解。

空间映射算法涉及两个模型，其一是准确的但效率较低的模型，称为精确模型；其二是虽然不够准确，但十分高效的模型，称为粗糙模型。假设某个物理对象的性能取决于一系列参数，为了寻找最优参数设置，在寻优过程中需要发现与某些中间参数集相应的模型响应，这可能需要采用某种数学优化算法进行函数求解，这些求解过程往往耗费较大（如数值计算量大、计算效率低），以至于传统的优化算法在应用中显得不切实际。因此，空间映射技术的目标就是寻求一种捷径，采用成本较低，可能不够精确，但具有相同物理机制的粗糙系统获得原始模型最优参数设置的相关信息[14]。

下面以微波无源电路优化过程为例进行说明[15]。

电路的电磁仿真模型能够较为准确、全面地反映电路实际特性，称为精确模型。该电路的经验模型或等效电路模型只能近似、部分地反映电路实际特性，称为粗糙模型。如图 2-5 所示，假设响应结果匹配的精确模型与粗糙模型设计参量之间存在一定的映射关系，该映射关系可以是显式（可以用数学关系式表达）、隐式（不能用数学关系式表达）、线性或非线性的。采用空间映射方法进行电路优化，首先获取粗糙模型的最优设计参量，使之满足设计要求；然后利用粗糙模型的最优设计参量和建立的映射关系的逆映射来预测精确模型的设计参量，如果采用预测得到的精确模型设计参量进行精确空间仿真所得的响应能够满足设计要求，那么预测的精确模型设计参量就是电路优化设计值，且建立的映射关系能够准确反映两设计参量空间之间的关系；否则，对设计参量空间之间的映射关系进行更新、改善，同时不断获取精确模型新预测的设计参量并进行验证，直到电路优化设计值满足设计要求，优化过程才最终收敛和成功。

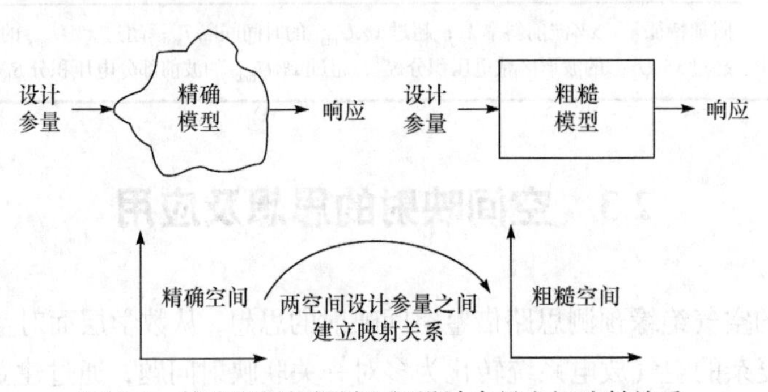

图 2-5　精确空间与粗糙空间设计参量之间映射关系

某个电路优化问题给定如下数学表达，即

$$x_f^* = \arg\min_{x_f} U(R_f(x_f)) \tag{2.30}$$

其中，$R_f \in \mathbf{R}^{m\times1}$，代表一个具有 m 个响应点的精确空间响应参量；$x_f \in \mathbf{R}^{n\times1}$，代表一个具有 n 个参量的精确模型设计参量；$U(R_f(x_f))$ 为表示误差的函数，即目标函数；x_f^*

为精确空间参数的待定优化设计参量，假设具有唯一性。

同理，粗糙空间 R_c、x_c、x_c^* 可以相似定义。

假设在精确模型和粗糙模型的设计参量空间之间存在一个映射 P，即

$$x_c = P(x_f) \tag{2.31}$$

使得两空间的响应匹配，即

$$R_c(P(x_f)) \approx R_f(x_f) \tag{2.32}$$

参量空间的映射关系如图 2-6 所示。

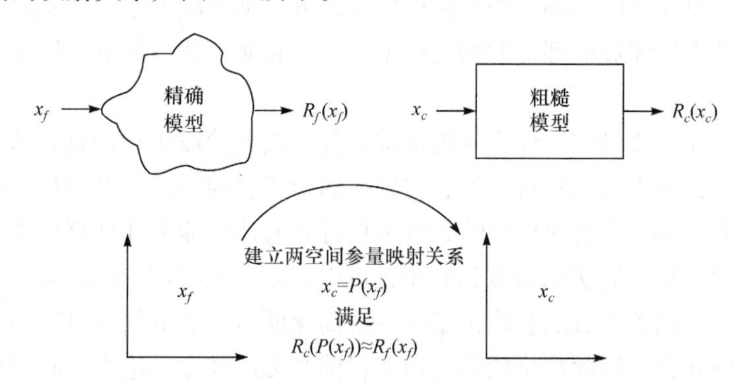

图 2-6　参量空间的映射关系

通常把响应互相匹配的一对精确模型设计参量 x_f 和粗糙模型设计参量 x_c 称为相关参量。要建立映射 P，必须先得到至少一对相关参量，通常是迫使粗糙模型空间响应逼近精确模型空间响应，得到精确模型设计参量对应的粗糙模型相关设计参量。该过程称为参量抽取，其数学表达为

$$x_c = \arg\min_{x_c} \left\| R_f(x_f) - R_c(x_c) \right\| \tag{2.33}$$

参量抽取技术是空间映射方法中的关键步骤，抽取过程的非唯一性可能引起算法失败，在以往的研究中提出多点参量抽取、统计参量抽取、惩罚参量抽取、包含频率映射的参量抽取、梯度参量抽取等技术。参量抽取可以避免对精确模型进行直接优化，把许多优化工作转移到粗糙空间完成，精确空间仿真仅用来提供所需数据样本或验证算法是否收敛。

若已经获取粗糙模型的最优设计参量 x_c^*，通过映射关系 P 的逆映射就可以预测精确模型的设计参量 $\overline{x}_f$，即

$$\overline{x}_f = P^{-1}(x_c^*) \tag{2.34}$$

若预测得到的精确模型设计参量 $\overline{x}_f$ 使精确模型空间的响应 $R_f(\overline{x}_f)$ 符合设计指标，那么得到的预测参量就是最终的电路优化设计参量，即 $x_f^* = \overline{x}_f$，且映射关系 P 能够准确地

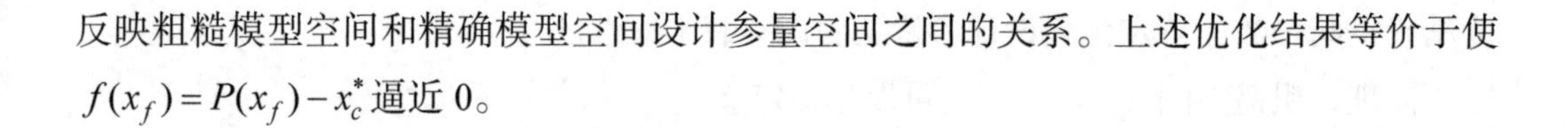

反映粗糙模型空间和精确模型空间设计参量空间之间的关系。上述优化结果等价于使 $f(x_f)=P(x_f)-x_c^*$ 逼近 0。

2.3.2 空间映射在绝缘预测中的应用

通过对空间映射的基本思想进行分析，可知其与空气间隙绝缘强度预测的研究设想有如下相似之处。

（1）空间映射涉及的精确模型和粗糙模型，可分别对应于空气间隙放电电压预测的两种模型，即基于气体放电理论的物理模型、基于储能特征与放电电压灰关联性的绝缘预测模型。

物理模型采用“步进式”计算流程依次对各个放电阶段进行仿真，基本能够反映放电的发展过程，具有丰富的物理内涵，但以往的半经验模型往往基于许多简化假设，计算结果不够精确，而基于微观模型的数值仿真对数值计算能力和计算机硬件性能的要求较高，受限于数值求解算法的精度和效率，难以应用于大尺度求解。同时，由于气体放电理论尚不完善，相关参数的获取仍基于一些简化假设，放电物理过程的分散性与随机性难以进行数学建模，因此严格的物理模型目前尚无法建立。绝缘预测模型的物理意义有所欠缺，但其建立的基础为储能特征与放电电压的关联性。其方法内涵与现有的物理共识相吻合。此外，绝缘预测模型的计算效率可以较高，更易于实现。

（2）空间映射技术中两类模型的设计参量可分别对应于物理模型中的关键物理参数和绝缘预测模型的储能特征输入量。

物理模型中的关键物理参数如下。

① 流注（电晕）起始阶段。电子碰撞电离系数 α、电子附着系数 η、电子扩散系数 D_e、电子迁移速率 v_e、光电子发射系数 γ_{ph}、光电子吸收系数 μ、几何因素 g、流注起始临界电荷数 N_{crit}、流注起始临界场强 E_0 等。

② 流注发展阶段。流注区空间电荷量 Q_C、流注通道场强 E_s、流注直径 D_s、流注分支角度 θ_s、流注速度 v_s 等。

③ 先导起始阶段。临界热电离温度 T_{crit} 等。

④ 先导发展阶段。先导通道电荷密度 q_l、先导发展速度 v_l、先导通道半径 R_l、先导通道内部场强 E_l 等。

绝缘预测模型的储能特征输入量如下。

① 电场分布特征量。电场强度 E、电场能量 W、能量密度 W_d、电场梯度 E_g、电场不均匀度 f（或表征电场不均匀程度的比例系数）等。

② 电压波形特征量。电压幅值 U_m、电压作用时间（波前时间 T_f、半峰值时间 T_2）、电压上升率 du/dt、电压波形积分 S 等。

③ 空气介质属性特征量。气压 P、温度 T、湿度 H 等。

需要指出的是，物理模型中部分关键物理参数尚未统一，各放电阶段的转化机制也尚未完全明晰，因此目前难以形成精细化的数学物理模型。而绝缘预测模型的储能特征量却可以进行定量化的表征，且均为可测、可控的物理量。

（3）空间映射技术中两类模型的响应对应于物理模型和绝缘预测模型的输出量——放电电压。

此外，空间映射的基本思想与空气绝缘预测的研究设想也存在一些差异，主要包括以下两点。

① 空间映射研究方法的目标是获取使某个物理对象具有最高性能的最优参数设置，也就是说，其目标是获取精确模型的输入参量。空气绝缘预测的目标是获取在已知间隙结构、加载电压、大气环境下的空气间隙放电电压，也就是说，其目标是获取预测模型的输出参量。

② 空间映射方法的关键是参量抽取技术，即建立精确模型与粗糙模型输入参量之间的空间映射关系。空气绝缘预测的关键是建立输入参量（储能特征量）与输出参量（放电电压）之间的映射关系。

基于上述异同，借鉴空间映射的思想，可以构建以下空气绝缘预测方法。

（1）如图 2-7 所示，对某一空气间隙的放电特性，已知间隙结构、加载电压和大气环境，获取其放电电压有 3 种途径。

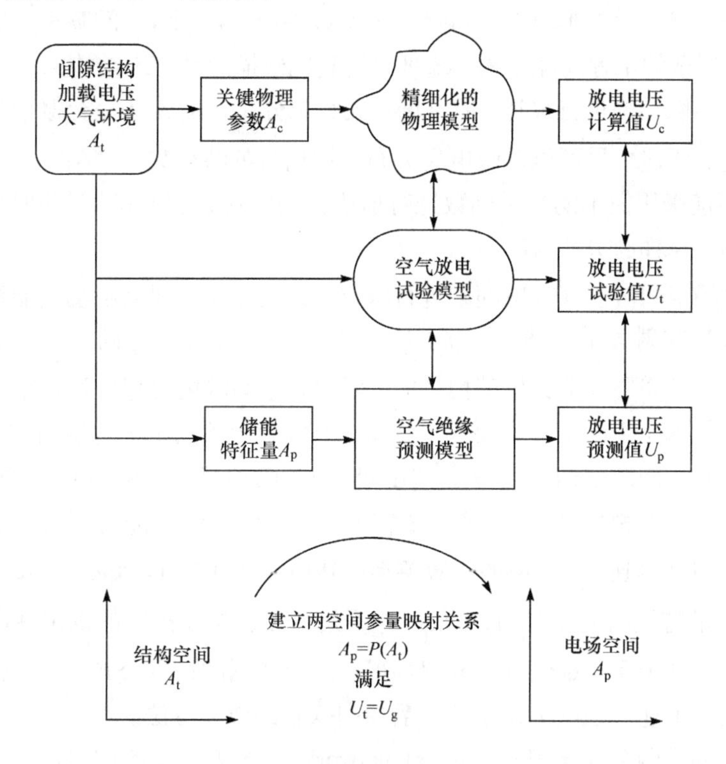

图 2-7　空气绝缘预测的空间映射关系

① 通过空气放电试验得到放电电压试验值 U_t。

② 已知放电发展过程各个阶段的物理机制，通过测量或计算得到关键物理参数，采用精细化的物理模型得到放电电压计算值 U_t。

③ 提取空气间隙的储能特征量，用数学算法建立空气绝缘预测模型，得到放电电压预测值 U_p。

在这3种途径中，精细化的物理模型由于气体放电理论尚不完善，目前尚难以建立，试验模型是目前获取空气间隙放电电压的主要手段，而本书提出的空气绝缘预测模型试图建立一种替代精细化物理模型的空气间隙放电电压预测方法。

（2）在试验模型和绝缘预测模型之间建立映射关系，在给定加载电压和大气环境下，试验模型的输入参量就是空气间隙的三维结构，而绝缘预测模型的输入参量为电场储能特征，可将结构空间映射至电场空间。两者的变换关系可用数学式表示为

$$\begin{gathered} A_t \xrightarrow{P} A_p \\ f_1(A_t) = f_2(A_p) \end{gathered} \tag{2.35}$$

其中，A_t 表示空气间隙在结构空间中的表现形式；A_p 表示空气间隙在电场空间中的表现形式；f_i 为空气放电问题在对应空间中的描述函数 $(i=1,2)$；P 为结构空间到电场空间的映射函数。

需要指出的是，对于典型空气间隙，A_t 可以采用电极半径、间隙长度等几何参数进行表征。对于复杂的工程间隙结构，却难以得到准确描述其三维结构的 A_t。电场空间可以对任意空气间隙结构进行描述，但电场是无穷维分布，A_p 无法完全概括空气间隙的电场分布，因此需要建立尽可能反映电场分布关键信息的特征集。结构空间到电场空间的映射关系 P 不能采用简单的数学函数进行描述，可以通过有限元计算获取某一间隙结构下的电场分布，从而将 A_t 映射至 A_p。

（3）在电场空间对空气放电问题进行求解，其关键在于建立电场储能特征与放电电压的多对一关联映射关系，即 $U_p = f_2(A_p)$。然而，函数关系 f_2 同样无法采用简单的数学函数进行描述，需要寻求其他替代手段。联想到空间映射思想中通过精确模型的仿真验证参量抽取技术是否满足设计要求，可以在空气绝缘预测中引入适当的试验结果。也就是说，已知某一间隙结构，可将结构空间映射至电场空间，得到电场储能特征集 A_p，通过试验可以得到放电电压 U_p。若已知若干个空气间隙的储能特征与放电电压，那么在理论上可以拟合得到 U_p 与 A_p 的函数关系。然而，由2.2节可知，A_p 包含数十个特征量，这些特征量与放电电压 U_p 的关联性并不是单一、相互独立的确定性函数关系，而是一种多维非线性关系，难以推导或拟合得出广泛适用的计算公式，因此传统的回归分析方法不适用于上述问题的准确描述，需要引入新的数学方法。

（4）人工神经网络（artificial neural network，ANN）、支持向量机（support vector machine，SVM）等人工智能或机器学习算法在处理复杂的多维非线性问题方面具有独

特的优势。其核心在于学习与推广，即从训练样本中学习得到输入参量与输出参量之间的关系与规律。若已知测试样本的输入参量，则能够将学习到的规律推广至测试样本，并预测得到输出参量。借助人工智能或机器学习算法，可根据部分已知试验数据，建立其储能特征集与放电电压的关联性。这种关联性无法采用确定性的函数关系进行描述，可将其视为灰关联性，它实际上表征空气介质放电的本征。我们通过已知试验数据（训练样本集）对数学模型进行训练，使其具备推广能力，从而对其他测试样本的放电电压进行预测。

2.4　小　　结

本章介绍空气绝缘预测的理论基础，通过对空气放电影响因素的分析，从电场分布和冲击电压波形两个方面提出表征空气间隙储能状态的特征集，阐述空间映射的基本思想及其在空气间隙绝缘强度预测中的应用，具体可概括如下。

（1）电场分布特征量分别从放电通道、最短放电路径和电极表面 3 个空间位置进行定义，涉及线、面、体 3 个空间维度，包括电场强度、电场能量、能量密度、电场梯度，以及表征电场不均匀程度的相关比例系数等特征量。

（2）电压波形特征量分别从整体特性和局部特性 2 个方面对操作冲击和雷电冲击电压波形进行描述，分为基本特征量和附加特征量，包括冲击电压峰值、波前时间、半峰值时间、电压上升率、电压积分，以及表征电压上升阶段的陡度特征、时间特征及波形积分特征等。

（3）对某一空气间隙，可将其结构空间映射至电场空间。在电场空间中构建储能特征集，将复杂的放电物理过程整体上视为灰箱，利用人工智能或机器学习算法直接建立电场储能特征集与放电电压的多对一关联映射模型。基于对已知数据的训练与学习，可以实现对空气放电问题的求解。

参 考 文 献

[1] Boggs S. Analytical approach to breakdown under impulse conditions[J]. IEEE Transactions on Dielectrics and Electrical Insulation, 2004, 11（1）: 90-97.

[2] 徐学基, 诸定昌. 气体放电物理[M]. 上海: 复旦大学出版社, 1996.

[3] 马乃祥. 长间隙放电[M]. 北京: 中国电力出版社, 1998.

[4] Thione L, Pigini A, Allen N L, et al. Guidelines for the evaluation of the dielectric strength of external insulation[R]. Paris: CIGRE Brochure, 1992.

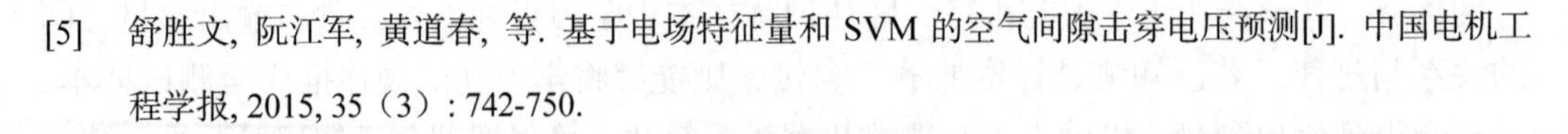

[5] 舒胜文, 阮江军, 黄道春, 等. 基于电场特征量和 SVM 的空气间隙击穿电压预测[J]. 中国电机工程学报, 2015, 35（3）: 742-750.

[6] Sarma M P, Janischewskyj W. DC corona on smooth conductor in air: steady-state analysis of the ionisation layer[J]. Proceedings of the Institution of Electrical Engineers, 1969, 116（1）: 161-166.

[7] Gallimberti I. A computer model for streamer propagation[J]. Journal of Physics D: Applied Physics, 1972, 5（12）: 2179-2189.

[8] 廖瑞金, 伍飞飞, 刘康淋, 等. 棒-板电极直流负电晕放电脉冲过程中的电子特性研究[J]. 电工技术学报, 2015, 30（10）: 319-329.

[9] International Electrotechnical Commission（IEC）. High-voltage test technigues-part 1: general definitions and test reguivements: IEC 60060-1: 2010[S]. Geneva: IEC, 2010: 26-29.

[10] 全国高电压试验技术和绝缘配合标准化委员会. 高电压试验技术. 第 1 部分: 一般定义及试验要求: GB/T 16927.1—2011[S]. 北京: 中国标准出版社, 2012: 17-63.

[11] Harada T, Aihara Y, Aoshima Y. Influence of switching impulse wave shape on flashover voltages of air gaps[J]. IEEE Transactions on Power Apparatus and Systems, 1973, 92（3）: 1085-1093.

[12] Menemenlis C, Isaksson K. The front shape of switching impulses and its effect on breakdown parameters[J]. IEEE Transactions on Power Apparatus and Systems, 1974, 93（5）: 1380-1389.

[13] Bandler J W, Biernacki R M, Chen S H, et al. Space mapping technique for electromagnetic optimization[J]. IEEE Transactions on Microwave Theory and Techniques, 1994, 42（12）: 2536-2544.

[14] Bakr M H, Bandler J W. An introduction to the space mapping technique[J]. Optimization and Engineering, 2001, 2（4）: 369-384.

[15] 邓建华. 空间映射方法研究及其在 LTCC 电路设计中的应用[D]. 成都: 电子科技大学博士学位论文, 2007.

第3章

空气间隙放电电压预测模型

本章详细介绍空气间隙放电电压预测模型的理论基础及实现方法，包括支持向量机的基本理论、参数优化方法、特征降维方法、样本选取方法、误差分析方法，以及预测模型的实现流程。

3.1 预测模型的算法选择

ANN、SVM 等人工智能和机器学习算法对多维非线性问题具有很好的处理能力，在电力系统的许多研究领域得到广泛的应用，但在输变电工程外绝缘放电电压预测及绝缘设计方面的研究和应用甚少，只有少数学者在大气条件对空气间隙击穿电压影响的ANN 或 SVM 做了一些初步的尝试和探索。选择合适的算法建立预测模型，对于确保空气间隙绝缘强度预测的有效性和准确性至关重要。

3.1.1 人工智能算法的应用

近二十年来，通过人工智能算法预测外绝缘空气间隙的放电电压一直吸引着国内外研究者，ANN、模糊逻辑、SVM 等在空气放电关联因素分析与击穿电压预测方面已经得到部分应用。

文献[1]、[2]将棒电极的曲率半径、间隙距离、加载电压作为输入，以电子崩发展、电晕、流注、击穿 4 个放电阶段作为输出，通过流注起始判据建立推理数据库，采用模糊逻辑系统实现了棒-板间隙的正极性直流击穿电压预测。文献[3]借助 ANN 分析证明板-棒间隙在负极性操作冲击放电试验早期测量得到的相关物理量与放电试验结果（击穿或耐受）具有关联性。

文献[4]、[5]采用径向基（radial basis function，RBF）神经网络和自组织神经网络实现了含绝缘屏障的尖-板空气间隙的击穿电压预测。其基本思想是采用 n 组数据训练，训练数据的形式为 $(y_i, y_{i+1}), i=1,2,\cdots,n-1$，训练后更新权值，由此预测得到 y_{n+1} 的值，依此类推，预测得到更大间距下的击穿电压。文献[6]基于 SVM 建立不锈钢管模拟导线电晕起始电压的预测模型，以相对空气密度、相对湿度、粗糙系数作为输入参量，导线的起晕电压作为输出，预测结果与试验值基本符合。文献[7]以间隙长度、降雨强度、雨水电导率、温度、绝对湿度作为输入参量，以击穿电压作为输出，采用反向传播（back propagation，BP）神经网络对棒-板短间隙在淋雨条件下的交流击穿电压进行预测研究。结果表明，ANN 模型对训练范围内的数据预测精度较高，但对训练范围外的数据预测能力较低。文献[8]～[10]先后采用 BP 神经网络、RBF 神经网络、Chebyshev 神经网络对球隙在不同大气条件下的击穿电压进行预测研究，并引入灰色关联分析方法计算各大气参数与放电电压的灰色关联度，采用气压、温度、湿度、风速等大气参数作为 ANN模型的输入，准确预测得到人工气候室和自然环境中不同大气条件下的球隙击穿电压。文献[11]证明，BP 神经网络可在气压相同时，根据若干间距下的试验数据预测其他间距的击穿电压，也可以根据不同气压下的试验数据预测其他气压下的击穿电压。

上述研究成果初步证明人工智能与机器学习算法在空气间隙放电电压预测方面的

可行性，但其研究尚不够深入，主要存在如下两个问题。

（1）现有研究大多以同一间隙在不同大气条件下的击穿电压作为预测对象，模型输入参量多局限为各类环境参数，缺乏对间隙结构进行考虑，如何实现不同结构空气间隙乃至复杂工程间隙配置下的放电电压预测，仍有待进一步研究。

（2）现有研究在 ANN、SVM 等方法的应用中大多需要采用大量的试验数据进行训练，这与减少试验量的研究目的不相符。对于长空气间隙及复杂不规则的工程间隙放电特性研究，获取各种间隙结构的试验数据往往需要耗费大量的成本，如何实现小样本情况下的空气绝缘预测，挖掘有限数据蕴含的关联规律，实现不同间隙结构的放电电压预测，仍有待深入研究。

3.1.2　算法选择的依据

需要指出的是，人工智能算法并不能作为“万金油”式的工具进行随意套用，只有对问题性质、样本数量、特征数据、算法设计、参数选择等因素进行系统分析，才能从已知数据中挖掘出有效信息并实现对未知数据的准确预测。针对空气绝缘预测这一科学问题，需要首先明确以下事实：ANN、SVM 等方法的本质仍是数学模型，通过数据训练得到输入特征量与输出量的映射关系，只是这种关联关系不一定能通过显式的数学函数进行表达。SVM 以统计学习理论为数学基础，在处理小样本、多维非线性问题方面具有许多独特的优势，已有的研究也证明了其预测性能优于传统的 ANN 模型。空气绝缘预测的目标是通过小样本机器学习获取空气间隙在实际空间电场分布、电压波形和大气条件下的放电电压，即建立上述因素与放电电压的映射关系。SVM 的研究对象属于监督学习问题，也就是通过数据训练学习得到一个将输入参量映射到输出参量的规则，可见其比较适用于空气间隙的放电电压预测。

SVM 是在统计学习理论的基础上发展起来的一种机器学习算法，与其他人工智能方法相比，SVM 具有以下优点[12]。

（1）以严格的统计学习理论为基础，并以结构风险最小化（structural risk minimization，SRM）而非经验风险最小化（empirical risk minimization，ERM）为原则，同时最小化训练样本的经验风险和置信范围保证学习的推广性，可以克服传统神经网络中仅依靠 ERM 来估计函数而导致的过学习问题。因此，SVM 在解决小样本学习问题中表现出许多独特的优势，不需要利用样本趋于无穷大时的渐进性条件。

（2）将学习问题最终转化为一个凸二次规划的优化问题。从理论上说，SVM 可以获得全局最优解，解决传统神经网络方法无法避免的局部极值问题。

（3）通过核函数的引入，可以把非线性空间转换到高维线性空间，使算法的复杂度与样本维数无关，克服由低维非线性空间映射到高维线性空间带来的维数灾难问题。

3.2 支持向量机的基本理论

目前，空气间隙的放电电压主要通过试验测量得到，对于大尺度、结构复杂的间隙，其试验数据往往不易获取，因此空气间隙的放电电压属于小样本数据。SVM是由Vapnik等[13]提出的一种机器学习算法，对小样本数据的模式识别具有很好的泛化能力。

3.2.1 统计学习理论

统计学习理论中的VC维（Vapnik-Chervonenkis dimension）理论和SRM原则是SVM的理论基础。为了引出VC维理论和SRM原则，首先对泛化能力、损失函数、期望风险、经验风险等有关概念[14,15]进行简要介绍。

1. 泛化能力

对分类问题的求解就是根据训练样本集，即

$$T=\{(x_1,y_1),\cdots,(x_l,y_l)\}\in\{X\times Y\}^l,\quad x_i\in X\subset\mathbf{R}^n,\ y_i\in Y=\{-1,1\},\ i=1,2,\cdots,l \tag{3.1}$$

求出一个最优的决策函数（分类器）$f(x)$。$f(x)$是一个定义在X上的取值为-1或1的函数，即

$$f:X(X\subset\mathbf{R}^n)\to Y=\{-1,1\} \tag{3.2}$$

所谓泛化就是在求得一个决策函数$f(x)$后，对一个新的输入x，按$y=f(x)$推断出x相应的输出y。泛化能力就是描述泛化优劣的一种度量。一个算法的泛化能力强，说明它在解决某个分类问题时，采用有限的训练样本集进行训练，分类器对测试样本具有较高的分类准确率[16]。

2. 期望风险和损失函数

期望风险涉及概率分布和损失函数，下面先对其介绍。

（1）概率分布。设$X\subset\mathbf{R}^n$，$Y=\{-1,1\}$，又设(x,y)为随机向量，其中$x=([x]_1,\cdots,[x]_n)^{\mathrm{T}}\in X, y\in Y$，称函数$P(\bar{x},\bar{y})=P(x\leqslant\bar{x},y\leqslant\bar{y})$为$X\times Y$上的概率分布，其中$\bar{x}=([\bar{x}]_1,\cdots,[\bar{x}]_n)^{\mathrm{T}}\in X$，$\bar{y}\in Y$，$P(x\leqslant\bar{x},y\leqslant\bar{y})$是事件$x\leqslant\bar{x}$和事件$y\leqslant\bar{y}$同时发生的概率，$x\leqslant\bar{x}$的含义是$[x]_1\leqslant[\bar{x}]_1,\cdots,[x]_n\leqslant[\bar{x}]_n$。通常也把函数$P(\bar{x},\bar{y})$记为$P(x,y)$。

（2）损失函数。设$X\subset\mathbf{R}^n$，$Y=\{-1,1\}$，引进3元组$(x,y,f(x))\in X\times Y\times Y$，其中$x$

是一个模式，y 是一个观察值，$f(x)$ 是一个预测值，若映射 c：$X\times Y\times Y\to[0,\infty)$ 使得对任意的 $x\in X$，$y\in Y$，都有 $c(x,y,y)=0$，则称 c 是一个损失函数。

简而言之，损失函数 c（x,y,y）是当 $f(x)=y$ 时 $c(x,y,f(x))=0$ 的函数。其含义是，当预测准确无误时，损失值为零；当预测有误差时，或者至少当误差达到一定程度时，其损失值不为零。

（3）期望风险。设 P（x,y）为 $X\times Y$ 上的概率分布，c 为给定的损失函数，$f(x)$ 是式（3.2）定义的决策函数，那么决策函数 $f(x)$ 的期望风险指损失函数关于概率分布 P（x,y）的 Riemann-Stieltjes 积分，即

$$
\begin{aligned}
R[f] &\triangleq \boldsymbol{E}\{c(x,y,f(x))\}=\int_{X\times Y}c(x,y,f(x))\mathrm{d}P(x,y)\\
&=\int_X c(x,-1,f(x))\mathrm{d}P(x,-1)+\int_X c(x,-1,f(x))\mathrm{d}(P(x,1)-P(x,-1))
\end{aligned}
\tag{3.3}
$$

损失函数的值 $c(x,y,f(x))$ 是评价决策函数 $f(x)$ 在输入 x 处表现优劣的数量指标，而期望风险则是评价决策函数 $f(x)$ 总体效果的数量指标。

3. ERM 原则

设已知式（3.1）定义的训练样本集，假定这些样本点按照某个未知的 $X\times Y$ 上的概率分布 P（x,y）独立同分布地产生，同时假设已给定损失函数 $c(x,y,f(x))$，分类问题就是求一个使其期望风险 $R[f]$ 最小的决策函数 $f(x)$。由于已知的仅是由某个概率分布 P（x,y）产生的有限个点组成的训练样本集 T，并不知道 P（x,y）的具体形式，因此一个决策函数 $f(x)$ 的期望风险是无法计算的，这就需要寻找一个可以代替期望风险的数量指标。这个指标必须可以计算，且能够在一定程度上体现一个决策函数的优劣。这就引出经验风险这一指标。

经验风险：设给定式（3.1）定义的训练样本集和损失函数 $c(x,y,f(x))$，决策函数 $f(x)$ 的经验风险为

$$
R_{\mathrm{emp}}[f]=\frac{1}{l}\sum_{i=1}^{l}c(x_i,y_i,f(x_i))
\tag{3.4}
$$

求解分类问题的 ERM 原则是，取定一个由定义在 $\mathbf{R}^n$ 上，取值在 $Y=\{-1,1\}$ 上的若干函数组成的决策函数候选集 F，在集合 F 中选取使其经验风险达到最小的函数 f 作为决策函数。ERM 原则的局限性在于，当训练样本数 l 很大时，经验风险大体能够代表期望风险，但当训练样本数 l 较小时，经验风险和期望风险差别较大。

4. VC 维

ERM 原则属于传统统计理论的范畴，决策函数候选集 F 是事先取定的，而统计学

习理论则是考虑集合 F 对期望风险的作用，由 Vapnik 和 Chervonenkis 提出的 VC 维是描述集合 F 大小的定量指标。F 的 VC 维概念是建立在点集被 F“打散”的基础上，因此需引入点集被 F 打散的概念。

设 F 是一个决策函数候选集，即由在 $X \subset \mathbf{R}^n$ 上取值为–1 或 1 的若干函数组成的集合，记 $Z_m = \{x_1,\cdots,x_m\}$ 为 X 中的 m 个点组成的集合，当 f 取遍 F 中所有可能的决策函数时，产生的 m 维向量为 $(f(x_1),\cdots,f(x_m))$，定义 $N(F,Z_m)$ 为上述 m 维向量中不同向量的个数，若 $N(F,Z_m)=2^m$，则称 Z_m 被 F 打散。

若存在 m 个点组成的集合 Z_m 能被 F 打散，且任意 m+1 个点的集合 Z_{m+1} 不能被 F 打散，则 F 的 VC 维就是 m。若对任意的正整数 m，都存在 m 个点组成的集合 Z_m 能被 F 打散，则 F 的 VC 维就是无穷大。可见，F 的 VC 维就是它能打散的 X 中的点的最大个数。VC 维反映函数集的学习能力，VC 维越大学习机器越复杂，所以 VC 维又是学习机器复杂程度的一种度量[16]。

5. SRM 原则

当训练样本个数有限时，采用经验风险对期望风险进行近似是行不通的，这就需要引入结构风险的概念。

记 h 为 F 的 VC 维，若

$$h\left(\ln\frac{2l}{h}+1\right)+\ln\frac{4}{\delta}\geqslant\frac{1}{4},\quad l>h \tag{3.5}$$

则对于任意的概率分布 P（x, y）和 $\delta\in(0,1]$，F 中的任意决策函数 f 都可使下列不等式至少以 $1-\delta$ 的概率成立，即

$$R[f]\leqslant R_{\text{emp}}[f]+\sqrt{\frac{8}{l}\left[h\left(\ln\frac{2l}{h}+1\right)+\ln\frac{4}{\delta}\right]} \tag{3.6}$$

式中，右端第 1 项 $R_{\text{emp}}[f]$ 是经验风险；第 2 项记为

$$\varphi(h,l,\delta)=\sqrt{\frac{8}{l}\left[h\left(\ln\frac{2l}{h}+1\right)+\ln\frac{4}{\delta}\right]} \tag{3.7}$$

称为置信区间，这两项之和称为结构风险。

上述定理表明，结构风险是期望风险 $R[f]$ 的一个上界，置信区间是对期望风险和经验风险之差的一个估计，是训练样本个数 l 的递减函数，且当 $l\to\infty$ 时，趋于 0。可见，当训练样本个数很多时，置信区间的值不大，可以用经验风险代替期望风险；当训练样本个数较少时，则需要考虑置信区间。此外，置信区间与描述决策函数候选集 F 大小的 VC 维有关，需要考虑 F 对期望风险的作用。

如图 3-1 所示，横轴描述 F 的大小，纵轴描述与式（3.6）右端相应的值。可见，当

集合 F 增大时，候选函数增多，经验风险减小；当 F 增大时，它的 VC 维 h 会随之增大，置信区间也会增大。因此，要使结构风险达到最小，应该兼顾集合 F 对经验风险和置信区间两方面的影响，选择一个适当大小的集合 F。

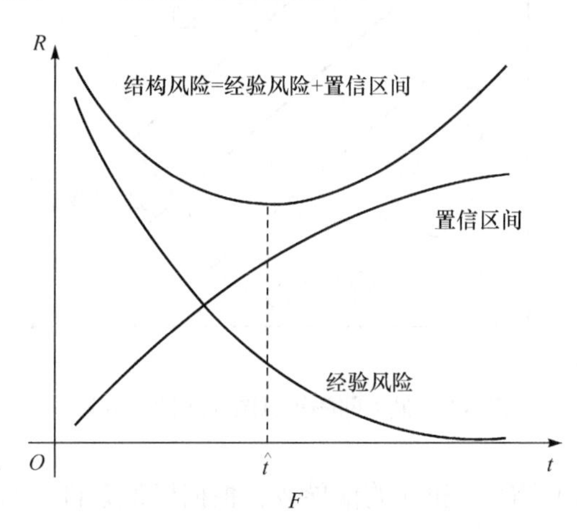

图 3-1　结构风险、经验风险与置信区间

求解分类问题的 SRM 原则是选取一个依赖参数 t 的决策函数集 F（t），它随着 t 的增加而增大，即 $F(t_1) \subset F(t_2)$ ，$\forall t_1 < t_2$ 。对于每个 t，可以在集合 F（t）中找到一个使其经验风险最小的函数 f^t ，与此相应有一个结构风险的值，选择使结构风险达到最小的 $t = \hat{t}$ ，并以相应的函数 $f^{\hat{t}}$ 作为决策函数。

3.2.2　支持向量分类机

SVM 最早主要用于解决二分类问题，本节简要介绍支持向量分类机（support vector classifier，SVC）的基本理论及其实现过程。

设已知式（3.1）所示的训练样本集存在最优分类超平面 $wx + b = 0$ ，可将训练样本集中的两类样本没有错误地分开，称为线性可分情况。最大间隔示意图如图 3-2 所示。基于最大间隔原则，上述线性可分问题应最大化两个支持超平面之间的间隔，得到的最优化问题就是变量 w 和 b 凸的二次规划问题，即

$$\begin{cases} \min\limits_{\omega,b} & \dfrac{1}{2}\|w\|^2 \\ \text{s.t.} & y_i(wx_i + b) \geqslant 1, \quad i = 1,2,\cdots,l \end{cases} \tag{3.8}$$

在求解原始最优化问题（3.8）时，计算量较大，因此引入 Lagrange 函数，即

$$L(w,b,\alpha) = \frac{1}{2}\|w\|^2 - \sum_{i=1}^{n} \alpha_i \{y_i[(wx_i) + b] - 1\} \tag{3.9}$$

式中，$\alpha = [\alpha_1, \alpha_2, \cdots, \alpha_n]^{\mathrm{T}}$ 为 Lagrange 乘子向量。

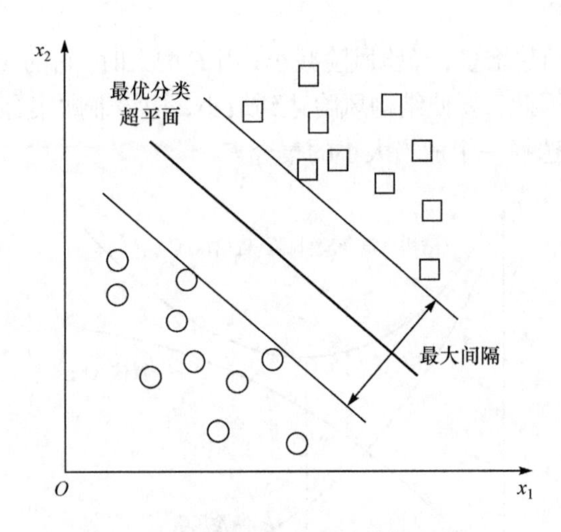

图 3-2　最大间隔示意图（线性可分）

通过求 Lagrange 函数对 w 和 b 的偏导数，根据极值条件，可将原始问题（3.8）转化为如下对偶问题，即

$$\begin{cases} \max\limits_{\alpha} \quad -\dfrac{1}{2}\sum\limits_{i=1}^{n}\sum\limits_{j=1}^{n}\alpha_i\alpha_j y_i y_j (x_i x_j) + \sum\limits_{j=1}^{n}\alpha_j \\ \text{s.t.} \quad \sum\limits_{i=1}^{n}\alpha_i y_i = 0, \quad \alpha_i \geqslant 0, i = 1,2,\cdots,l \end{cases} \tag{3.10}$$

原始问题（3.8）是一个含有线性不等式约束的凸二次规划问题，因此它的对偶问题一定有解。设 $\alpha^*=[\alpha_1^*,\cdots,\alpha_n^*]^{\mathrm{T}}$ 是式（3.10）的任意解，则原始问题的解可按下式计算，即

$$w^* = \sum_{i=1}^{n}\alpha_i^* y_i x_i \tag{3.11}$$

选取 α^* 的一个正分量 α_j^*，可据此计算得到下式，即

$$b^* = y_j - \sum_{i=1}^{n}\alpha_i^* y_i (x_i x_j) \tag{3.12}$$

将式（3.11）代入超平面方程 $w^* x + b^* = 0$，可以得到决策函数，即

$$f(x) = \mathrm{sgn}\left[\sum_{i=1}^{n}\alpha_i^* y_i (x_i x) + b^*\right] \tag{3.13}$$

对于一般的分类问题，可能包括线性不可分的情况，因此不存在上述分类超平面，此时必须允许有不满足约束条件 $y_i(wx_i + b) \geqslant 1$ 的训练样本存在，即“软化”对分类超平面的要求，允许有错分样本的存在。这称为近似线性可分情况。通过引入松弛变量 ξ_i 和惩罚因子 C，若 $0 < \xi_i < 1$，如图 3-3 中 ξ_i 所示，则该样本虽不满足最大间隔原则，但仍

然被最优分类超平面正确分类；若 $\xi_i \geqslant 1$，如图 3-3 中 ξ_j 所示，则该样本被错分。对于近似线性可分情况，可将原始问题（3.8）改为如下原始最优化问题，即

$$\begin{cases} \min\limits_{w,b,\xi} & \dfrac{1}{2}\|w\|^2 + C\sum\limits_{i=1}^{n}\xi_i \\ \text{s.t.} & y_i(wx_i+b) \geqslant 1-\xi_i, \quad \xi_i \geqslant 0, \quad i=1,2,\cdots,l \end{cases} \tag{3.14}$$

式中，$\xi=[\xi_1,\cdots,\xi_n]^{\mathrm{T}}$，$C>0$。

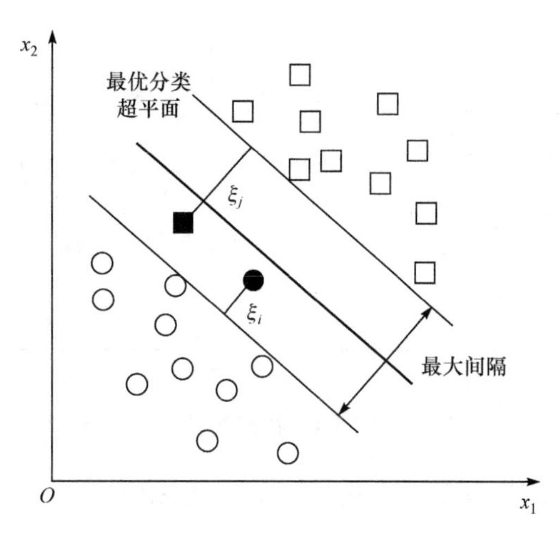

图 3-3　近似线性可分

同样，引入如下 Lagrange 函数，即

$$L(w,b,\xi,\alpha,\beta)=\frac{1}{2}\|w\|^2+C\sum_{i=1}^{n}\xi_i-\sum_{i=1}^{n}\alpha_i[y_i(wx_i+b)-1+\xi_i]-\sum_{i=1}^{n}\beta_i\xi_i \tag{3.15}$$

式中，$\alpha=[\alpha_1,\cdots,\alpha_n]^{\mathrm{T}}$ 和 $\beta=[\beta_1,\cdots,\beta_n]^{\mathrm{T}}$ 均为 Lagrange 乘子。

求式（3.15）关于 w、b 和 ξ_i 的偏导数，根据极值条件，可将原始最优化问题（3.14）转化为如下对偶问题，即

$$\begin{cases} \max\limits_{\alpha,\ \beta} & -\dfrac{1}{2}\sum\limits_{i=1}^{n}\sum\limits_{j=1}^{n}\alpha_i\alpha_j y_i y_j (x_i x_j)+\sum\limits_{j=1}^{n}\alpha_j \\ \text{s.t.} & \sum\limits_{i=1}^{n}\alpha_i y_i = 0 \\ & C-\alpha_i-\beta_i=0, \quad i=1,2,\cdots,l \\ & \alpha_i \geqslant 0,\ \beta_i \geqslant 0, \quad i=1,2,\cdots,l \end{cases} \tag{3.16}$$

为了简化对偶问题的求解，可通过等式约束 $C-\alpha_i-\beta_i=0$，$i=1,2,\cdots,l$ 消去变量 β，将其转化为只含有变量 α 的问题。同样，通过求解对偶问题，可得到原始最优化问题的解，并由此求得决策函数（3.13）。

上述理论分别针对线性可分问题和近似线性可分问题，而在实际情况中，训练样本集往往是线性不可分的。此时需要通过核函数将原始数据通过非线性映射转换到高维线性空间，使其在高维空间线性可分。特征映射如图 3-4 所示，该高维空间称为特征空间。其核函数的形式为

$$K(x_i,x_j)=(\phi(x_i)\cdot\phi(x_j)) \tag{3.17}$$

式中，$(\cdot)$ 表示内积。

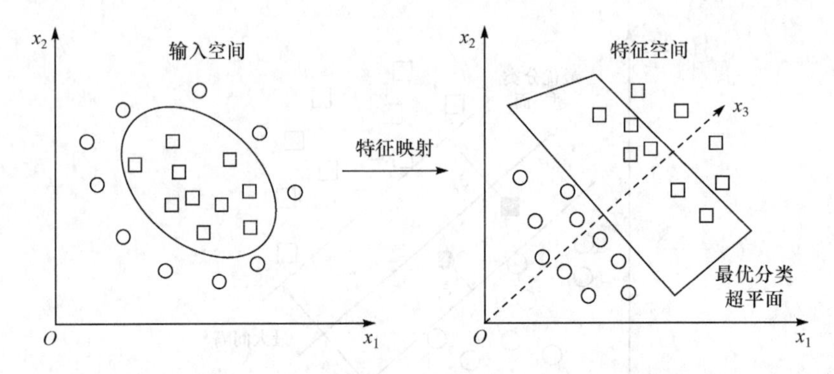

图 3-4　特征映射

通过核函数实现非线性变换后，式（3.10）可转换为

$$\begin{cases}\max\limits_{\alpha} & -\dfrac{1}{2}\sum\limits_{i=1}^{n}\sum\limits_{j=1}^{n}\alpha_i\alpha_j y_i y_j K(x_i,x_j)+\sum\limits_{j=1}^{n}\alpha_j \\ \text{s.t.} & \sum\limits_{i=1}^{n}\alpha_i y_i=0,\ \ 0\leqslant\alpha_i\leqslant C,\quad i=1,2,\cdots,n\end{cases} \tag{3.18}$$

通过求解上述最优化问题，同样可以得到决策函数。

核函数是 SVM 中最重要的问题之一，常用的核函数有如下形式。

（1）线性核函数，即

$$K(x_i,x_j)=x_i^{\mathrm{T}}x_j \tag{3.19}$$

（2）多项式核函数，即

$$K(x_i,x_j)=(\gamma x_i^{\mathrm{T}}x_j+r)^p,\quad \gamma>0 \tag{3.20}$$

（3）RBF 核函数，即

$$K(x_i,x_j)=\exp(-\gamma\|x_i-x_j\|^2),\quad \gamma>0 \tag{3.21}$$

式中，γ 为核函数参数。

（4）Sigmoid 核函数，即

$$K(x_i,x_j)=\tanh(vx_i^{\mathrm{T}}x_j+c) \tag{3.22}$$

式中，v 为一阶常数；c 为偏置项。

RBF 核函数的泛化能力较好，是目前应用最广泛的核函数。本书选取 RBF 核函数用于空气间隙的放电电压预测研究。

3.3　参数优化方法

从上述分析可知，惩罚系数 C 和核函数参数 γ 决定 SVM 的分类识别性能。为了获得最优参数组，本书引入交叉验证（cross validation，CV）的思想，以 C 和 γ 作为寻优变量，分别采用改进网格搜索（grid search，GS）算法、遗传算法（genetic algorithm，GA）和粒子群优化（particle swarm optimization，PSO）算法对 SVM 进行参数优化。

3.3.1　交叉验证思想

交叉验证最早由 Stone 提出[17]，是一种用来验证分类器性能、分析其泛化能力的统计分析方法。其基本思想是，在某种意义下将原始样本数据分组分为训练样本集和验证样本集两部分，首先采用训练样本集对分类器进行训练，然后通过验证样本集测试训练得到的模型，利用测试时的分类准确率作为评价分类器性能的指标。常用的 CV 方法包括 K 折交叉验证（K-fold cross validation，K-CV）和留一交叉验证（leave-one-out cross validation，LOO-CV）。

K-CV 是将原始样本数据均分成 K 组，将每个子集数据分别做一次验证样本集，训练样本集则采用其余的 $K-1$ 组子集数据，从而需要进行 K 次测试，采用 K 次测试的分类准确率平均值作为 K-CV 意义下 SVM 分类器的性能指标。一般来说，$K \geqslant 2$，在实际测试过程中，一般从 $K=3$ 开始尝试。K-CV 可以有效避免欠学习和过学习状态的出现，得到的测试结果也具有较高的说服力。

LOO-CV 假设原始样本数据共包含 N 个样本，将每个样本数据单独作为验证样本，其余的 $N-1$ 个样本数据作为训练样本集，共得到 N 个模型。采用 N 次测试得到的验证样本集的分类准确率平均值作为 LOO-CV 意义下 SVM 分类器的性能指标。LOO-CV 实际上就是 N-CV，但它采用原始样本数据中几乎所有的样本来训练模型，这样评估得到的结果具有更高的可靠性。同时，在测试过程中，样本数据没有受到随机因素的影响，测试过程具有可重复性[18]。然而，LOO-CV 需要建立 N 个验证模型，计算过程复杂且耗时较长，因此本书采用 K-CV 方法进行 SVM 的参数优化。

3.3.2　网格搜索算法

GS 算法是一种基本的参数优化算法，实现过程如下。

（1）设置惩罚系数 C 和核函数参数 γ 的搜索范围和搜索步长，进行网格划分。

（2）对 C 和 γ 在各个网格区间内逐一取值，并代入 SVM 中，验证其在 K-CV 意义下的分类准确率。

（3）对比每组 (C,γ) 下 SVM 的分类准确率，选取最高分类准确率对应的参数组 (C,γ) 作为 SVM 的最优参数。

因此，当搜索范围和搜索步长设置合理时，理论上 GS 算法可以寻得参数最优解，但往往计算量大、耗时较长。

为了兼顾搜索精度和寻优效率，可对参数组 (C,γ) 进行粗、细网格搜索，即对 GS 算法进行适当改进[19]：首先设置较大的搜索范围和搜索步长，在粗网格内进行参数寻优；根据粗略搜索确定的最优参数，在其附近划定一个较小的搜索范围，以较小的步长进行精细搜索，获取最终的最优参数组 (C,γ) 。

改进 GS 算法可以大幅降低传统 GS 算法在搜索范围较大、搜索步长较小时的寻优时间，但在精细搜索时的寻优区间设置上具有一定的经验成分，引入局部最优的可能性，可以在一定程度上降低 SVM 的分类准确率。

3.3.3 遗传算法

GA 是一种基于进化论和遗传学的随机全局搜索和优化算法。其基本原理是[20]将优化问题模拟为群体的适者生存过程，从任意一个初始种群出发，通过随机选择、交叉和变异操作，实现群体的繁殖和进化，最终收敛到最适应环境的个体，从而求得问题的最优解。

采用 GA 对 SVM 的参数组进行寻优时，其实现过程如下。

（1）在规定的搜索范围内随机产生几组 SVM 参数，对其进行二进制编码，生成初始群体。

（2）确定适应度函数，即 K-CV 意义下 SVM 对训练样本集的分类准确率，计算种群中个体的适应度函数值，评估个体的优劣。误差越大，则适应度越小。

（3）从当前群体中选择适应度高的个体，直接遗传给下一代，使其进入下一次迭代过程。

（4）对当前一代群体进行交叉、变异等遗传操作，产生下一代群体，重复步骤（2），使初始群体确定的几组 SVM 参数不断进化，直到满足训练目标终止条件，得到最优解，通过解码输出 SVM 的最优参数组 (C,γ) 。

在 GA 中，适应度函数若采用 K-CV 意义下 SVM 对训练集的分类准确率，则利用 GA 优化 SVM 参数 C 和 γ 的流程如图 3-5 所示。

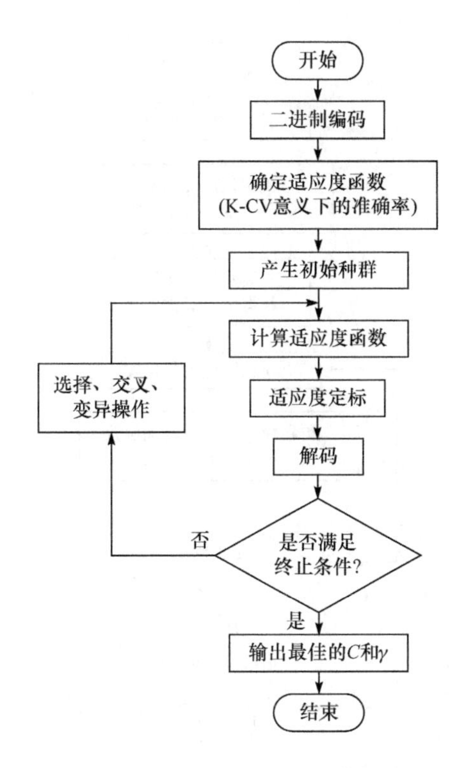

图 3-5　GA 优化 SVM 参数 C 和 γ 的流程图

3.3.4　粒子群优化算法

PSO 算法是一种基于群体智能理论的全局寻优算法，通过群体中粒子间的合作与竞争产生的群体智能指导优化搜索[20]。与 GA 相比，PSO 算法同样具有进化计算的特点，保留了基于种群的全局搜索策略，但其操作相对简单，采用的是速度-位移模型，可以避免 GA 中复杂的选择、交叉、变异等遗传操作。

PSO 算法的基本思想是[20]将优化问题的解看作搜索空间的“粒子”，首先在可行解空间随机初始化一个含有若干粒子的初始种群，种群中的每个粒子都代表着优化问题的一个可行解；构造一个适应度函数，并为每个粒子确定一个适应度值，同时设定适应度函数的最小值和种群最大迭代次数，作为收敛判别条件；每个粒子在解空间以各自的速度和方向运动，通常是追随当前的最优粒子进行搜索，在每一次迭代中，粒子根据其自身找到的最优解（自身极值）和整个种群找到的最优解（全局极值）对其飞行轨迹进行调整和更新，从而搜索得到最优解。粒子的飞行轨迹具有记忆特性，能够同时记忆位置和速度信息，从而快速找到最优解。

在 PSO 算法中，适应度函数同样采用 K-CV 意义下 SVM 对训练集的分类准确率，利用 PSO 算法优化 SVM 参数 C 和 γ 的流程如图 3-6 所示。

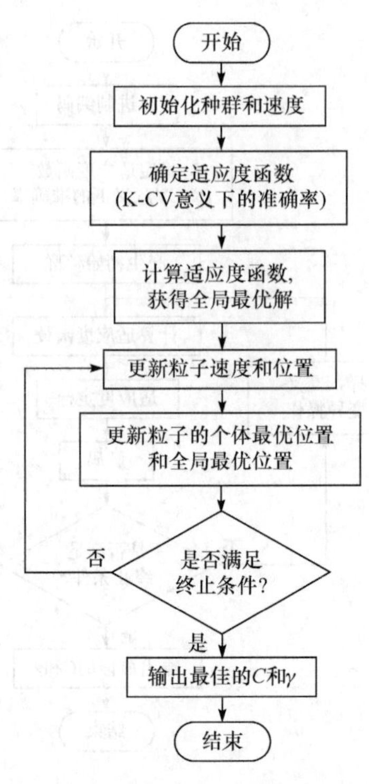

图 3-6　PSO 算法优化 SVM 参数 C 和 γ 的流程图

在上述 3 种参数优化算法中，改进 GS 算法实现最简单，寻优结果具有可重复性，但却可能是局部最优解；GA 和 PSO 算法理论上能够找到全局最优解，但两者均为启发式算法，单次寻优结果有差异，存在不稳定的问题。总体而言，3 种优化算法各有利弊，在实际应用时应综合寻优效率和搜索精度进行合理选取。

3.4　特征降维方法

本书定义的空气间隙储能特征量并不是完全相互独立的，特征之间的相关性可能造成信息冗余，而当特征量较少时，又可能造成信息量不足这两种情况均可能影响 SVM 分类器的分类识别能力。因此，采用相关性分析法和主成分分析法（principal component analysis，PCA）对储能特征量进行降维处理，分析不同维数对预测效果的影响。

3.4.1　归一化处理

由于作为 SVM 预测模型输入的各个特征量的物理意义不同，为了避免数量级和量纲不同对预测结果产生的影响，需要对各个特征量进行归一化处理。设 x_i 为某一特征量，$x_{i\max}$ 为该特征量中的最大值，$x_{i\min}$ 为该特征量中的最小值，归一化处理的方法为

$$x_i' = \frac{x_i - x_{i\min}}{x_{i\max} - x_{i\min}} \tag{3.23}$$

式中，x_i' 为电场特征量 x_i 的归一化值。

3.4.2 相关性分析法

相关性分析法是一种常用的特征降维方法。其基本原理是通过计算各个特征量与输出目标值之间的相关系数，以及各个特征量之间的互相关系数，选择与目标值相关性强的特征量，剔除与目标值相关性弱，以及互相关性强的特征量。通常采用 Pearson 相关系数 r 衡量两个变量之间的相关程度。其数学表达式为

$$r = \frac{\sum(x_i - \overline{x})(y_i - \overline{y})}{\sqrt{\sum(x_i - \overline{x})^2 (y_i - \overline{y})^2}} = \frac{n\sum_{i=1}^{n} x_i y_i - \sum_{i=1}^{n} x_i \sum_{i=1}^{n} y_i}{\sqrt{n\sum_{i=1}^{n} x_i^2 - \left(\sum_{i=1}^{n} x_i\right)^2} \sqrt{n\sum_{i=1}^{n} y_i^2 - \left(\sum_{i=1}^{n} y_i\right)^2}} \tag{3.24}$$

式中，x_i 、y_i 为任意两个特征量 x、y 的第 i 个值；$\overline{x}$ 、$\overline{y}$ 为平均值。

通常根据相关系数绝对值$|r|$的数值大小将特征量之间的相关程度分为 4 个等级，即 $0 < |r| \leqslant 0.3$ 为基本不相关，$0.3 < |r| \leqslant 0.5$ 为低度相关，$0.5 < |r| \leqslant 0.8$ 为显著相关，$0.8 < |r| \leqslant 1$ 为高度相关。

3.4.3 主成分分析法

PCA 是一种用于特征提取的多变量统计分析方法。其基本原理是将原有的多个相关性强的特征量进行重新组合，转化为少数几个互不相关的综合变量（主成分），采用这些主成分替换原有的特征量作为预测模型的输入参量。PCA 的具体步骤如下。

（1）采用式（3.23）对原有特征量数据进行归一化处理。

（2）计算相关系数矩阵 $R = (r_{ij})_{p\times p}$ ，其中 r_{ij} 为原有的任意两个特征量 x 和 y 的相关系数，其计算公式为式（3.24）；p 为特征维数。

（3）计算 R 的特征根和特征向量。求解特征方程 $|R - \lambda I| = 0$ 得到特征根 λ ，并将其按照大小顺序排列为 $\lambda_1 \geqslant \lambda_2 \geqslant \cdots \geqslant \lambda_p$ ，其对应的特征向量分别为 $u_1, u_2, \cdots, u_p$ 。

（4）计算方差贡献率 η_i 和累计方差贡献率 P，即

$$\eta_i = \lambda_i / \sum_{i=1}^{p} \lambda_i \tag{3.25}$$

$$P = \sum_{i=1}^{k} \lambda_i / \sum_{i=1}^{p} \lambda_i \tag{3.26}$$

式中，λ_i 为第 i 个主成分的特征值；k 为主成分数；p 为原有特征量的总数，$k \leqslant p$ 。

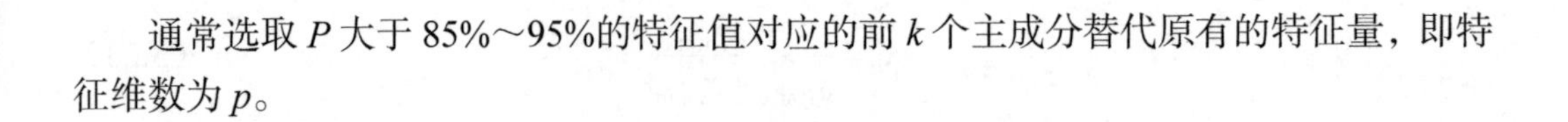

通常选取 P 大于 85%～95%的特征值对应的前 k 个主成分替代原有的特征量，即特征维数为 p。

3.5 样本选取方法

训练样本的选取对 SVM 的分类识别性能和预测效果具有重要影响，若能采用最少的训练样本对 SVM 进行训练并准确预测得到测试样本集的放电电压，则可以大幅减少试验量、降低试验成本。因此，为了提高 SVM 的学习泛化性能，应合理选取训练样本集。

在样本数据充足的情况下，可以采用正交设计表选取训练样本，正交设计具有均匀分散性和整齐可比性的特点，采用最少的训练样本即可保证 SVM 的泛化性能。若样本数据有限且无法满足正交表的水平设计要求，也应尽可能包含预测对象所涉及的影响因素，使 SVM 对于不同间隙结构和不同电压波形下的空气间隙放电电压均有较好的预测效果。

球隙、棒-板、棒-棒等典型电极间隙是研究空气间隙放电特性的切入点，其电场分布分别代表稍不均匀电场、不对称极不均匀电场和对称极不均匀电场 3 种形式，其放电电压试验值也相对容易获取。在放电电压预测时，可根据待预测空气间隙的电场分布情况，选择与其电场分布最相似的一种或几种典型电极间隙作为训练样本对 SVM 进行训练，从理论上来说，应具有更好的预测效果。若需预测电压波形（如波前时间）对空气间隙放电电压的影响，则训练样本集也应尽可能地包含不同电压波形下的放电电压试验数据，使电压波形特征集与放电电压的灰关联性能够得到训练。

3.6 误差分析方法

为了评估 SVM 的预测效果，本书采用误差平方和 e_{SSE}、均方根误差 e_{MSE}、平均绝对百分比误差 e_{MAPE}、均方百分比误差 e_{MSPE} 4 种常用的误差指标对预测结果进行误差分析，即

$$e_{\mathrm{SSE}}=\sum_{i=1}^{N}[U_{\mathrm{t}}(i)-U_{\mathrm{p}}(i)]^2 \tag{3.27}$$

$$e_{\mathrm{MSE}}=\frac{1}{N}\sqrt{\sum_{i=1}^{N}[U_{\mathrm{t}}(i)-U_{\mathrm{p}}(i)]^2} \tag{3.28}$$

$$e_{\mathrm{MAPE}}=\frac{1}{N}\sum_{i=1}^{N}\left|\frac{U_{\mathrm{t}}(i)-U_{\mathrm{p}}(i)}{U_{\mathrm{t}}(i)}\right| \tag{3.29}$$

$$e_{\mathrm{MSPE}}=\frac{1}{N}\sqrt{\sum_{i=1}^{N}\left[\frac{U_{\mathrm{t}}(i)-U_{\mathrm{p}}(i)}{U_{\mathrm{t}}(i)}\right]^2} \tag{3.30}$$

式中，$U_t(i)$ 和 $U_p(i)$ 为第 i 个测试样本的放电电压试验值和预测值；N 为测试样本的个数。

3.7　预测模型的实现流程

综上所述，基于 SVM 的空气间隙放电电压预测模型的实现流程如图 3-7 所示。具体阐述如下。

（1）采用训练样本集 $\{\Omega_1, \Omega_2, \cdots, \Omega_m\}$ 对 SVM 进行训练。下面以上述单个训练样本 Ω_1 进行说明，首先进行电压区间分类，以 $a=10\%$ 为例进行说明，在耐受区间 $[0.9U_b, U_b)$ 和放电区间 $[U_b, 1.1U_b]$ 以 $0.01U_b$ 为步长选取电压序列，则耐受区间电压序列为 $\{0.9U_b, 0.91U_b, \cdots, 0.99U_b\}$，共 10 个电压值；放电区间电压序列为 $\{U_b, 1.01U_b, \cdots, 1.1U_b\}$，共 11 个电压值。采用这种方式可以由 1 个训练样本数据扩展至 21 个样本，若训练样本集共有 m 个空气间隙放电电压试验数据，则实际用于 SVM 训练的样本数为 $21m$。

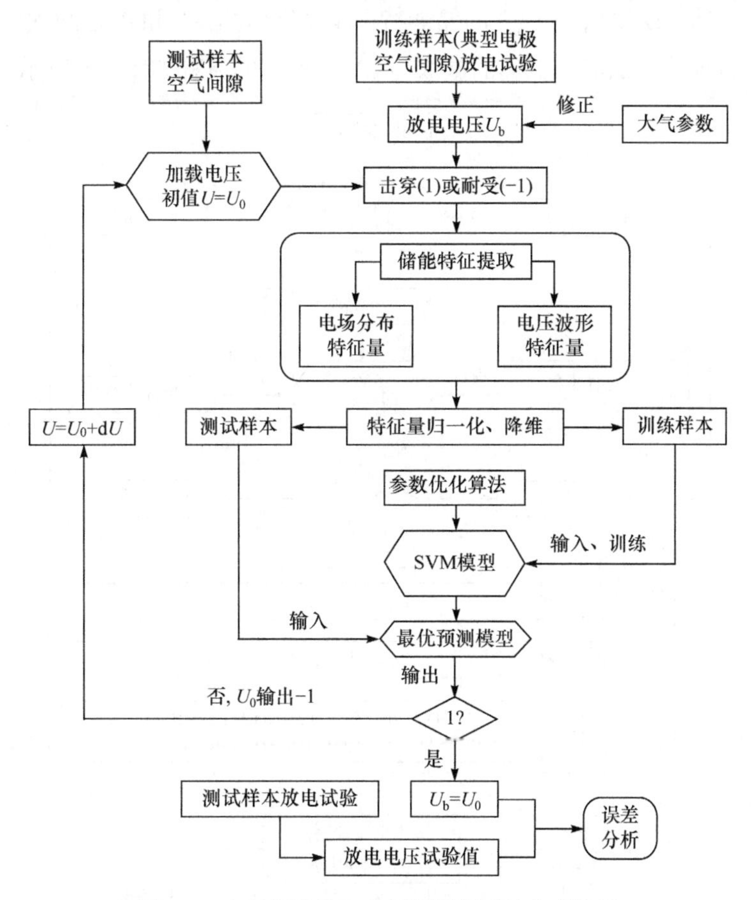

图 3-7　空气间隙放电电压预测模型的实现流程

然后，针对训练样本集中的各个空气间隙结构，采用有限元方法建立其仿真模型，分别加载耐受区间和放电区间内的电压值，对其进行静电场计算，对计算结果进行后处理，得到各加载电压下的电场分布特征集E_1。此外，根据电压波形特征量的计算公式，可求解得到电压波形特征集U_1。

最后，将电场分布和冲击电压波形两类特征集进行汇总和归一化处理，将各个特征量归一化至[0, 1]，排除数量级和量纲不同对预测结果的影响。这样可得到训练样本Ω_1的储能特征集F_1，将其输入SVM，耐受区间内的10个电压值对应的输出均为−1，而放电区间内的11个电压值对应的输出均为1。采用参数优化算法对(C,γ)参数组进行寻优，得到SVM对训练样本集具有最高分类准确率的最优参数(C,γ)。由于各个特征量并非是完全相互独立的，特征集中可能存在互相关性较强的特征量，也可能存在与放电电压相关性较弱的特征量，这些特征量可能会造成信息冗余，影响SVM的分类识别性能，因此在将储能特征集输入SVM对其进行训练之前，可以对特征集进行降维处理。

通过上述方法可直接建立空气间隙储能特征集与放电电压的灰关联性，依此类推，可采用训练样本集$\{\Omega_1,\Omega_2,\cdots,\Omega_m\}$的储能特征集$F$与输出−1和1之间的多维非线性关系对SVM进行训练。储能特征集的提取与SVM训练的流程如图3-8所示。

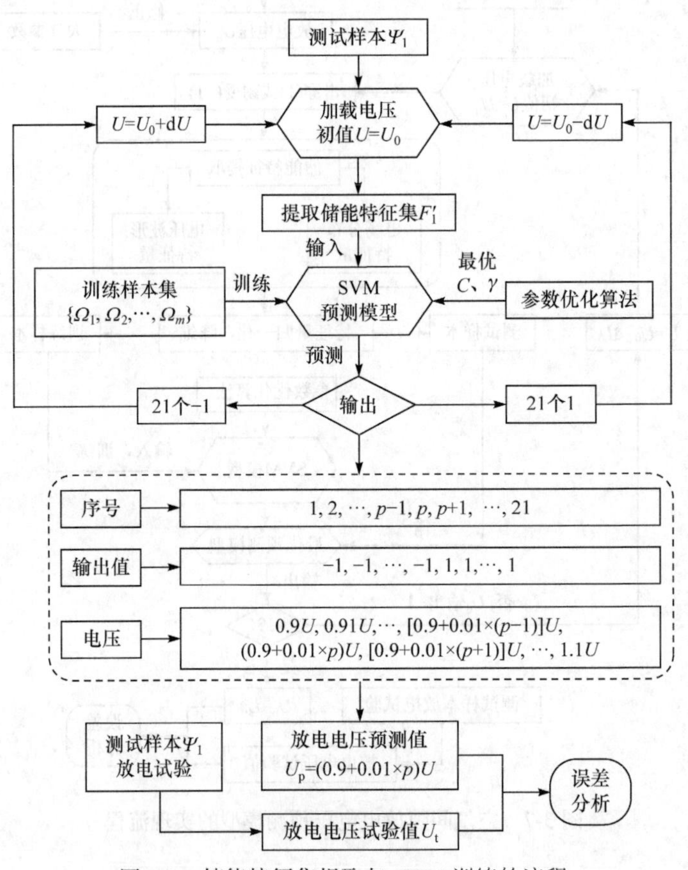

图3-8　储能特征集提取与SVM训练的流程

（2）采用经过训练和优化后的 SVM 对测试样本集空气间隙$\{\Psi_1,\Psi_2,\cdots,\Psi_n\}$的放电电压进行预测。以单个测试样本$\Psi_1$的放电电压预测流程进行说明，首先加载预估的放电电压初值$U=U_0$，提取电场分布和电压波形特征集，汇总并归一化后构成储能特征集F_1'，将其输入（或经过降维后输入）SVM，对放电电压进行预测。

当 SVM 的 21 个输出值中同时包含−1 和 1，例如第$1,2,\cdots,p-1$个输出值为−1，而第$p,p+1,\cdots,21$个输出值为 1，从第$p-1$到第p个输出值出现−1 到 1 的变化，则 SVM 预测得到的耐受区间为$[0.9U,(0.9+0.01\times(p-1))U)$，放电区间为$[(0.9+0.01\times p)U,\ 1.1U]$，放电电压预测值$U_\mathrm{p}$为$(0.9+0.01\times p)U$。

若在电压初值$U=U_0$下，SVM 的 21 个输出值均为−1，则升高加载电压至$U=U_0+\mathrm{d}U$，提取该加载电压下的储能特征集并再次输入至 SVM 预测模型，直至输出 1；反之，若在电压初值$U=U_0$下，SVM 的 21 个输出值均为 1，则降低加载电压至$U=U_0-\mathrm{d}U$，重新进行预测，直至输出−1。该方法与冲击耐压试验采用的升降法具有相似的原理，$\mathrm{d}U$可根据经验和精度要求进行设置。因此，当 SVM 预测模型输出在−1～1 变化时，输出为 1 的电压区间下限对应的加载电压即放电电压预测值U_p，得到U_p后可将其与试验值U_t进行对比和误差分析。SVM 预测放电电压的流程如图 3-9 所示。

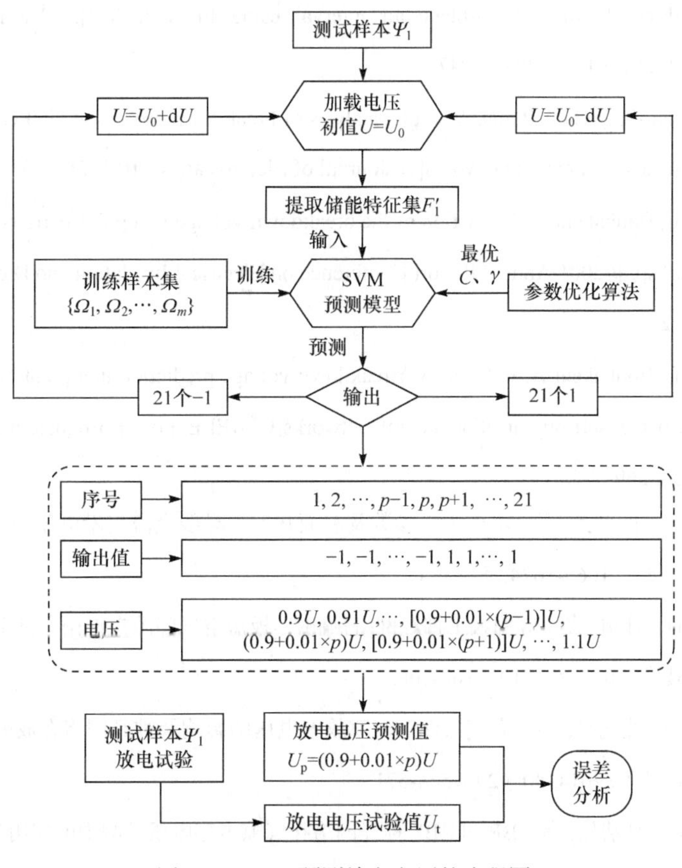

图 3-9　SVM 预测放电电压的流程图

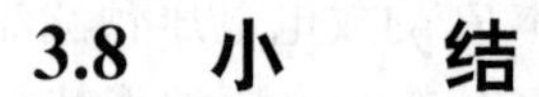

3.8 小结

本章对基于 SVM 的空气间隙放电电压预测模型进行介绍，阐述了方法实现涉及的相关理论基础，介绍了 SVM 的基本理论，改进 GS 算法、GA 和 PSO 算法的参数优化，以及特征降维方法、样本选取方法和误差分析方法，详细阐述了利用 SVM 实现空气间隙放电电压预测的流程。

参考文献

[1] Bourek Y, Mokhnache L, Said N N, et al. Study of discharge in point-plane air interval using fuzzy logic[J]. Journal of Electrical Engineering and Technology, 2009, 4（3）: 410-417.

[2] Bourek Y, Mokhnache L, Said N N, et al. Determination of ionization conditions characterizing the breakdown threshold of a point-plane air interval using fuzzy logic[J]. Electric Power Systems Research, 2011, 81（11）: 2038-2047.

[3] Ruiz D, Llovera-Segovia P, Pomar V, et al. Analysis of breakdown process at U50 voltage for plane rod discharges by means of neural networks[J]. Journal of Electrostatics, 2013, 71（3）: 336-340.

[4] Mokhnache L, Boubakeur A. Prediction of the breakdown voltage in a point-barrier-plane air gap using neural networks[C]//2001 Annual Report Conference on Electrical Insulation and Dielectric Phenomena, 2001: 369-372.

[5] Mokhnache L, Boubakeur A, Feliachi A. Breakdown voltage prediction in a point-barrier-plane air gap arrangement using self-organization neural networks[C]//IEEE Power Engineering Society General Meeting, 2004: 569-572.

[6] 胡琴, 舒立春, 蒋兴良, 等. 不同大气参数及表面状况下导线交流起晕电压的预测[J]. 高电压技术, 2010, 36（7）: 1669-1674.

[7] 袁耀, 蒋兴良, 杜勇, 等. 应用人工神经网络预测棒-板短空气间隙在淋雨条件下的交流放电电压[J]. 高电压技术, 2012, 38（1）: 102-108.

[8] 张耿斌, 罗新, 沈杨杨, 等. 大气条件对气隙放电电压的影响及神经网络在放电电压预测中的应用[J]. 高电压技术, 2014, 40（2）: 564-571.

[9] 罗新, 牛海清, 林浩然, 等. BP 和 RBF 神经网络在气隙击穿电压预测中的应用和对比研究[J]. 电

工电能新技术, 2013, 32（3）: 110-115.

[10] 牛海清, 许佳, 吴炬卓, 等. 气隙放电电压的大气条件灰联度分析及预测[J]. 华南理工大学学报（自然科学版）, 2017, 45（7）: 48-54.

[11] 姜辉, 张博, 连晓新, 等. 基于 ANN 的模拟空气击穿电压预测方法研究[J]. 电网与清洁能源, 2014, 30（9）: 5-11.

[12] 舒胜文. 基于电场特征集和支持向量机的空气间隙起晕和击穿电压预测研究[D]. 武汉: 武汉大学博士学位论文, 2014.

[13] Vapnik V N. The Nature of Statistical Learning Theory[M]. New York: Springer, 1995.

[14] 邓乃扬, 田英杰. 数据挖掘中的新方法——支持向量机[M]. 北京: 科学出版社, 2004.

[15] 邓乃扬, 田英杰. 支持向量机——理论、算法与拓展[M]. 北京: 科学出版社, 2009.

[16] 常甜甜. 支持向量机学习算法若干问题的研究[D]. 西安: 西安电子科技大学博士学位论文, 2010.

[17] Stone M. Cross-validatory choice and assessment of statistical predictions[J]. Journal of the Royal Statistical Society: Series B （Methodological）, 1974, 36（2）: 111-147.

[18] MATLAB 中文论坛. MATLAB 神经网络 30 个案例分析[M]. 北京: 北京航空航天大学出版社, 2010.

[19] 王健峰. 基于改进网格搜索法 SVM 参数优化的说话人识别研究[D]. 哈尔滨: 哈尔滨工程大学硕士学位论文, 2012.

[20] 杨淑莹. 模式识别与智能计算——Matlab 技术实现[M]. 2 版. 北京: 电子工业出版社, 2011.

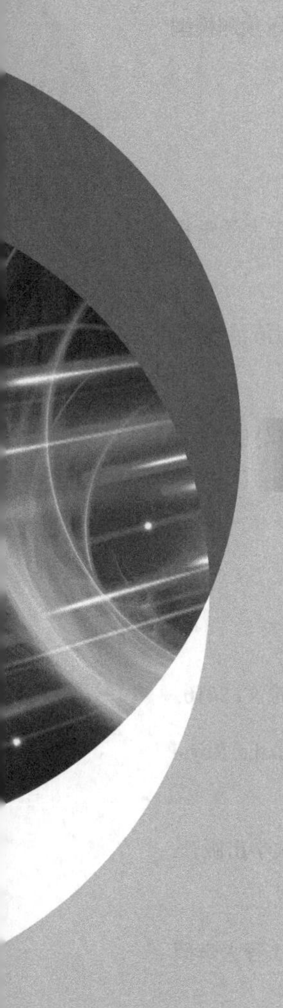

第 4 章

电极结构的电晕起始电压预测

电晕放电是极不均匀电场中特有的一种气体自持放电形式，在高压输电线路及输变电工程金具的设计和运行中，必须将电晕效应控制在一定范围以内。对电晕控制而言，电晕放电起始电压（起晕电压）的确定至关重要。目前，导线和金具的电晕起始电压可以通过一些经验公式进行估算，但由于起晕电压的影响因素众多，经验公式的适用性有限，因此试验研究（如电晕笼试验）仍是获取实际输电线路或金具电晕特性的主要手段，存在代价高、周期长的缺点。

本章首先介绍电晕放电的基本特性、电晕起始电压和起始场强的估算方法，然后采用空气绝缘预测模型对棒-板电极、绞线及换流站阀厅均压金具的电晕起始电压及起始场强进行预测研究。

4.1　电 晕 放 电

电晕效应是指伴随着电晕放电的气体电离、复合等过程，出现声、光、热等现象的放电效应。高压输电线路的电晕会造成一系列的后果，主要包括电晕损耗、离子流、无线电干扰和可听噪声等。在特高压输电线路导线选型中，电晕效应已成为决定性因素之一。均压环、间隔棒等高压输变电工程中的金具由于曲率半径小，表面电场强度往往很高，一旦超过临界值，将形成电晕放电。由此带来的电磁环境问题也受到越来越多的关注。此外，电晕放电会产生臭氧和氧化氮等物质，它们与周围介质发生化学反应时，会导致线路绝缘的加速老化或金属构件的腐蚀。为了评估输电线路及金具的电晕效应，有必要了解电晕放电的基本特性，掌握电晕放电的起始电压和起始场强，从而将电晕效应控制在合理范围内。

4.1.1　电晕放电的基本特性

极不均匀电场中的空气间隙在完全击穿之前，大曲率电极附近会产生薄薄的发光层，称为电晕放电。电晕放电具有明显的极性效应。以棒-板间隙为例，当棒电极为负极性，电压上升到一定值、平均电流接近微安级时，出现有规律的重复电流脉冲；当电压继续升高时，电流脉冲幅值基本不变，但频率增高，平均电流也相应增大；当电压再升高时，电晕电流失去了有规律高频脉冲的性质而转成持续电流，其平均值仍随电压升高而增大；电压再进一步升高时，出现幅值大得多的不规则的电流脉冲（流注电晕电流），发展成刷状放电。刷状放电是一种比电晕更强烈的局部放电，往往出现刷状放电后电压再升高，气隙很快被击穿。

当棒电极为正极性时，电晕电流也具有重复脉冲的性质，但没有整齐的规律。当电压继续升高时，电流的脉冲特性变得越来越不显著，以至基本上转变为持续电流。当电压继续升高时，就会出现幅值大得多的不规则的流注电晕电流脉冲，即刷状放电。

空气中的电晕放电具有如下特点[1,2]。

（1）声、光、热等效应。电晕放电会发出“咝咝”声，出现蓝紫色的光晕，引起发热并使周围的气体温度升高，造成能量损耗。

（2）电晕会产生高频脉冲电流，其中包含有许多高次谐波，会造成对无线电的干扰。随着输电线路电压等级的提高，线路电晕造成的无线电干扰已成为输电线路设计和运行中的重点关注问题之一。

（3）电晕会发出可听噪声，对人们造成生理和心理上的影响。对于 500kV 及以下的输变电系统，可听噪声问题尚不严重，但对于特高压输电线路，降低导线表面场强和可听噪声是一个关键问题。

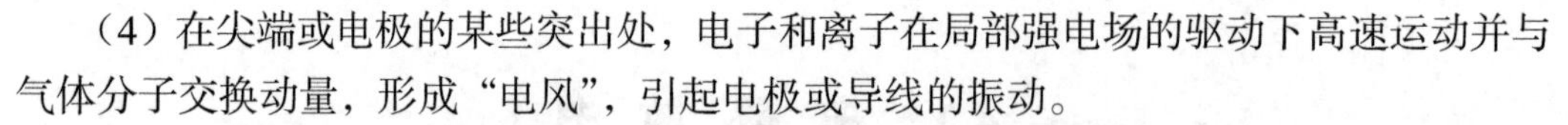

（4）在尖端或电极的某些突出处，电子和离子在局部强电场的驱动下高速运动并与气体分子交换动量，形成“电风”，引起电极或导线的振动。

（5）电晕放电会产生某些化学反应，在空气中产生臭氧（O_3）、一氧化氮（NO）和二氧化氮（NO_2）等。O_3 是强氧化剂，对金属和有机绝缘物具有强烈的氧化作用；NO 和 NO_2 会与空气中的水分合成硝酸物，具有强烈的腐蚀性。

此外，电晕放电也有有利的一面，电晕造成的损耗可削弱输电线上的雷电冲击电压波的幅值和陡度，使操作过电压产生衰减；电晕放电还可改善电场分布；利用电晕原理可以制成静电除尘器、臭氧发生器和静电喷涂等设备。

4.1.2 电晕起始电压和起始场强

电晕起始时的电压称为电晕起始电压 U_c，电极表面的场强称为电晕起始场强 E_c。电晕起始电压低于击穿电压，电场越不均匀，两者的差值越大。从理论上来说，电晕起始电压可以根据自持放电条件 $\gamma\exp\int_0^d(\alpha-\eta)\mathrm{d}x=1$ 求取，其中 d 为电晕层厚度，可根据电晕层边缘处 $\alpha=\eta$ 这一条件确定。由于计算繁复，且理论计算本身也并不精确，因此电晕起始电压是根据由试验结果总结出来的经验公式估算的[3]。

对于半径为 r、离地高度为 h 的单根导线，导线表面场强 E 和导线对地电压 U 的关系式为

$$E=\frac{U}{r\ln\dfrac{2h}{r}} \tag{4.1}$$

对于平行导线，当轴线间的距离 d 远大于导线半径 r 时，导线表面场强 E 和导线对中性平面的电压 U（线间电压之半）的关系式为

$$E=\frac{U}{r\ln\dfrac{d}{r}} \tag{4.2}$$

因此，测得电晕起始电压 U_c 后，即可求得电晕起始场强 E_c。Peek 开展的大量实验结果表明，E_c 和电极尺寸、气候条件等因素有关，按照美国标准（以 760mmHg、25℃作为标准状态），Peek 提出平行导线、同轴圆柱和球-球电极结构的电晕起始场强（峰值）经验公式（单位 kV/cm），即[4]

$$E_c=29.8\delta\left(1+\frac{0.301}{\sqrt{r\delta}}\right) \tag{4.3}$$

$$E_c=31\delta\left(1+\frac{0.308}{\sqrt{r\delta}}\right) \tag{4.4}$$

$$E_c = 27.2\delta\left(1+\frac{0.34}{\sqrt{r\delta}}\right) \tag{4.5}$$

式中，δ 为空气的相对密度。

按照我国国家标准（以 101.3kPa、20℃作为标准状态），式（4.3）～式（4.5）可以分别修改为[3]

$$E_c = 30.3\delta\left(1+\frac{0.298}{\sqrt{r\delta}}\right) \tag{4.6}$$

$$E_c = 31.5\delta\left(1+\frac{0.305}{\sqrt{r\delta}}\right) \tag{4.7}$$

$$E_c = 27.7\delta\left(1+\frac{0.337}{\sqrt{r\delta}}\right) \tag{4.8}$$

导线表面状态对电晕起始场强 E_c 有很大影响，对于绞线的电晕起始场强，需要在式（4.6）的基础上乘以表面粗糙系数 m 加以修正，即

$$E_c = 30.3m\delta\left(1+\frac{0.298}{\sqrt{r\delta}}\right) \tag{4.9}$$

对于理想的光滑圆柱导线，m=1；对于清洁绞线，m=0.75～0.85；导线表面的划痕可使 m 降至 0.6～0.8；昆虫、植物、水滴、冰雪等沉降物附着在导线表面可使 m 降至 0.3～0.6[5]。

4.2　棒-板电极的起晕电压预测

针对半球头棒-板电极结构，采用空气绝缘预测模型对其起晕电压进行预测研究，并与相关经验公式和半经验公式、临界电荷判据、光电离模型等现有方法的计算结果进行对比分析。

4.2.1　训练和测试样本集

棒-板间隙的结构示意图如图 4-1 所示。棒头部为半球形状，半径为 R，间隙距离为 d。进行电场计算时，只需要建立 xz 平面的二维轴对称模型。

如表 4-1 所示为从文献[6]～[8]收集整理得到的棒-板间隙正极性直流起晕电压的试验数据，其中 R 表示半球头棒电极的半径，d 表示间隙距离，U_c 表示起晕电压。从表 4-1 中选取 8 个数据作为训练样本，其余 36 个数据作为测试样本。

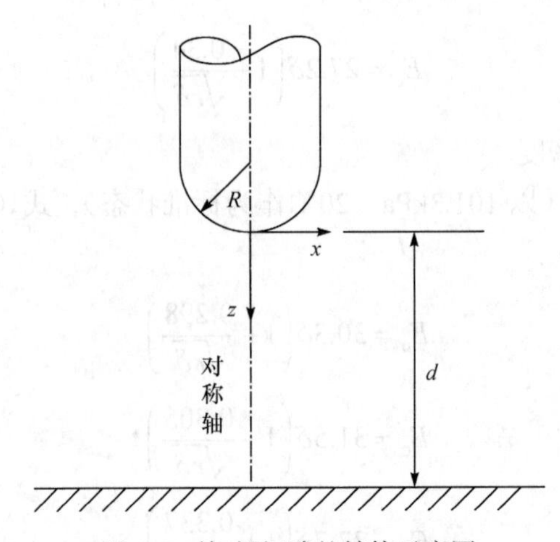

图 4-1　棒-板间隙的结构示意图

表 4-1　棒-板间隙正极性直流起晕电压试验数据

数据	R/mm	d/cm	U_c/kV	R/mm	d/cm	U_c/kV
训练样本集	2.0	1.0	13.89	2.0	5.0	19.17
		2.0	16.13	4.0	4.0	27.29
		3.0	17.23		5.0	28.72
		4.0	18.33	10.0	5.0	47.00
测试样本集	1.5	1.0	11.28	4.0	1.0	18.14
		1.5	12.04		1.5	20.28
		2.0	12.81		2.0	22.57
测试样本集	1.5	3.0	14.33	4.0	2.5	23.63
		4.0	15.40		3.0	24.71
	2.0	1.5	15.24		3.5	26.00
		2.5	17.02		4.5	28.00
		3.5	17.96		5.5	29.40
		4.5	18.61		6.0	29.89
		5.5	19.93	10.0	1.0	25.67
		6.0	20.11		2.0	35.53
		6.5	20.48		3.0	41.00
		7.0	20.66		4.0	44.44
		7.5	20.85		6.0	48.44
		8.0	20.94		10.0	54.06
		8.5	21.20		15.0	57.82
		9.0	21.39		20.0	60.39
		9.5	21.76		25.0	62.42

针对图 4-1 所示的棒-板间隙，采用有限元方法进行电场计算，棒电极加电位 1V，板电极加零电位。棒-板间隙最短路径上的电场分布如图 4-2 所示。可以看出，保持半径不变时，电极表面场强最大值随间距的增大而减小，但当间距达到一定值后，场强最大值的降低并不明显，最短路径上场强的下降率随间距的增大而减小；保持间距不变时，电极表面场强最大值随半径的增大而明显减小，最短路径上场强的下降率也随半径的增大而明显减小。

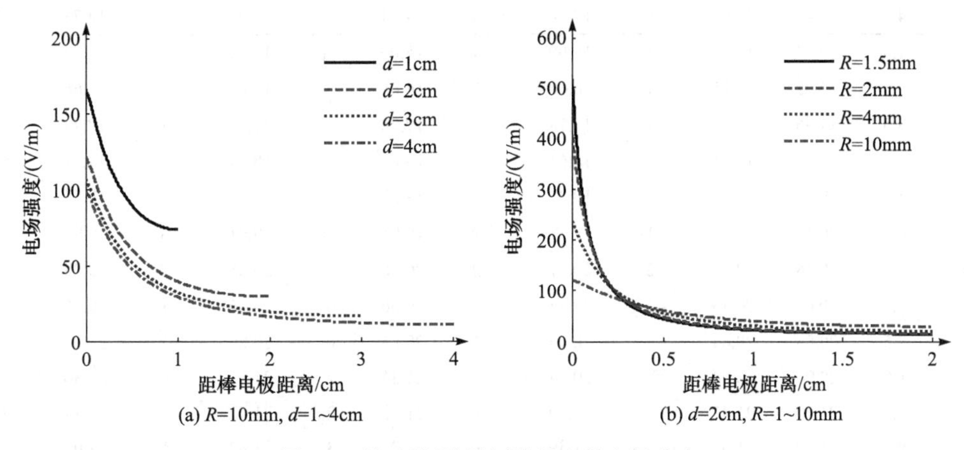

图 4-2　棒-板间隙最短路径上的电场分布

针对表 4-1 中的训练样本集，对棒电极加载起晕电压值，对板电极加载 0 电位，进行间隙的电场计算。编写后处理程序，提出节点、单元或路径上的电场值，单元面积和体积，节点或单元重心的坐标等信息，根据 2.2.1 节中电场分布特征集的定义和计算公式，计算得到间隙在起晕电压下的各电场特征量。对于电晕起始电压预测，选择的电场分布特征量为表 2-1 中的放电通道、最短放电路径和电极表面类特征量，剔除 8 个与 24kV/cm 和 7kV/cm 相关的特征量，共 29 维。

4.2.2　SVM 预测结果及分析

在 3-CV 意义下，采用改进 GS 算法对 SVM 进行参数寻优，并采用相关分析法对电场分布特征集进行降维处理，分析不同特征维数对预测结果的影响。如表 4-2 所示为经相关分析法降维后，不同特征维数下 SVM 对棒-板间隙正直流起晕电压的预测结果。其中，29 维为采用全部特征量；25 维和 18 维是在 29 维特征量的基础上，分别剔除与起晕电压相关系数小于 0.1 和 0.3 的特征量；13 维和 7 维是在 25 维和 18 维特征量的基础上，剔除各类特征中互相关系数大于 0.9 的特征量。

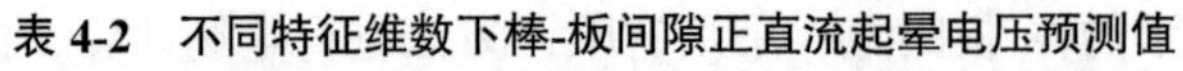

表 4-2　不同特征维数下棒-板间隙正直流起晕电压预测值

R/mm	d/cm	试验值/kV	29 维		25 维		18 维		13 维		7 维	
			U_p/kV	σ/%	U_p/kV	σ/%	U_p/kV	σ/%	U_p/kV	σ/%	U_p/kV	σ/%
1.5	1.0	11.28	11.39	1	11.51	2	11.62	3	11.96	6	11.84	5
	1.5	12.04	12.28	2	12.52	4	15.52	4	12.76	6	12.64	5
	2.0	12.81	12.94	1	13.19	3	13.19	3	13.45	5	13.19	3
	3.0	14.33	13.90	−3	14.04	−2	14.19	−1	14.47	1	14.04	−2
	4.0	15.40	14.63	−5	14.78	−4	14.94	−3	15.09	−2	14.78	−4
2	1.5	15.24	15.09	−1	15.09	−1	15.09	−1	15.09	−1	15.24	0
	2.5	17.02	16.85	−1	16.68	−2	16.68	−2	17.02	0	16.68	−2
	3.5	17.96	17.78	−1	17.78	−1	17.78	−1	17.96	0	17.78	−1
	4.5	18.61	18.61	0	18.61	0	18.80	1	18.61	0	18.61	0
	5.5	19.93	19.33	−3	19.33	−3	19.53	−2	19.53	−2	19.53	−2
	6.0	20.11	19.91	−1	19.71	−2	19.91	−1	19.91	−1	19.91	−1
	6.5	20.48	20.07	−2	20.07	−2	20.28	−1	20.28	−1	20.28	−1
	7.0	20.66	20.45	−1	20.45	−1	20.66	0	20.66	0	20.66	0
	7.5	20.85	20.64	−1	20.64	−1	20.85	0	20.85	0	21.06	1
	8.0	20.94	20.94	0	20.94	0	21.36	2	21.15	1	21.36	2
	8.5	21.20	21.41	1	21.20	0	21.62	2	21.41	1	21.84	3
	9.0	21.39	21.60	1	21.39	0	22.03	3	21.82	2	22.03	3
	9.5	21.76	21.98	1	21.76	0	22.20	2	22.20	2	22.63	4
4	1.0	18.14	18.50	2	19.77	2	17.23	−5	19.41	7	16.87	−7
	1.5	20.28	21.29	5	22.11	5	21.29	5	21.50	6	21.09	4
	2.0	22.57	23.02	2	23.70	5	23.92	6	23.25	3	23.47	4
	2.5	23.63	24.34	3	24.81	5	25.05	6	24.58	4	25.05	6
	3.0	24.71	25.70	4	25.95	5	25.95	5	25.45	3	25.95	5
	3.5	26.00	26.52	2	26.78	3	26.78	3	26.52	2	26.78	3
	4.5	28.00	28.00	0	28.00	0	28.00	0	28.00	0	28.28	1
	5.5	29.40	29.40	0	29.11	−1	29.11	−1	29.11	−1	29.11	−1
	6.0	29.89	29.89	0	29.59	−1	29.59	−1	29.89	0	29.59	−1
10	1.0	25.67	24.39	−5	23.10	−5	24.39	−5	24.64	−4	23.10	−10
	2.0	35.53	34.11	−4	35.89	2	37.31	5	34.46	−3	31.98	−10
	3.0	41.00	40.18	−2	41.82	1	43.46	6	39.77	−3	39.36	−4
	4.0	44.44	44.44	0	43.55	2	46.22	4	44.00	−1	44.44	0
	6.0	48.44	47.96	−1	46.99	−2	46.99	−3	49.89	3	48.44	0
	10.0	54.06	53.52	−1	50.82	−3	50.28	−7	56.76	5	53.52	−1
	15.0	57.82	56.66	−2	54.35	−6	55.51	−4	60.13	4	56.66	−2
	20.0	60.39	59.79	−1	56.77	−4	57.97	−4	62.81	4	59.18	−2
	25.0	62.42	61.17	−2	57.43	−4	59.92	−4	64.92	4	61.17	−2

如表 4-3 所示为不同特征维数下，SVM 预测的最优参数和误差指标。可以看出，采用 29 维特征时，SVM 对测试样本预测值的误差最小，e_{MAPE} 仅为 1.72%；25 维和 18 维

特征量的预测误差有所增大，说明剔除的特征量包含与击穿电压相关的有效信息；在 25 维和 18 维特征量的基础上，进一步剔除互相关系数大于 0.9 的特征量，4 个误差指标各有增大或减小，但总体对预测精度的影响不大。

表 4-3　不同特征维数下 SVM 预测的最优参数和误差指标

结果	29	25	18	13	7
C	315.173	137.187	274.374	362.039	128
γ	0.2333	0.25	0.25	0.25	0.1436
e_{SSE}	12.9796	38.7602	58.0021	38.3195	37.5063
e_{MSE}	0.1001	0.1729	0.2116	0.1720	0.1701
e_{MAPE}	0.0172	0.0233	0.0294	0.0244	0.0283
e_{MSPE}	0.0037	0.0048	0.0059	0.0053	0.0063

4.2.3　与其他方法预测结果的对比

1. 临界电荷判据

根据电子崩转换流注机制，当初始电子崩头部电荷达到一临界值时，才能使电场畸变并增强到足够支持二次电子崩的发展，进而转入流注。如图 4-3 所示，初始电子崩起始于 $z = z_i$，即碰撞电离系数 α 等于电子附着系数 η。在电离区域，$\alpha > \eta$；在电晕层边界，$\alpha = \eta$，碰撞电离不再发生，自由电子数停止增长。只有当初始电子崩头部电荷数达到一定值后，才能产生一定程度的电场畸变增强作用和足够的空间光电离效应，进而转入流注。

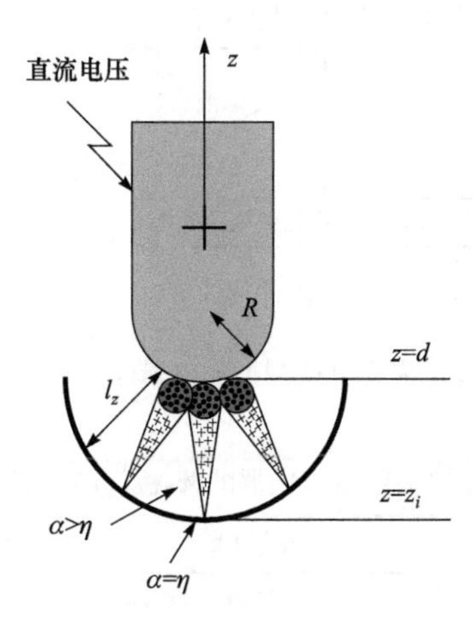

图 4-3　正极性直流电压下流注起始过程示意图

临界电荷判据认为，当电子崩头部的电荷满足如下关系时，流注起始，即

$$\exp\int_{z=z_i}^{z=d}(\alpha-\eta)\mathrm{d}z \geqslant N_{\mathrm{crit}} \tag{4.10}$$

式中，α 和 η 分别为碰撞电离系数和附着系数，两者均为约化场强 E/p 的函数，E 为场强，p 为气压；d 为间隙距离；N_{crit} 为形成流注所需的临界电荷数，通常取 10^8[9]。

不少研究者发现，利用该判据计算不同电极的电晕起始场强时，为获得与试验值一致的计算值，N_{crit} 需要根据电极结构和尺寸进行修正。例如，文献[10]得出，对于半径为0.01～20cm的棒-板电极和导线结构，N_{crit} 值宜取 10^4。表4-1中的研究对象是半径为1.5～10mm 的半球头棒-板电极，在文献[10]的电极结构范围内，因此取临界电荷 $N_{\mathrm{crit}}=10^4$，将其代入式（4.10）可得下式，即

$$\int_{z=z_i}^{z=d}(\alpha-\eta)\mathrm{d}z \geqslant 9.21 \tag{4.11}$$

基于临界电荷判据的电晕起始电压计算流程如图4-4所示[11]，以 $\mathrm{d}U$ 为步长不断升高电压，采用有限元法计算空间电场分布，将电离系数 α 与电子附着系数 η 随电场强度的函数关系代入式（4.11），等号成立时对应的电压即起晕电压。采用临界电荷判据计算表4-1中测试样本的起晕电压，结果如表4-4所示。

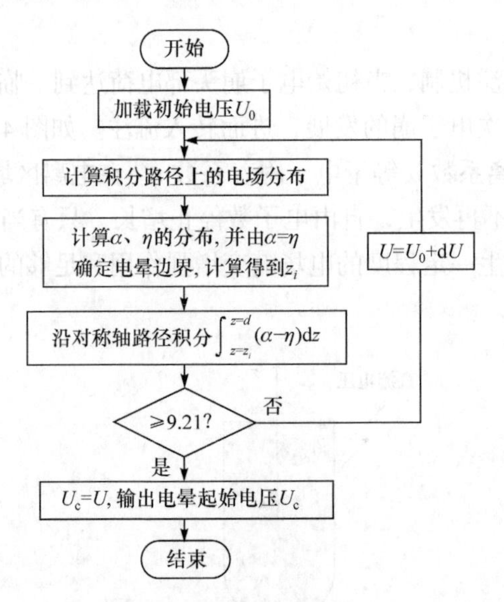

图4-4　基于临界电荷判据的电晕起始电压计算流程

表4-4　基于流注起始临界电荷判据的棒-板间隙正直流起晕电压计算值

R/mm	d/cm	试验值/kV	计算值/kV	相对误差/%
1.5	1.0	11.28	11.50	1.95
	1.5	12.04	12.37	2.74
	2.0	12.81	12.99	1.41
	3.0	14.33	13.75	−4.05
	4.0	15.40	14.23	−7.60

续表

R/mm	d/cm	试验值/kV	计算值/kV	相对误差/%
2	1.5	15.24	14.65	−3.87
	2.5	17.02	15.87	−6.76
	3.5	17.96	16.66	−7.24
	4.5	18.61	17.17	−7.74
	5.5	19.93	17.39	−12.74
	6.0	20.11	17.56	−12.68
	6.5	20.48	17.69	−13.62
	7.0	20.66	17.74	−14.13
	7.5	20.85	17.78	−14.72
	8.0	20.94	17.90	−14.52
	8.5	21.20	17.95	−15.33
	9.0	21.39	18.01	−15.80
	9.5	21.76	18.30	−15.90
4	1.0	18.14	18.80	3.64
	1.5	20.28	21.22	4.64
	2.0	22.57	22.73	0.71
	2.5	23.63	23.85	0.93
	3.0	24.71	24.67	−0.16
	3.5	26.00	25.26	−2.85
	4.5	28.00	26.21	−6.39
	5.5	29.40	26.85	−8.67
	6.0	29.89	27.22	−8.93
10	1.0	25.67	26.09	1.64
	2.0	35.53	36.05	1.46
	3.0	41.00	41.20	0.49
	4.0	44.44	44.44	0
	6.0	48.44	48.25	−0.39
	10.0	54.06	51.82	−4.14
	15.0	57.82	53.88	−6.81
	20.0	60.39	54.98	−8.96
	25.0	62.42	55.68	−10.80

由表 4-4 可得测试样本起晕电压计算结果的误差指标，即 $e_{\text{SSE}}=203.7565$ 、$e_{\text{MSE}}=0.3965$ 、$e_{\text{MAPE}}=0.0679$ 、$e_{\text{MSPE}}=0.0143$ 。可以看出，计算结果的误差较大，尤其是部分测试样本的绝对百分比误差超过 10%，说明临界电荷判据中 $N_{\text{crit}}=10^4$ 的适用范围有限。

2. 光电离模型

空间光电离对流注起始及发展具有重要作用，通过考虑光子在二次电子崩形成中的作用，Nassar 等提出另一种流注起始条件，即二次电子崩中产生的电子数大于初始电子崩产生的电子数[12]。该方法通常称为光电离模型，在流注起始的数值仿真中被广泛应用，是计算电晕起始电压的主要物理模型。

以棒-板间隙为例，对棒电极施加正极性直流电压，棒头部附近区域的场强将随着电压的增大而不断增大。在电子碰撞电离系数 α 大于附着系数 η 的区域内，自由电子在向棒极运动的过程中与空气分子发生碰撞电离，在电离区边界 $(z=-z_i)$ 产生初始电子崩，如图 4-5（a）所示。在 $z=-z_1$ 位置，电子数目为

$$N_1=\exp\left[\int_{-z_i}^{-z_1}(\alpha-\eta)\mathrm{d}z\right] \tag{4.12}$$

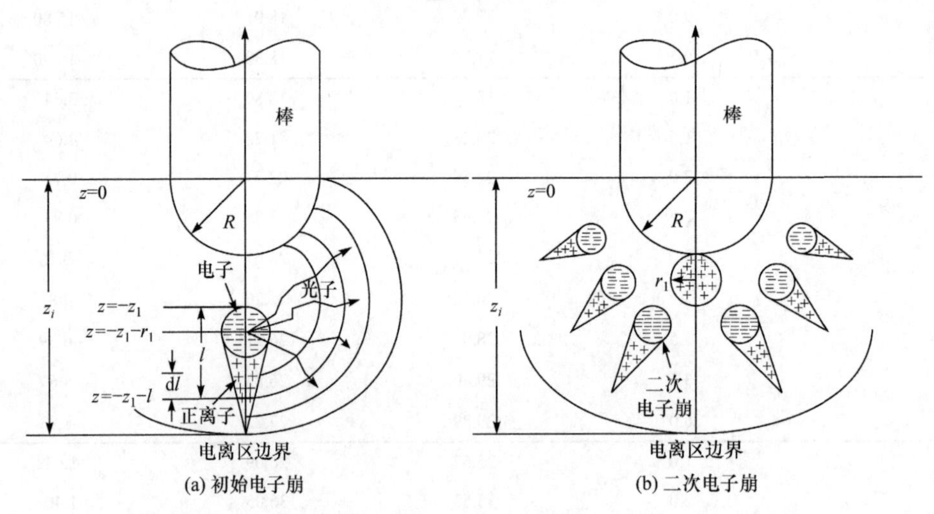

图 4-5　正极性棒-板间隙初始电子崩和二次电子崩发展过程

假设电子崩头部呈球状，其半径为

$$r_1=\sqrt{6\int_{-z_i}^{-z_1}\frac{D_{\mathrm{e}}}{v_{\mathrm{e}}}\mathrm{d}z} \tag{4.13}$$

式中，D_{e} 为电子扩散系数；v_{e} 为电子漂移速率。

其表达式分别为

$$D_{\mathrm{e}}=5.3\times10^{5}\left(\frac{E}{P}\right)^{1.21}/E \tag{4.14}$$

$$v_{\mathrm{e}}=\begin{cases}1.0\times10^{6}\times\left(\dfrac{E}{P}\right)^{0.715}, & \dfrac{E}{P}\leqslant100\\ 1.55\times10^{6}\times\left(\dfrac{E}{P}\right)^{0.62}, & \dfrac{E}{P}>100\end{cases} \tag{4.15}$$

自由电子与空气分子碰撞电离的同时会使空气分子达到激发态，向周围辐射光子。辐射出的光子与空气分子发生光电离过程，由此产生的光电子在合成电场的作用下向棒电极运动。光电子进一步与空气分子发生碰撞电离，形成二次电子崩，如图 4-5（b）所示。假设 1 次碰撞电离辐射的光子数为 f_1，则电子崩头部辐射的光子数为 f_1N_1。采用数值积分思想，对 $z=-z_i$ 至 $z=-z_1-r_1$ 的区域进行分割，每层的厚度为 dl。在 $z=-z_1-l$ 处，该层吸收的光子数为 $\mu f_1N_1\mathrm{e}^{-\mu l}g(l)$，其中 μ 为光子吸收系数；$g(l)$ 为几何因素，用于考虑部分光子未被吸收而在电极中消失。假设空气分子吸收光子后发生光电离的概率为 f_2，则该层吸收的光子由于光电离产生的光电子总数为 $\mu f_1f_2N_1\mathrm{e}^{-\mu l}g(l)$，与空气分子发生碰撞电离产生的二次电子崩数目为

$$f_1f_2N_1\mu\mathrm{e}^{-\mu l}g(l)\exp\left[\int_{-(z_1+l)}^{-(z_1+r_1)}(\alpha-\eta)\mathrm{d}z\right] \tag{4.16}$$

忽略电子崩中的负离子，对各层产生的正离子数进行积分求和，可得到二次电子崩中的正离子总数为

$$N_2=\int_{-z_i}^{-(z_1+r_1)}f_1f_2N_1\mu\mathrm{e}^{-\mu l}g(l)\exp\left[\int_{-(z_1+l)}^{-(z_1+r_1)}(\alpha-\eta)\mathrm{d}z\right]\mathrm{d}l \tag{4.17}$$

由于主电子崩产生的光子绝大部分是在电子崩增长的最后几步发射出的，因此 $|z_1|\approx R$。根据 Nasser 判据可得，棒-板间隙正极性直流电晕能够自持的条件为

$$\int_{-z_i}^{-(z_1+r_1)}f_1f_2N_1\mu\mathrm{e}^{-\mu l}g(l)\exp\left[\int_{-(z_1+l)}^{-(z_1+r_1)}(\alpha-\eta)\mathrm{d}z\right]\mathrm{d}l\geqslant N_1 \tag{4.18}$$

对式（4.18）进行变换，可得到棒-板间隙的正极性直流电晕起始判据，即

$$\int_{-z_i}^{-(R+r_1)}f_1f_2\mu\mathrm{e}^{-\mu l}g(l)\exp\left[\int_{-(R+l)}^{-(R+r_1)}(\alpha-\eta)\mathrm{d}z\right]\mathrm{d}l\geqslant 1 \tag{4.19}$$

气体自持放电的光电离模型实现原理与临界电荷判据类似，其计算流程如图 4-6

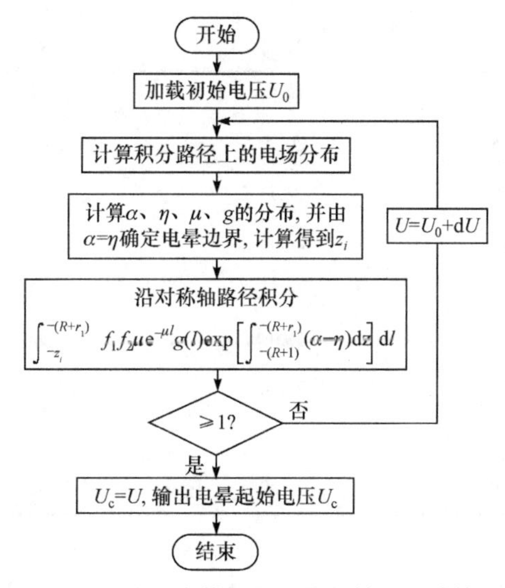

图 4-6 基于光电离模型的电晕起始电压计算流程

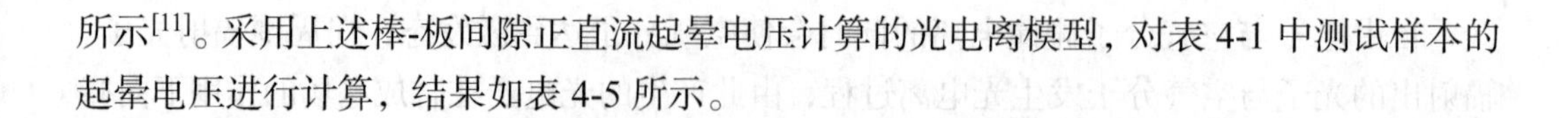
所示[11]。采用上述棒-板间隙正直流起晕电压计算的光电离模型，对表 4-1 中测试样本的起晕电压进行计算，结果如表 4-5 所示。

表 4-5　基于光电离模型的棒-板间隙正直流起晕电压计算值

R/mm	*d*/cm	试验值/kV	计算值/kV	相对误差/%
1.5	1.0	11.28	12.76	13.12
	1.5	12.04	13.83	14.87
	2.0	12.81	14.45	12.80
	3.0	14.33	15.22	6.21
	4.0	15.40	15.70	1.95
2	1.5	15.24	16.12	5.77
	2.5	17.02	17.56	3.17
	3.5	17.96	18.25	1.61
	4.5	18.61	18.88	1.45
	5.5	19.93	19.18	−3.76
	6.0	20.11	19.36	−3.73
	6.5	20.48	19.48	−4.88
	7.0	20.66	19.55	−5.37
	7.5	20.85	19.67	−5.66
	8.0	20.94	19.70	−5.92
	8.5	21.20	19.74	−6.89
	9.0	21.39	19.76	−7.62
	9.5	21.76	19.99	−8.13
4	1.0	18.14	20.38	12.35
	1.5	20.28	23.06	13.71
	2.0	22.57	24.70	9.44
	2.5	23.63	25.83	9.31
	3.0	24.71	26.73	8.17
	3.5	26.00	27.44	5.54
	4.5	28.00	28.39	1.39
	5.5	29.40	29.12	−0.95
	6.0	29.89	29.45	−1.47

续表

R/mm	d/cm	试验值/kV	计算值/kV	相对误差/%
10	1.0	25.67	27.91	8.73
	2.0	35.53	38.69	8.89
	3.0	41.00	44.17	7.73
	4.0	44.44	47.61	7.13
	6.0	48.44	51.70	6.73
	10.0	54.06	55.54	2.74
	15.0	57.82	57.85	0.05
	20.0	60.39	59.09	−2.15
	25.0	62.42	59.82	−4.17

由表 4-5 可得测试样本起晕电压计算结果的误差指标，即 $e_{\mathrm{SSE}}=109.4686$、$e_{\mathrm{MSE}}=0.2906$、$e_{\mathrm{MAPE}}=0.0621$、$e_{\mathrm{MSPE}}=0.0122$。

3. 经验和半经验公式

分别采用流注起始场强判据[13]、Lowke 公式[10]和 Ortéga 公式[14,15]对表 4-1 中测试样本的起晕电压进行计算。目前，工程中广泛应用的正极性直流电压作用下的流注起始场强判据为[13]

$$E_{\mathrm{c}}=22.8\left(1+\frac{1}{\sqrt[3]{R}}\right) \tag{4.20}$$

式（4.20）适用于标准空气密度，其中 R 为棒电极头部半径，$0.5\mathrm{cm}\leqslant R\leqslant 25\mathrm{cm}$。

Lowke 等推导得到的棒-板间隙的起晕场强公式为[10]

$$E_{\mathrm{c}}=25\delta\left(1+\frac{0.35}{\sqrt{\delta R}}+\frac{0.03}{\delta R}\right) \tag{4.21}$$

式中，R 为棒电极头部半径；δ 为相对空气密度。

式（4.20）和式（4.21）计算得到的都是棒电极的电晕起始场强，其起晕电压的计算过程如下[11]：采用有限元法计算该电极在 1kV 电压作用下的场强最大值，记为 $E_{\mathrm{m}}(\mathrm{kV/cm})$，则起晕电压为 $U_{\mathrm{c}}=E_{\mathrm{c}}/E_{\mathrm{m}}(\mathrm{kV})$。

Ortéga 从 Peek 公式出发，推导得到棒-板电极的起晕电压公式[14,15]，即

$$U_{\mathrm{c}}=\frac{1}{2}RE_0\log\left(\frac{4d}{R}\right)\left(1+\frac{0.0436}{\sqrt{R}}\right) \tag{4.22}$$

式中，R 为棒电极头部半径；d 为间隙距离；E_0 为明显电离现象开始的临界场强，

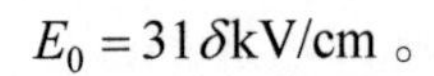
$E_0 = 31\delta \text{kV/cm}$。

基于经验和半经验公式的棒-板间隙正直流起晕电压的计算结果如表 4-6 所示。

表 4-6　基于经验和半经验公式的棒-板间隙正直流起晕电压计算值

R/mm	d /cm	试验值 /kV	流注起始场强判据		Lowke 公式		Ortéga 公式	
			计算值/kV	相对误差/%	计算值/kV	相对误差/%	计算值/kV	相对误差/%
1.5	1.0	11.28	11.26	−0.18	9.01	−20.12	8.49	−24.73
	1.5	12.04	12.17	1.08	9.74	−19.10	9.54	−20.76
	2.0	12.81	12.72	−0.70	10.18	−20.53	10.29	−19.67
	3.0	14.33	13.37	−6.70	10.70	−25.33	11.34	−20.87
	4.0	15.40	13.82	−10.26	11.06	−28.18	12.08	−21.56
2	1.5	15.24	14.44	−5.25	11.29	−25.92	11.57	−24.08
	2.5	17.02	15.68	−7.87	12.26	−27.97	13.31	−21.80
	3.5	17.96	16.37	−8.85	12.80	−28.73	14.45	−19.54
	4.5	18.61	16.85	−9.46	13.17	−29.23	15.31	−17.73
	5.5	19.93	17.13	−14.05	13.40	−32.77	15.99	−19.77
	6.0	20.11	17.30	−13.97	13.53	−32.72	16.29	−19.00
	6.5	20.48	17.37	−15.19	13.58	−33.69	16.56	−19.14
	7.0	20.66	17.52	−15.20	13.70	−33.69	16.81	−18.64
	7.5	20.85	17.58	−15.68	13.75	−34.05	17.05	−18.23
	8.0	20.94	17.63	−15.81	13.79	−34.15	17.27	−17.53
	8.5	21.20	17.74	−16.32	13.87	−34.58	17.47	−17.59
	9.0	21.39	17.77	−16.92	13.90	−35.02	17.67	−17.39
	9.5	21.76	17.86	−17.92	13.96	−35.85	17.85	−17.97
4	1.0	18.14	18.74	3.31	14.20	−21.73	15.26	−15.88
	1.5	20.28	21.11	4.09	15.99	−21.15	17.95	−11.49
	2.0	22.57	22.62	0.22	17.13	−24.10	19.85	−12.05
	2.5	23.63	23.68	0.21	17.94	−24.08	21.33	−9.73
	3.0	24.71	24.48	−0.93	18.54	−24.97	22.54	−8.78
	3.5	26.00	25.11	−3.42	19.02	−26.85	23.56	−9.39
	4.5	28.00	26.03	−7.04	19.72	−29.57	25.23	−9.89
	5.5	29.40	26.69	−9.22	20.21	−31.26	26.56	−9.66
	6.0	29.89	26.95	−9.84	20.41	−31.72	27.13	−9.23

续表

R/mm	d /cm	试验值 /kV	流注起始场强判据		Lowke 公式		Ortéga 公式	
			计算值/kV	相对误差/%	计算值/kV	相对误差/%	计算值/kV	相对误差/%
10	1.0	25.67	27.42	6.82	20.75	−19.17	22.42	−12.66
	2.0	35.53	37.50	5.54	28.37	−20.15	33.64	−5.32
	3.0	41.00	42.78	4.34	32.36	−21.07	40.20	−1.95
	4.0	44.44	46.09	3.71	34.87	−21.54	44.85	0.92
	6.0	48.44	49.85	2.91	37.72	−22.13	51.41	6.13
	10.0	54.06	53.69	−0.68	40.62	−24.86	59.67	10.38
	15.0	57.82	55.76	−3.56	42.18	−27.05	66.23	14.55
	20.0	60.39	56.86	−5.85	43.02	−28.76	70.88	17.37
	25.0	62.42	57.58	−7.75	43.57	−30.20	74.49	19.34

由表 4-6 可得，基于流注起始场强判据、Lowke 公式、Ortéga 公式预测结果的误差指标分别为 $e_{\text{SSE}}=185.5644$、$e_{\text{MSE}}=0.3784$、$e_{\text{MAPE}}=0.0752$、$e_{\text{MSPE}}=0.0155$；$e_{\text{SSE}}=2462.5211$、$e_{\text{MSE}}=1.3784$、$e_{\text{MAPE}}=0.2728$、$e_{\text{MSPE}}=0.0463$；$e_{\text{SSE}}=664.1624$、$e_{\text{MSE}}=0.7159$、$e_{\text{MAPE}}=0.1502$、$e_{\text{MSPE}}=0.0269$。

4. 对比分析

如表 4-7 所示为基于不同方法的棒-板间隙正直流起晕电压计算结果的误差指标。

表 4-7　基于不同方法的棒-板间隙正直流起晕电压计算结果的误差指标

误差指标	SVM	临界电荷判据	光电离模型	流注起始场强判据	Lowke 公式	Ortéga 公式
e_{SSE}	12.9796	203.7565	109.4686	185.5644	2462.5211	664.1624
e_{MSE}	0.1001	0.3965	0.2906	0.3784	1.3784	0.7159
e_{MAPE}	0.0172	0.0679	0.0621	0.0752	0.2728	0.1502
e_{MSPE}	0.0037	0.0143	0.0122	0.0155	0.0463	0.0269

从表 4-7 可以看出，6 种方法预测结果的精度从高到低排序依次为 SVM>光电离模型>临界电荷判据>流注起始场强判据>Ortéga 公式>Lowke 公式，说明基于电场特征集和 SVM 的棒-板间隙正直流起晕电压计算方法具有最高的精度。光电离模型、临界电荷判据、流注起始场强公式的 e_{MAPE} 在 6%～8%之间，但部分样本的绝对百分比误差超过 10%，说明这些方法本身或参数取值的适用范围有限。Lowke 和 Ortéga 公式的误差很大，不适合计算精度要求高的应用场合。

如图 4-7 所示为 6 种方法得到的棒-板间隙正直流起晕电压预测值和试验值的对比[16]。可见，对于不同 R 和 d 下棒-板间隙的正直流起晕电压，SVM 无论在趋势还是数值上均最接近试验值。采用光电离模型、临界电荷判据、流注起始场强公式和 Lowke 公式计算得到的曲线变化趋势基本一致，整体上比试验值更快趋于饱和；数值上 4 种方法依次减小，光电离模型的计算结果整体上高于试验值，临界电荷判据和流注起始场强判据的计算结果相差较小，在较小间距下与试验结果比较接近，但在更大间距下要低于试验值；Lowke 公式计算值整体上低于试验值；Ortéga 公式的计算值在 R=1～4mm 时，趋势上较为接近试验值，但数值上比试验值低很多；在 R=10mm 时，上升率明显高于试验值，数值上仅在 3～5cm 之间距范围内与试验值吻合。

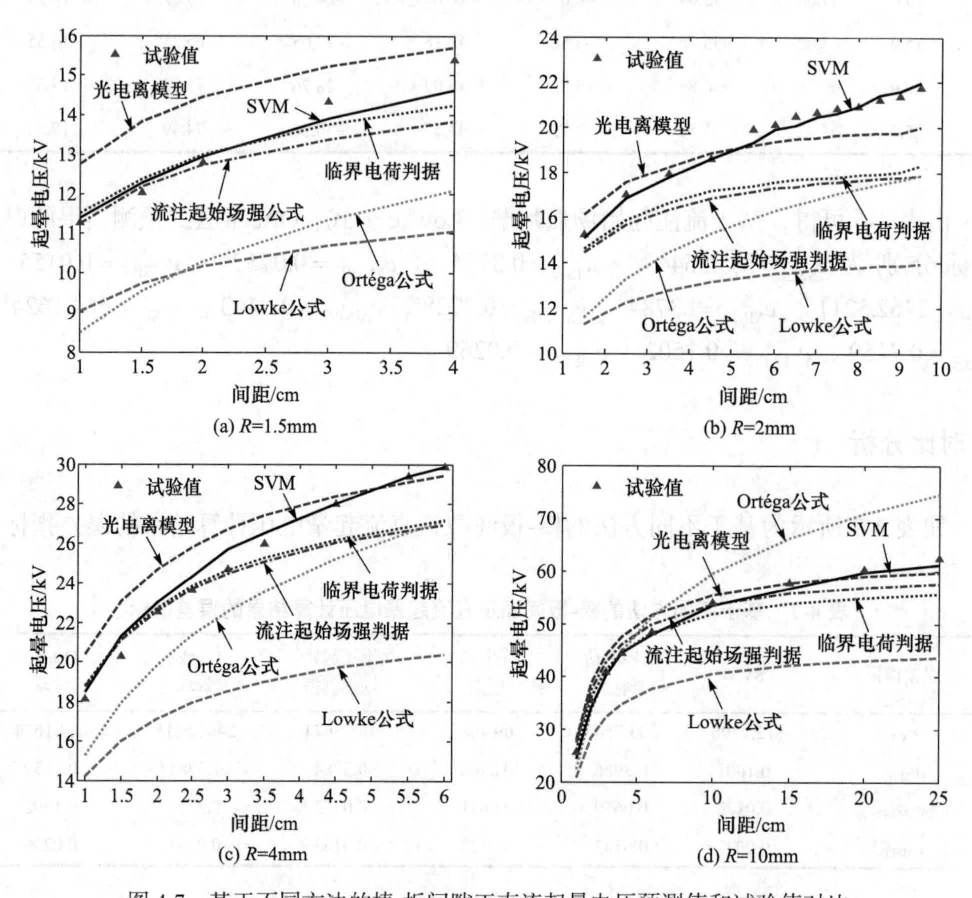

图 4-7　基于不同方法的棒-板间隙正直流起晕电压预测值和试验值对比

以间距 d=1cm 为例，对比不同棒电极半径 R 下，几种不同方法得到的棒-板间隙正直流起晕场强预测值和试验值，对比结果如图 4-8 所示。可见，采用 SVM、光电离模型、临界电荷判据、流注起始场强公式预测得到的起晕场强值，在趋势和数值上与试验值均较为接近，其中尤其以 SVM 最为接近；Lowke 和 Ortéga 公式的起晕场强计算值明显比试验值低。上述结果验证了空气绝缘预测模型对于棒-板间隙起晕电压和起晕场强预测的有效性与准确性。

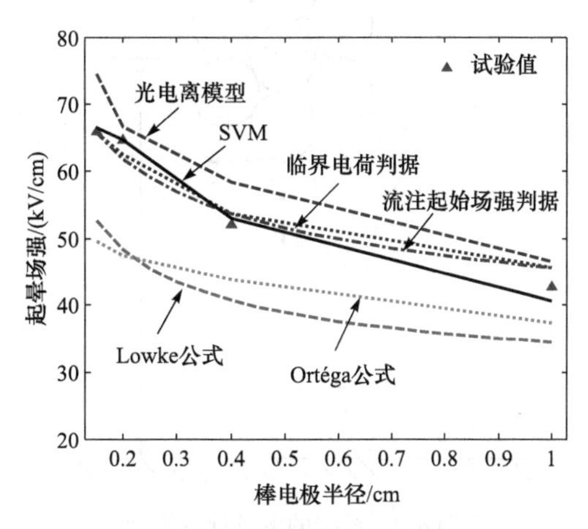

图 4-8　起晕场强预测值和试验值对比（d=1cm）

4.3　绞线起晕电压预测

在特高压输电线路的设计、建设和运行中，电磁环境始终是需要考虑的重大技术问题，它与输电线路的电晕特性密切相关。线路的电晕会造成一系列的后果，主要包括电晕损耗、离子流、无线电干扰和可听噪声等。在特高压输电线路导线选型中，电晕效应已成为决定性因素之一。起晕电压（场强）是线路电晕控制的重要依据。

高压输电线路采用由多股铝线和钢线组成的钢芯铝绞线作为导线，内层的钢线用于承受导线的张力，外层的铝线则起到传输电流的作用。最初的 Peek 公式仅适用于理想情况下的光滑圆柱形导线起晕场强的计算。然而，钢芯铝绞线与光滑圆柱型导线的表面电场强度存在很大的差异，从而其起晕电压也会有明显的不同。为此，在 Peek 公式中引入表面粗糙系数 m，修正绞线表面电场畸变的影响。不同的研究者往往根据经验或特定的试验条件对 m 进行取值，因此带有很大的经验性和局限性，有必要建立绞线电场计算模型，直接计算绞线表面电场，准确预测绞线的起晕电压。

4.3.1　绞线电场分析

绞线的电场计算模型如图 4-9 所示。绞线半径为 R，单股铝线半径为 r，对地高度为 H，采用有限元方法计算绞线表面和空间电场分布。

为了对比绞线与光滑导线表面电场的差异，计算等效半径为 13mm 的绞线和半径为 13mm 的光滑导线表面及其附近的电场强度。其中，绞线由 1 层钢芯和 6 股铝导线围成的 1 层铝线构成；绞线对地高度 H=10m；施加电压为 100kV。

光滑导线和绞线的空间电场分布云图如图 4-10 所示。由图 4-10 可知，绞线表面电场强度的峰值（15.195kV/cm）与等半径的光滑导线表面电场强度峰值（10.952kV/cm）之比为 1.387。这与文献[17]研究得到的 1.4 基本相符。

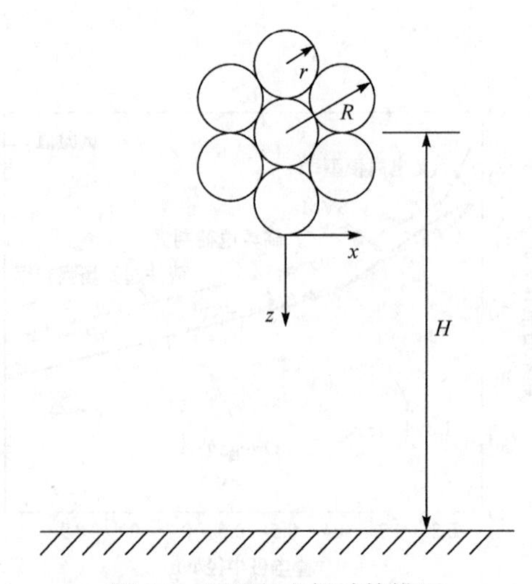

图 4-9　绞线的电场计算模型

z 轴上离导线表面不同距离处的电场强度值如图 4-11 所示。可见，在临近导线表面的一段距离内，绞线的电场强度明显大于光滑导线的电场强度，之后两者趋于相同。由于电离区域为高场强区域，对于导线而言，电离区域一般为临近导线表面的数毫米，在该区域内绞线的电场强度比光滑导线要高，因此绞线的起晕电压比光滑导线的起晕电压要低。

在绞线表面，环绕其一周（即角度由+z 方向（0°）旋转一周（360°），间隔为 0.1°）的电场强度分布如图 4-12 所示。可见，对于该结构的绞线，电场强度共有 6 个峰值，近似出现在 $60°\times k(k=0,1,\cdots,5)$ 处，而细铝线股与股之间连接点的电场强度几乎为 0。

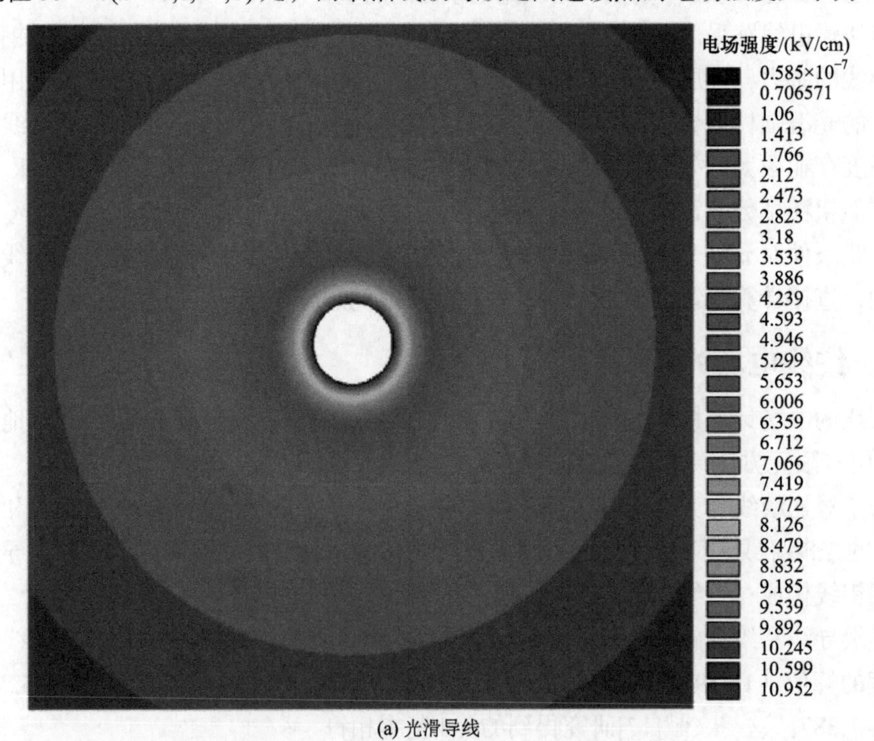

(a) 光滑导线

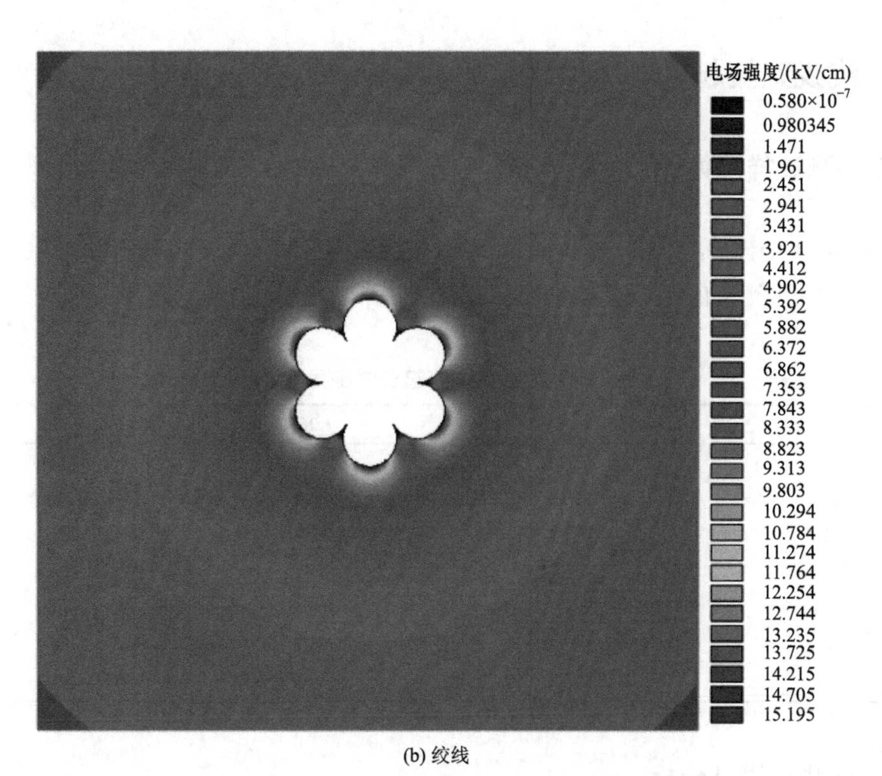

(b) 绞线

图 4-10　光滑导线与绞线的空间电场分布云图

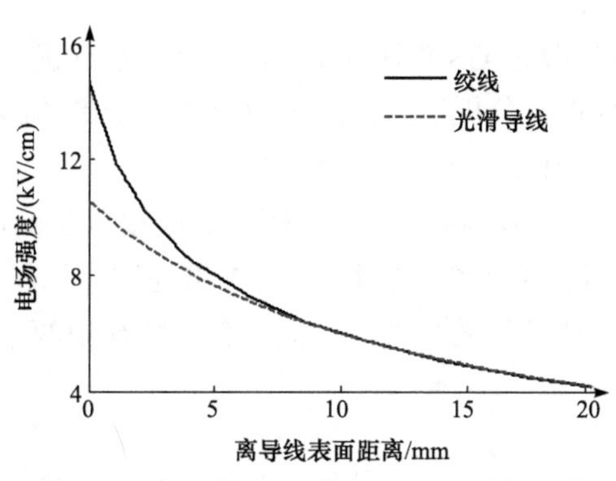

图 4-11　离导线表面不同距离处的电场强度

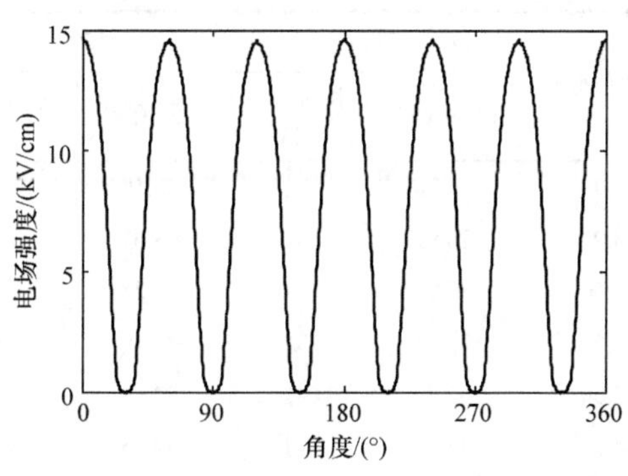

图 4-12　环绕绞线表面一周的电场强度分布

4.3.2 绞线直流起晕电压预测

1. 训练和测试样本集

如表 4-8 所示为等效半径 R=1mm、1.25mm、1.5mm 的绞线在不同对地高度 H 下的负直流起晕电压测量值[18]，其中加粗数据为训练样本，其余数据为测试样本。

表 4-8 绞线负直流起晕电压测量值

H/m	1	1.25	1.5
0.11	27.04	**30.47**	33.66
0.16	28.91	33.29	36.86
0.21	30.56	**35.37**	38.83
0.26	31.51	36.43	40.67
0.36	33.66	**38.51**	43.64
0.46	34.70	40.22	45.03
0.56	**35.50**	**41.56**	**46.84**

2. SVM 预测结果及分析

在 3-CV 意义下，采用改进 GS 算法对 SVM 进行参数寻优，并采用相关分析法对电场分布特征集进行降维处理，分析不同特征维数对预测结果的影响。对于训练样本，同样采用 SVM 预测其起晕电压。

经相关分析法降维后，不同特征维数下模型对绞线负直流起晕电压的预测结果如表 4-9 所示。其中，29 维为采用全部特征量；13 维为剔除与起晕电压相关系数<0.3 的特征量；5 维为在 13 维特征量的基础上，剔除各类特征中两个特征间互相关系数>0.9 的特征量。

表 4-9 不同特征维数下绞线负直流起晕电压预测值

R/mm	H/m	试验值/kV	29 维		13 维		5 维	
			预测值/kV	相对误差/%	预测值/kV	相对误差/%	预测值/kV	相对误差/%
	0.11	27.04	26.78	−1	26.50	−2	26.23	−3
	0.16	28.91	28.91	0	28.62	−1	28.33	−2
	0.21	30.56	30.25	−1	30.25	−1	29.64	−3
1	0.26	31.51	31.51	0	31.19	−1	30.88	−2
	0.36	33.66	32.99	−2	32.99	−2	32.65	−3
	0.46	34.70	34.35	−1	34.35	−1	34.00	−2
	0.56	35.50	35.50	0	35.15	−1	35.15	−1

续表

R/mm	H/m	试验值/kV	29 维		13 维		5 维	
			预测值/kV	相对误差/%	预测值/kV	相对误差/%	预测值/kV	相对误差/%
1.25	0.11	30.47	30.77	1	30.77	1	30.47	0
	0.16	33.29	33.62	1	33.29	0	33.29	0
	0.21	35.37	35.37	0	35.72	0	35.02	−1
	0.26	36.43	36.79	1	36.43	0	36.43	0
	0.36	38.51	38.90	1	38.51	0	38.90	1
	0.46	40.22	40.22	0	40.22	0	40.22	0
	0.56	41.56	41.56	0	41.56	0	41.56	0
1.5	0.11	33.66	34.33	2	34.67	3	34.33	2
	0.16	36.86	37.23	1	37.60	2	37.60	2
	0.21	38.83	39.61	2	39.61	2	39.61	2
	0.26	40.67	41.08	1	41.08	1	41.48	2
	0.36	43.64	43.64	0	43.64	0	44.08	1
	0.46	45.03	45.48	1	45.48	1	45.93	2
	0.56	46.84	46.84	0	46.84	0	47.31	1

如表 4-10 所示为不同特征维数下预测模型的最优参数和误差指标。从表 4-10 可以看出，经相关分析法降维后，不同维数下的预测精度排序为 29 维>13 维>5 维，总体来说，各特征维数下的预测精度均较高。

表 4-10 不同特征维数下预测模型的最优参数和误差指标

结果	29	13	5
C	8	8	8
γ	0.0045	0.0078	0.0044
e_{SSE}	2.7851	3.8956	7.6131
e_{MSE}	0.0795	0.0940	0.1314
e_{MAPE}	0.0076	0.0090	0.0143
e_{MSPE}	0.0022	0.0027	0.0038

4.3.3 与其他方法预测结果的对比

1. 光电离模型

导线负极性电晕起始示意图如图 4-13 所示。对导线施加负极性直流电压，当其表面附近的场强超过一定值时，自由电子与空气分子发生碰撞电离，引起初始电子崩。当到达阴极表面的光子产生至少 1 个光电子时，即可形成新的二次电子崩，从而负极性直流电晕起始。

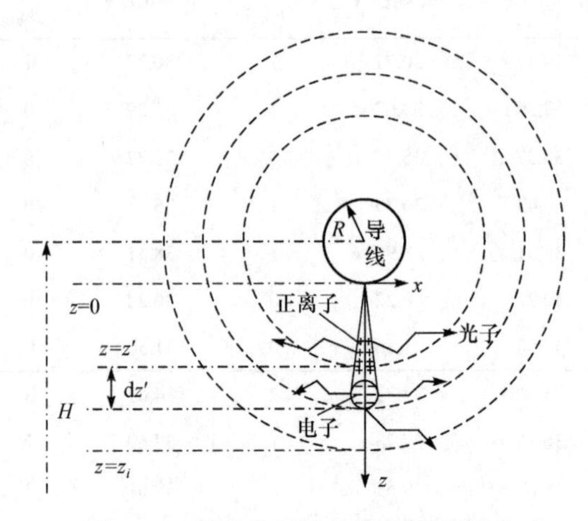

图 4-13　导线负极性电晕起始示意图

在图 4-13 中，假设在阴极表面存在 1 个自由电子，在其向地面方向的运动过程中，与空气分子碰撞电离形成初始电子崩。当初始电子崩发展到坐标 z 处时，包含的电子数 $N_{\mathrm{e}}(z)$ 为

$$N_{\mathrm{e}}(z)=\exp\left[\int_0^z(\alpha(z')-\eta(z'))\mathrm{d}z'\right] \tag{4.23}$$

在 Δz 距离内，这些自由电子发生碰撞电离的同时辐射的光子数为

$$\Delta n_{\mathrm{ph}}(z)=\alpha^*(z)N_{\mathrm{e}}(z)\Delta z \tag{4.24}$$

式中，α^*（z）为光子产生率，正比于电离系数 α（z）[19,20]，比例系数为 k，即

$$\alpha^*(z)=k\alpha(z) \tag{4.25}$$

产生的光子数一部分会被空气吸收，即受光子吸收系数 μ 和几何因素 $g(z)$的影响。g（z）用于考虑部分光子未被吸收而在电极中消失。能够到达阴极表面的光子数为

$$\Delta n_{\mathrm{ph}}^{\mathrm{s}}=k\alpha(z)N_{\mathrm{e}}(z)\Delta z g(z)\mathrm{e}^{-\mu z} \tag{4.26}$$

从 $z=-z_i$ 到 $z=0$ 的电离区域内，当到达阴极表面的光子产生至少 1 个光电子时，即可形成新的二次电子崩，从而负极性直流电晕得以自持，即

$$N_{\mathrm{eph}}=\gamma_{\mathrm{ph}}\int_0^{z_i}\alpha(z)g(z)\exp\left[-\mu z+\int_0^z(\alpha(z')-\eta(z'))\mathrm{d}z'\right]\mathrm{d}z\geqslant 1 \tag{4.27}$$

式中，等号成立对应的电压即为负直流起晕电压；N_{eph} 为阴极表面光电子的数目；γ_{ph} 为阴极表面的光电子发射系数，且包含比例系数 k。

负极性导线起晕光电离模型的参数取值如下。

（1）电离系数 α 和附着系数 η 。

为了使电晕起始判据能适用于不同的大气条件，需要建立判据中各个参数与相对空气密度 δ 之间的联系。电离系数 α 和附着系数 η 的公式分别为[21,22]

$$\frac{\alpha}{\delta}=\begin{cases}3632\exp\left(-168.0\dfrac{\delta}{E}\right), & 19.0\leqslant\dfrac{E}{\delta}\leqslant 45.6\\ 7358\exp\left(-200.8\dfrac{\delta}{E}\right), & 45.6\leqslant\dfrac{E}{\delta}\leqslant 182.4\end{cases} \tag{4.28}$$

$$\frac{\eta}{\delta}=9.865-0.541\frac{E}{\delta}+1.145\times10^{-2}\left(\frac{E}{\delta}\right)^2 \tag{4.29}$$

式中，α 和 η 的单位均为 cm^{-1}；E 的单位为 kV/cm。

（2）光子吸收系数 μ。

假设空气吸收系数 μ 正比于相对空气密度 δ，即

$$\mu=\delta\mu_0 \tag{4.30}$$

式中，$\mu_0=6cm^{-1}$[21]。

（3）几何因素 g（z）。

根据 Aleksandrov 的处理方法[23]，几何因素 g（z）可分解为径向分量 $g_{rad}(z)$ 和轴向分量 $g_{ax}(z)$ 之积，即

$$g(z)=g_{rad}(z)g_{ax}(z) \tag{4.31}$$

对于负极性导线，$g_{rad}(z)\neq g_{ax}(z)$，径向分量 $g_{rad}(z)$ 和轴向分量 $g_{ax}(z)$ 分别为[24]

$$g_{rad}(z)=\frac{1}{\pi e^{-\mu(z-R)}}\int_0^{\sin^{-1}(R/z)}e^{-\mu\left(z\cos\psi_1-\sqrt{R^2-z^2\sin^2\psi_1}\right)}d\psi_1 \tag{4.32}$$

$$g_{ax}(z)=\frac{1}{\pi e^{-\mu(z-R)}}\int_0^{\frac{\pi}{2}}e^{-\mu(z-R)/\cos\psi_2}d\psi_2 \tag{4.33}$$

（4）表面光电子发射系数 γ_{ph} 。

对于负电晕，γ_{ph} 通常取 3×10^{-3}[21]。

采用上述导线负直流起晕电压的光电离模型，对表 4-8 中不同 R、H 下绞线的起晕电压进行计算，结果如表 4-11 所示。由表 4-11 可计算得到预测结果的 4 种误差指标分别为 $e_{SSE}=85.4880$ 、$e_{MSE}=0.4403$ 、$e_{MAPE}=0.0561$ 、$e_{MSPE}=0.0125$ 。

表 4-11　基于光电离模型的绞线负直流起晕电压计算值

H/m	R=1mm			R=1.25mm			R=1.5mm		
	试验值/kV	计算值/kV	相对误差/%	试验值/kV	计算值/kV	相对误差/%	试验值/kV	计算值/kV	相对误差/%
0.11	27.04	28.78	6.43	30.47	32.78	7.58	33.66	36.38	8.08
0.16	28.91	30.91	6.92	33.29	35.19	5.71	36.86	39.28	6.57

续表

H/m	R=1mm			R=1.25mm			R=1.5mm		
	试验值/kV	计算值/kV	相对误差/%	试验值/kV	计算值/kV	相对误差/%	试验值/kV	计算值/kV	相对误差/%
0.21	30.56	32.33	5.79	35.37	36.95	4.47	38.83	41.27	6.28
0.26	31.51	33.54	6.44	36.43	38.37	5.33	40.67	42.89	5.46
0.36	33.66	35.27	4.78	38.51	40.45	5.04	43.64	45.33	3.87
0.46	34.70	36.64	5.59	40.22	42.04	4.53	45.03	47.14	4.69
0.56	35.50	37.72	6.25	41.56	43.31	4.21	46.84	48.61	3.78

2. 临界电荷模型

采用流注起始临界电荷判据对绞线起晕电压进行计算，对于半径为 0.05～2cm 的同轴光滑导线结构，临界电荷 N_{crit} 宜取 3500[17,22]。表 4-8 中的绞线半径在 1～1.5mm 之间，符合文献[17]、[22]研究结论的适用范围，因此取 $N_{crit}=3500$ 对应的临界电荷判据对不同 R、H 下绞线的起晕电压进行计算，结果如表 4-12 所示。由表 4-12 可计算得到预测结果的 4 种误差指标分别为 $e_{SSE}=66.0407$、$e_{MSE}=0.3870$、$e_{MAPE}=0.0495$、$e_{MSPE}=0.0111$。

表 4-12　基于流注起始临界电荷判据的绞线负直流起晕电压计算值

H/m	R=1mm			R=1.25mm			R=1.5mm		
	试验值/kV	计算值/kV	相对误差/%	试验值/kV	计算值/kV	相对误差/%	试验值/kV	计算值/kV	相对误差/%
0.11	27.04	28.65	5.95	30.47	32.53	6.76	33.66	36.11	7.28
0.16	28.91	30.77	6.43	33.29	35.03	5.23	36.86	38.89	5.51
0.21	30.56	32.19	5.33	35.37	36.78	3.99	38.83	40.97	5.51
0.26	31.51	33.40	6.00	36.43	38.09	4.56	40.67	42.48	4.45
0.36	33.66	35.11	4.31	38.51	40.26	4.54	43.64	44.92	2.93
0.46	34.70	36.48	5.13	40.22	41.84	4.03	45.03	46.71	3.73
0.56	35.50	37.55	5.77	41.56	43.11	3.73	46.84	48.16	2.82

3. Peek 公式

文献[25]在 Peek 公式的基础上给出了计算负极性直流电晕起始场强 E_c 的经验公式，即[26]

$$E_c = 31\left(1+\frac{0.308}{\sqrt{\delta R}}\right) \tag{4.34}$$

式中，δ 为相对空气密度；R 为导线半径。

采用 Peek 公式计算导线起晕场强，可以不用通过复杂的数值计算，直接给出不同半径导线的起晕场强值，通过电场计算，可以得到起晕电压值。对于绞线的起晕电压，可根据绞线表面粗糙系数 m 进行修正，即

$$m = \frac{U_{\text{cst}}}{U_{\text{csm}}} \tag{4.35}$$

式中，U_{cst} 和 U_{csm} 分别为绞线和光滑导线的电晕起始电压。

对于新导线，粗糙系数 m 的取值一般为 0.8～0.9，因此取 m=0.85，利用修正后的 Peek 公式对表 4-8 中不同 R、H 下绞线的起晕电压进行计算，结果如表 4-13 所示。由表 4-13 可计算得到预测结果的 4 种误差指标分别为 $e_{\text{SSE}} = 3.8345$、$e_{\text{MSE}} = 0.0932$、$e_{\text{MAPE}} = 0.0106$、$e_{\text{MSPE}} = 0.0028$。

表 4-13　基于 Peek 公式的绞线负直流起晕电压计算值

H/m	R=1mm			R=1.25mm			R=1.5mm		
	试验值/kV	计算值/kV	相对误差/%	试验值/kV	计算值/kV	相对误差/%	试验值/kV	计算值/kV	相对误差/%
0.11	27.04	27.50	1.70	30.47	31.17	2.30	33.66	34.56	2.67
0.16	28.91	29.49	2.01	33.29	33.54	0.75	36.86	37.29	1.17
0.21	30.56	30.93	1.21	35.37	35.25	−0.34	38.83	39.26	1.11
0.26	31.51	32.06	1.75	36.43	36.59	0.44	40.67	40.81	0.34
0.36	33.66	33.77	0.33	38.51	38.62	0.29	43.64	43.15	−1.12
0.46	34.70	35.06	1.04	40.22	40.15	−0.17	45.03	44.92	−0.24
0.56	35.50	36.09	1.66	41.56	41.37	−0.46	46.84	46.33	−1.09

4. 对比分析

如表 4-14 所示为基于不同方法得到的绞线负直流起晕电压预测结果的误差指标。

表 4-14　基于不同方法的绞线起晕电压预测结果的误差指标

误差指标	SVM	光电离模型	临界电荷判据	Peek 公式
e_{SSE}	2.7851	85.4880	66.0407	3.8345
e_{MSE}	0.0795	0.4403	0.3870	0.0932
e_{MAPE}	0.0076	0.0561	0.0495	0.0106
e_{MSPE}	0.0022	0.0125	0.0111	0.0028

从表 4-14 可以看出，SVM 计算结果的 e_{MAPE} 最小，可认为精度最高，e_{MAPE} 仅为 0.76%；基于 m=0.85 修正后 Peek 公式也具有很高的计算精度，但误差指标均比 SVM 稍高，说

明该绞线的粗糙系数 m 接近 0.85，但这并不意味着也适合其他的绞线结构；基于光电离模型的计算结果误差最大，e_{MAPE} 高达 5.61%；基于流注起始临界电荷判据的计算结果误差也较高，e_{MAPE} 为 4.95%，精度要稍优于光电离模型。

如图 4-14 所示为基于不同计算或预测方法得到的绞线负直流起晕电压计算值和试验值的对比，同样可以验证 SVM 对不同等效半径的绞线起晕电压预测的准确性。

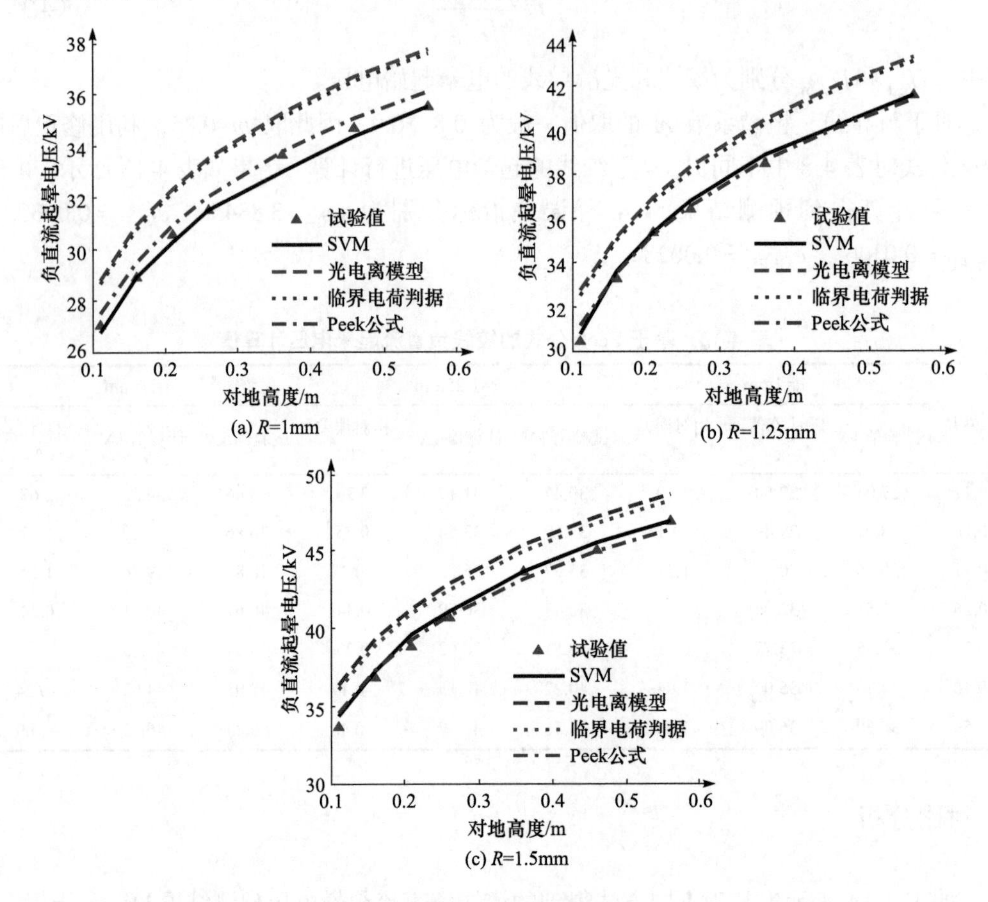

图 4-14　绞线负直流起晕电压计算值和试验值对比

4.4　阀厅均压球的直流起晕电压预测

换流站是特高压直流输电工程的枢纽。阀厅金具是换流站阀厅设备的重要组成部分，包括连接金具球、均压环、连接管母等，主要起连接、均压、屏蔽等功能，是确保阀厅内部各设备安全运行的重要设备，并且是确保整个直流输电系统可靠运行必不可少的组成部分，正确合理地选择阀厅金具具有重要意义。

通过控制金具表面的场强在起晕场强以下，防止电晕的发生，避免电晕效应带来的电磁环境问题和对绝缘设备的老化，是阀厅金具设计的主要目标之一。其中，起晕场强是电晕控制的重要依据，以往的研究大多通过 Peek 公式来确定[27]。然而，Peek 公式是由圆柱形结构推导得到的，能否用于圆环形或球形电极还有待深入研究。本节针对阀厅均压球-板间隙，通过试验测量其直流起晕电压，并采用本书提出的方法和光电离模型对起晕电压进行预测研究，结合电场计算结果，给出起晕场强的计算公式。

4.4.1　电晕试验

阀厅均压球电晕试验在特高压直流试验基地的高压试验大厅进行，直流电源为 ±1800kV/0.2A 直流电压发生器。试验原理图和现场布置图如图 4-15 所示。

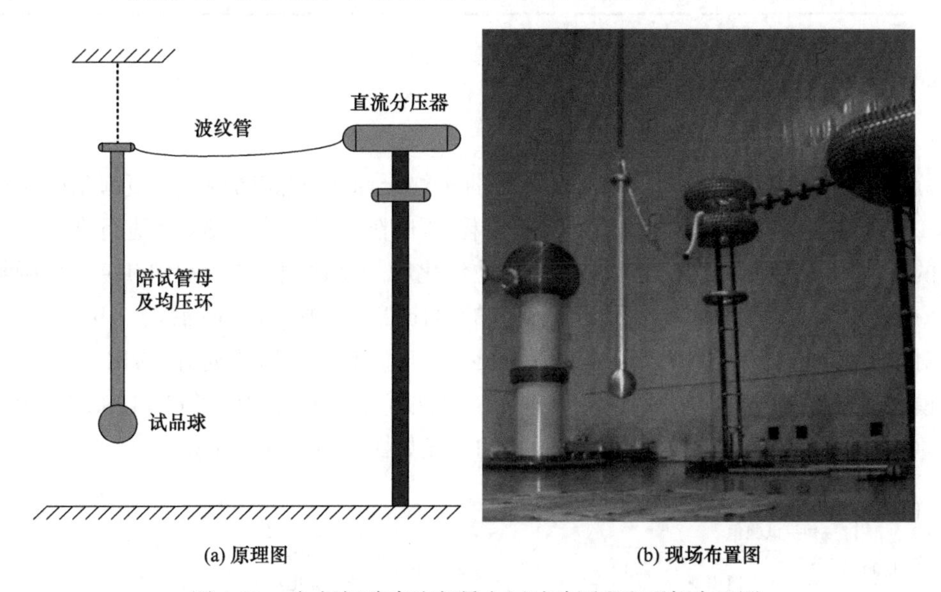

(a) 原理图　　(b) 现场布置图

图 4-15　球-板间隙直流起晕电压试验原理和现场布置图

试验采用的试品球直径为 50、60、70、80、90、100cm；板电极为铁皮，以球圆心垂线为中心，向四周铺开，尺寸为 8.87m×8.35m，平板通过接地线接地；试验间距为 3m。由于接地平板不是理想的无限大平板，可能引起一定的误差。由于接地铁皮与球外表面的距离较大，因此接地平板可认为是理想的平板，误差影响可忽略。

试验参照 GB/T 2317.2—2008《电力金具试验方法第 2 部分：电晕和无线电干扰试验》开展，对每个球径均开展 4 次试验。在试验过程中，采用紫外成像仪作为电晕观测工具，以紫外成像仪中每单位时间光子计数超过 100 为电晕起始判据。试验过程中的气压为 99.91～101.41kPa，温度为 15.4～17.0℃，相对湿度为 23.6%～49.3%。均压球-板间隙的正、负极性直流起晕电压的试验结果如表 4-15 所示，试验结果没有进行任何大气参数校正。

表 4-15　阀厅均压球-板间隙正、负直流起晕电压的测量结果

球直径/cm	正极性起晕电压/kV			负极性起晕电压/kV		
	最大值	最小值	平均值	最大值	最小值	平均值
50	698	581	649	598	595	597
60	759	708	726	650	580	607
70	820	760	783	760	710	740
80	1000	970	985	830	810	820
90	1100	1050	1075	870	850	860
100	—	—	—	905	900	902

4.4.2　起晕电压预测

分别采用SVM和光电离模型对表4-15所示均压球-板间隙结构的直流起晕电压进行预测。对于正极性直流电晕，采用 4.2 节的棒-板间隙训练样本对 SVM 进行训练，预测模型的参数为输入维数 29，经改进 GS 算法优化后的惩罚因子 $C=181.019$，核函数参数 $\gamma=0.0769$。起晕电压的预测值和试验值的对比如图 4-16（a）所示。

对于负极性直流电晕，采用 4.3 节的绞线负直流起晕电压数据对 SVM 进行训练，预测模型的参数为输入维数 29，经改进 GS 算法优化后的惩罚因子 $C=128$，核函数参数 $\gamma=0.20306$。起晕电压预测值和试验值的对比如图 4-16（b）所示。

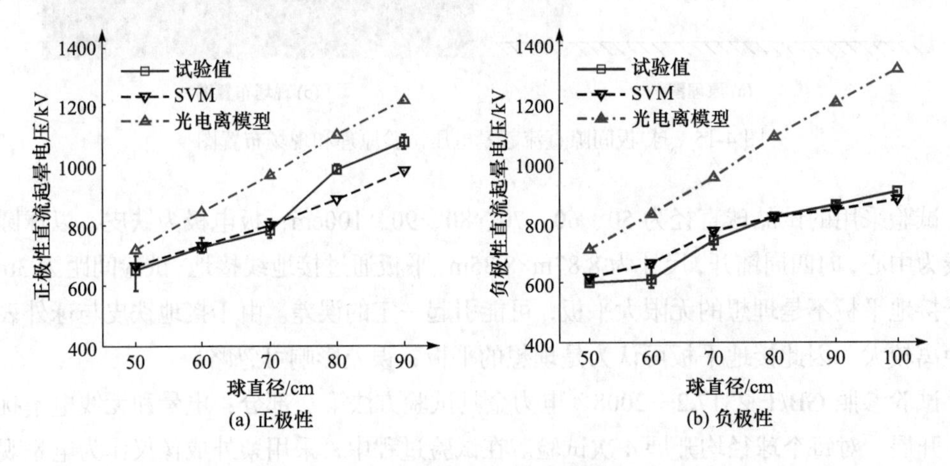

图 4-16　阀厅均压球直流起晕电压的预测值和试验值对比

结合有限元仿真计算，由均压球表面场强最大值的计算值，以及起晕电压的试验值和预测值，可计算得到均压球表面起晕场强的试验值和预测值。均压球-板间隙正、负极性直流起晕场强如表 4-16 所示。

表 4-16　均压球-板间隙正、负极性直流起晕场强

球直径/cm	正极性起晕场强/（kV/cm）			负极性起晕场强/（kV/cm）		
	试验值	SVM	光电离模型	试验值	SVM	光电离模型
50	27.24	27.78	29.84	25.06	25.81	29.75
60	25.58	25.84	29.71	21.39	23.31	29.24
70	23.86	24.33	29.40	22.55	23.45	28.99
80	26.50	23.77	29.55	22.06	22.06	29.23
90	25.94	23.66	29.31	20.75	20.34	28.99
100	—	—	—	19.77	19.18	28.78

4.4.3　结果分析和讨论

根据上述结果，从阀厅均压球直流起晕电压的试验值及其与预测值的对比可以得出以下结论[28]。

（1）无论是试验值还是预测值，正极性直流起晕电压均高于负极性直流起晕电压。这与气体放电的相关理论符合。

（2）试验值存在较大的分散性，且正极性试验的分散性比负极性要大。对于正极性直流电晕，直径为 80～90cm 的均压球的起晕电压相比 50～70cm 有明显的突变，导致更大直径下均压球的起晕场强反而更高。分析其原因可能是试验时的环境条件变化所致。根据试验记录，直径为 50～70cm 的均压球试验时，相对湿度较高，接近 50%，而直径为 80～90cm 的均压球试验时相对湿度不到 25%。

（3）无论是正极性，还是负极性电晕，SVM 的起晕电压和起晕场强预测值均明显比光电离模型的预测值更接近试验值，光电离模型的预测值整体要偏高很多。在起晕电压和起晕场强的变化趋势方面，SVM 的预测值比试验值更加光滑，更符合理论分析结果。分析认为，光电离模型中的电离系数、附着系数，以及光子吸收系数等物理参数的取值并未统一，且各个参数受到气压、湿度等大气参数的影响，是造成其计算值误差偏大的原因。

对正、负极性电晕起始场强的试验值进行最小二乘拟合，可以得到阀厅内均压球的正、负极性电晕起始场强与直径的关系，即

$$\begin{cases} E_{\text{ct+}} = 71.26D^{-0.2336}, & R^2 = 0.5093 \\ E_{\text{ct-}} = 86.57D^{-0.3213}, & R^2 = 0.9667 \end{cases} \tag{4.36}$$

式中，$E_{\text{ct+}}$、$E_{\text{ct-}}$ 分别为正、负极性电晕起始场强试验值（kV/cm）；D 为均压球直径（cm）。

同理，可根据预测值拟合得到阀厅均压球的起晕场强与直径的关系，即

$$\begin{cases} E_{\text{cp+}} = 85.26D^{-0.2899}, & R^2 = 0.9373 \\ E_{\text{cp-}} = 119.3D^{-0.3913}, & R^2 = 0.9356 \end{cases} \tag{4.37}$$

式中，$E_{\text{pt+}}$、$E_{\text{pt-}}$ 分别为正、负极性电晕起始场强预测值。

分别采用式（4.36）和式（4.37）对±660kV 直流换流站阀厅内直径为 120cm 和 160cm 的均压球电晕起始电场强度进行计算。根据阀厅内均压球的工作状况，以负极性电晕起始电场强度作为控制标准，考虑阀厅内均压球的工艺组合情况（由半球组合而成），根据试验结果，取修正系数 0.9，并考虑裕度系数 1/1.3（1.3 为过载倍数），可得到阀厅内均压球的电晕控制电场强度值。同时，采用三维有限元方法可计算得到均压球在阀厅运行环境中的表面电场强度值。对比电场强度控制值和实际计算值，可判断均压球在阀厅环境中是否会起晕，结果如表 4-17 所示。

表 4-17　阀厅均压球起晕场强拟合值、控制值和运行环境中的表面场强最大值

直径/cm	起晕场强拟合值/（kV/cm）				起晕场强控制值/（kV/cm）		实际值/（kV/cm）	是否起晕
	正极性		负极性					
	试验值	SVM	试验值	SVM	试验值	SVM		
120	23.29	21.28	18.59	18.33	12.87	12.69	7.56	否
160	21.78	19.58	16.95	16.37	11.73	11.33	5.86	否

从表 4-17 可知，由 SVM 预测值拟合外推得到的更大直径阀厅内均压球的起晕场强及其控制值要比由试验值拟合外推得到的值低 1%～4%，说明由试验数据外推得到的起晕场强控制值更为严格。阀厅中金具设备电场有限元数值计算结果表明，直径为 120cm 的均压球表面最大场强是 7.56kV/cm，直径为 160cm 的均压球表面最大场强是 5.86kV/cm，均小于试验值和 SVM 预测值拟合外推得到的起晕场强控制值。这说明从电晕控制角度来讲，该均压球在阀厅运行环境中不会发生电晕。

4.5　小　结

本章采用空气绝缘预测模型对棒-板间隙的正直流起晕电压、绞线结构的负直流起晕电压，以及阀厅均压球的直流起晕电压进行预测研究。

（1）相比流注起始临界电荷判据、光电离模型、流注起始场强判据、Ortéga 公式、Lowke 公式等计算方法，本书提出的预测方法对棒-板电极正直流起晕电压具有更高的预测精度，36 个测试样本预测结果的平均绝对百分比误差仅为 1.72%，证明了该方法的有效性和优越性。

（2）针对半径 R=1～1.5mm、对地高度 H=0.11～0.56m 单根绞线的负直流起晕电压，采用基于电场分布特征集和 SVM 的方法进行预测。与试验值相比，该方法的平均绝对百分比误差仅为 0.76%，相比于光电离模型、流注起始临界电荷判据和 Peek 公式具有更高的预测精度。

（3）将提出的方法应用于直流换流站阀厅均压球的起晕电压和起晕场强预测，可得到与试验值较为一致的预测值，同时克服了试验结果的分散性，更有利于通过拟合外推得到其他直径下均压球的起晕场强值。无论是正极性还是负极性电晕，SVM 的电晕起始电压和起始场强的预测值均明显比光电离模型的预测值更接近试验结果。

（4）针对 ±660kV 直流换流站阀厅内均压球，根据试验值和预测值的拟合公式，考虑裕度系数，得到了其起晕场强控制值。通过对比电场有限元数值计算结果，从电晕控制角度证明了均压球在阀厅环境中不会发生电晕。本书提出的起晕电压和起晕场强预测方法有望为阀厅金具的电晕控制提供有效的依据。

参 考 文 献

[1] 关根志. 高电压工程基础[M]. 北京：中国电力出版社, 2003.

[2] 刘振亚. 特高压电网[M]. 北京：中国经济出版社, 2005.

[3] 严璋, 朱德恒. 高电压绝缘技术[M]. 2 版. 北京：中国电力出版社, 2007.

[4] Peek F W. Dielectric Phenomena in High Voltage Engineering[M]. New York: McGraw-Hill, 1929.

[5] Lings R. EPRI AC Transmission Line Reference Book-200 kV and Above[M]. 3rd ed. Palo Alto: Electric Power Research Institute, 2005.

[6] Nasser E, Heiszler M. Mathematical-physical model of the streamer in non-uniform fields[J]. Journal of Applied Physics, 1974, 45（8）: 3396-3401.

[7] Tsuneysu I, Nisijima K, Izawa Y. Flashover phenomena in positive rod-to-plane air gaps under impulse and DC voltages[J]. Electrical Engineering in Japan, 1992, 112（6）: 20-32.

[8] Isa H, Sonoi Y, Hayashi N. Breakdown process of a rod-to-plane gap in atmospheric air under DC voltage stress[J]. IEEE Transactions on Electrical Insulation, 1991, 26（2）: 291-299.

[9] Reather H. Electron Avalanches and Breakdown in Gases[M]. London: Butterworth, 1964.

[10] Lowke J J, Alessandro F D. Onset corona fields and electrical breakdown criteria[J]. Journal of Physics D: Applied Physics, 2003, 36（21）: 2673-2682.

[11] 舒胜文, 刘畅, 阮江军. 棒-板电极正直流电晕起始判据对比[J]. 武汉大学学报（工学版）, 2015, 48（6）: 836-841.

[12] Nasser E, Abou-Seada M. Calculation of streamer thresholds using digital techniques[J]. IEE Conference publication, 1970, （70）: 534-537.

[13] Abdel-Salam M, Allen N L. Inception of corona and rate of rise of voltage in diverging electric field[J]. IEE Proceedings A, Science, Measurement and Technology, 1990, 137（4）: 217-220.

[14] Ortéga P. Comportement diélectrique des grands intervalles d'air soumis à des ondes de tension de

polarité positive ou negative[D]. Pau: Thèse de doctorat Université de Pau, 1992.

[15] Fofana I, Beroual A. A predictive model of positive discharge in long air gaps under pure and oscillating impulse shapes[J]. Journal of Physics D: Applied Physics, 1997, 30（11）: 1653-1667.

[16] Qiu Z B, Ruan J J, Huang D C, et al. Prediction study on positive DC corona onset voltage of rod-plane air gaps and its application to the design of valve hall fittings[J]. IET Generation, Transmission and Distribution, 2016, 10（7）: 1519-1526.

[17] Yamazaki K, Olsen R G. Application of a corona onset criterion to calculation of corona onset voltage of stranded conductors[J]. IEEE Transactions on Dielectrics and Electrical Insulation, 2004, 11（4）: 674-680.

[18] Bahy M M E, Abouelsaad M, Gawad N A, et al. Onset voltage of negative corona on stranded conductors[J]. Journal of Physics D: Applied Physics, 2007, 40（5）: 3094-3101.

[19] 孟晓波, 卞星明, 陈枫林, 等. 负直流下绞线电晕起始电压分析[J]. 高电压技术, 2011, 37（1）: 77-84.

[20] Salam M A. Calculation of corona onset voltage for duct-type precipitators[J]. IEEE Transactions on Industry Applications, 1993, 29（2）: 274-280.

[21] Sarma M P, Janischewskyj D. DC corona on smooth conductors in air: steady-state analysis of the ionization layer[J]. Proceedings of the IEE, 1969, 116（1）: 161-166.

[22] Phillips D B, Olsen R G, Pedrow P D. Corona onset as a design optimization criterion for high voltage hardware[J]. IEEE Transactions on Dielectrics and Electrical Insulation, 2000, 7（6）: 744-751.

[23] Aleksandrov G N. Physical conditions for the formation of an alternating current corona discharge[J]. Soviet Physics-Technical Physics, 1956, 1（8）: 1714-1726.

[24] Salam M A. Calculating the effect of high temperatures on the onset voltages of negative discharges[J]. Journal of Physics D, 1976, 9（12）: 149-154.

[25] Stockmeyer W. Koronaverluste bei hoher Gleichspannung[J]. Wissenschaftliche Veroffentlichungen aus dem Siemens, 1934, 13（2）: 27-34.

[26] 欧阳科文. 直流导线电晕起晕电压的影响因素及计算方法研究[D]. 北京: 华北电力大学硕士学位论文, 2012.

[27] 阮江军, 詹婷, 杜志叶, 等. ±800 kV 特高压直流换流站阀厅金具表面电场计算[J]. 高电压技术, 2013, 39（12）: 2916-2923.

[28] 邱志斌, 阮江军, 黄道春, 等. 直流导线和阀厅金具的电晕起始电压预测[J]. 电工技术学报, 2016, 31（12）: 80-89.

第5章

空气间隙的稳态击穿电压预测

空气间隙的击穿电压是空气绝缘结构设计的重要依据，由于气体放电过程比较复杂且分散性较大，气体放电理论还很不完善，目前还无法精确计算各类空气间隙结构的击穿电压。工程中大多是参照一些典型电极间隙（如棒-板间隙、棒-棒间隙、球隙等），或者根据模拟真型试验的击穿电压试验数据来选择绝缘距离。

空气间隙的击穿电压与电压种类和电压波形有关。其中，工频交流电压和直流电压统称为稳态电压或持续作用电压，它们的变化速度很小，放电发展时间与其相比可以忽略不计。空气间隙在稳态电压作用下的击穿电压也称为静态击穿电压，它和电场分布有很大关系，在相同的间隙距离下，通常电场分布越均匀击穿电压越高。本章首先介绍稳态电压下空气间隙的击穿特性，然后采用空气绝缘预测模型对典型电极及异形电极空气间隙的工频击穿电压进行预测研究。

5.1　稳态电压下空气间隙的击穿特性

空气间隙的电场分布对其击穿特性的影响较大，为了表征电场的不均匀程度，引入电场不均匀系数f，它是最大场强E_{max}和平均场强E_{av}的比值，即

$$f = E_{max} / E_{av} \tag{5.1}$$

$$E_{av} = U / d \tag{5.2}$$

式中，U为外施电压；d为间隙距离。

对于均匀电场，不均匀系数$f=1$。一般认为，$f<2$，电场是稍不均匀场；$f>4$，电场是极不均匀场。

我们以能否维持电晕放电对电场不均匀度进行定性划分：如果不均匀到可以维持电晕放电的程度，就称为极不均匀电场；虽然电场不均匀，但还不能维持稳定的电晕放电，一旦放电达到自持，间隙立刻击穿，称为稍不均匀电场。稍不均匀电场中的击穿形式、过程与均匀电场类似。在极不均匀电场，间隙击穿前出现稳定的电晕放电，并且放电过程具有显著的极性效应，间隙距离较长时，将出现先导放电过程。

空气间隙的放电过程和电场特征如图5-1所示。可见，空气间隙的放电过程大致可分为以下几个阶段，即微弱电离、流注电晕起始、流注发展、先导起始、连续先导发展、最后跃变导致击穿。放电过程中的电场特征可大致归为两个阶段，即准静电场、静电场和空间电荷电场的合成电场。在均匀电场中，流注起始即导致间隙击穿；在稍不均匀电场中，流注起始后微弱发展即导致间隙击穿，因此对于均匀和稍不均匀电场空气间隙，可认为放电过程中的电场特征为准静电场，几乎不受电晕电荷产生的空间电场影响。对于极不均匀电场空气间隙，以流注电晕起始时刻为界，之前为准静电场，之后为合成电场。

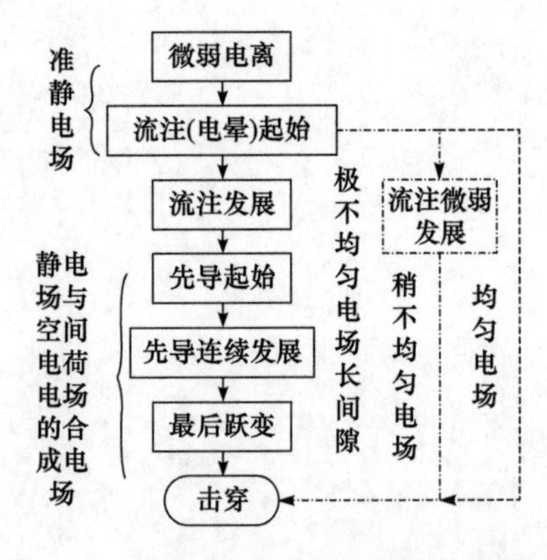

图5-1　空气间隙的放电过程和电场特征

5.1.1　均匀电场中的击穿特性

工程中极少遇到均匀电场空气间隙，严格来说，只有无限大平行板电极之间的电场才是均匀电场，而工程中使用的平行板电极一般都是将板电极边缘弯曲成曲率半径较大的圆弧形，用以消除电极边缘效应。

均匀电场中不存在电晕现象，一旦间隙放电就会引起整个间隙的击穿，因此均匀电场中空气间隙的直流和工频击穿电压（峰值），以及冲击击穿电压都相同，击穿电压的分散性较小。

根据 Paschen 定律可以得到均匀电场中空气间隙击穿电压（峰值）的经验公式，即

$$U_{\mathrm{b}} = 24.22\delta d + 6.08\sqrt{\delta d} \tag{5.3}$$

式中，U_{b} 的单位为 kV；间距 d 的单位为 cm；δ 为相对空气密度。

由式（5.3）可知，当相对空气密度 $\delta = 1$ 时，均匀电场中空气间隙的击穿场强 E_{b} 大致等于 30kV/cm。

5.1.2　稍不均匀电场中的击穿特性

工程中遇到的主要是不均匀电场，根据放电现象和放电过程的特点，不均匀电场可以分为稍不均匀电场和极不均匀电场。在稳态电压下，稍不均匀电场的击穿特性与均匀电场相似，击穿前不发生电晕，击穿电压的分散性也不大。

稍不均匀电场空气间隙的击穿电压与电场不均匀程度关系很大，在相同间隙距离下，电场越均匀，则击穿电压越高。典型的稍不均匀电场是 IEC 60052[1]中给出的用以高电压测量的标准球隙，这是一对直径相同的球形电极，一球施加高压、一球接地。球隙电场的不均匀程度随着 d/D 而变，以球径 D 为 5～50cm 为例，其稳态击穿电压 U_{b} 和间隙距离 d 的关系如图 5-2 所示。

稍不均匀电场空气间隙的击穿电压需要通过试验确定，但也有一些估算方法。根据式（5.1）和式（5.2）可知，$U = E_{\max} d/f$ 。如前所述，均匀电场中空气间隙的击穿场强约为 30kV/cm，可以认为，稍不均匀电场中的 $E_{\max}$ 达到临界值 $E_0 = 30\mathrm{kV/cm}$ 时，间隙也将击穿，因此击穿电压（峰值）可根据下式进行估算，即

$$U_{\mathrm{b}} = E_0 d/f = 30d/f \tag{5.4}$$

其中，f 可以通过静电场计算求得。

此外，稍不均匀电场的流注一旦形成，随即发展至贯通整个间隙，导致间隙击穿，因此击穿电压还可以根据流注起始的临界电荷判据、起始场强判据、光电离模型等经验公式和物理模型进行计算。

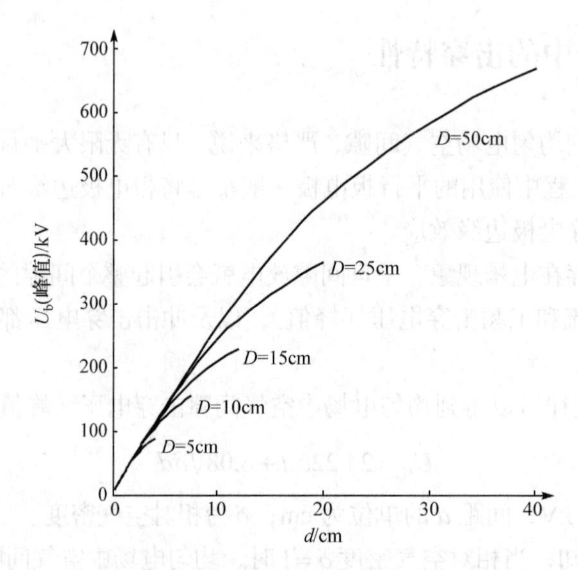

图 5-2 球隙击穿电压和间隙距离的关系（一球接地）

5.1.3 极不均匀电场中的击穿特性

极不均匀电场空气间隙在工程中最为常见，其中棒-板间隙和棒-棒间隙最具有典型意义。棒-板间隙结构具有最大的不对称性，棒-棒间隙则完全对称，其他类型的极不均匀电场空气间隙的击穿特性均介于这两种典型电极间隙的击穿特性之间。

在直流电压作用下，棒-板间隙的击穿电压具有明显的极性效应，棒电极为正极性时的击穿电压比负极性时低得多，而棒-棒间隙的击穿电压介于不同极性的棒-板间隙之间。试验结果表明[2]，当间隙距离 $d < 300$cm 时，正极性棒-板空气间隙的平均击穿场强约为 4.5kV/cm，负极性时约为 10kV/cm；正极性棒-棒间隙（一棒接地）的平均击穿场强约为 4.8kV/cm，负极性时约为 5.0kV/cm。可见，与均匀电场中空气间隙约 30kV/cm 的击穿场强相比，极不均匀电场的击穿场强下降甚大。

在工频电压作用下，由于极性效应，棒-板间隙的击穿总是在棒电极为正极性的半周期内、电压达到峰值时发生。试验结果表明[2]，当 $d < 250$cm 时，棒-板间隙的平均击穿场强约为 4.8kV/cm（峰值），棒-棒间隙的平均击穿场强约为 5.36kV/cm。相比而言，棒-棒间隙的击穿电压高于棒-板间隙，这是因为其电场分布比棒-板间隙更均匀一些。

当间隙距离 d 大于 40cm 时，棒-板间隙和棒-棒间隙的工频击穿电压（幅值）U_b 可分别采用如下近似计算公式进行估算[3]，即

$$\begin{aligned} U_b &= 40 + 5d, \quad \text{棒-板间隙} \\ U_b &= 70 + 5.25d, \quad \text{棒-棒间隙} \end{aligned} \tag{5.5}$$

随着间隙距离的增大，长空气间隙的工频击穿特性曲线存在饱和现象，但输变电工程要求的工频电压值还远没有达到严重饱和的程度[4]。

5.2　典型电极短空气间隙击穿电压预测

5.2.1　典型电极短空气间隙工频击穿电压

球隙、棒-板间隙和棒-棒间隙是 3 种常见的典型电极空气间隙。IEEE Std 4-2013[5]给出了球隙的工频击穿电压试验数据，同时对棒-板和棒-棒间隙开展工频耐压试验，获取其击穿电压试验数据。

从 IEEE Std 4-2013 中选取球径 D 为 6.25cm、10cm、15cm，间距 d 为 1～5cm 范围的试验数据作为预测研究的样本数据。球隙工频击穿电压试验数据如表 5-1 所示。

表 5-1　球隙工频击穿电压试验数据（峰值）　（单位：kV）

d/cm	6.25	10	15
1.0	31.9	31.7	31.7
1.5	45.5	45.5	45.5
2.0	58.5	59.0	59.0
2.6	72.0	74.5	75.5
3.0	79.5	84.0	85.0
3.5	87.5	95.0	98.0
4.0	95.5	105	110
4.5	101	115	122
5.0	107	123	133

针对棒-板和棒-棒间隙，采用的棒电极为黄铜电极，端部为半球形，其直径分别为 20mm、25mm 和 30mm，如图 5-3 所示；板电极为尺寸 40cm×40cm 的铜板，厚度为 2mm。

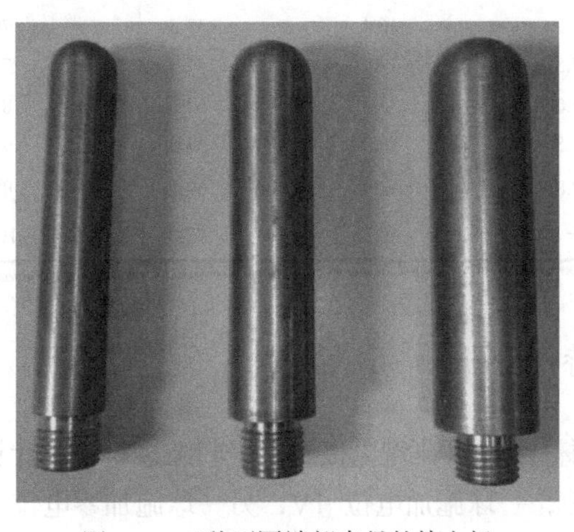

图 5-3　三种不同端部直径的棒电极

采用均匀升压法试验获得间隙的工频击穿电压，每个间距均开展 5 次试验，并采用 GB/T 16927.1—2011 推荐的 g 参数法[6]进行大气条件修正，取 5 次试验数据的平均值作为最终的工频击穿电压。棒-板间隙和棒-棒间隙的工频击穿电压试验结果如表 5-2 所示。

表 5-2 棒-板间隙和棒-棒间隙的工频击穿电压试验结果（峰值） （单位：kV）

d/cm	棒-板间隙/mm			棒-棒间隙/mm		
	20	25	30	20	25	30
1.0	25.3	26.2	26.6	30.5	31.3	31.4
1.5	31.3	32.8	34.1	41.1	42.7	43.4
2.0	35.8	37.8	40.9	47.9	51.3	53.9
2.5	38.4	41.6	44.5	54.1	56.9	62.1
3.0	41.6	44.9	48.3	57.8	61.0	68.7
3.5	44.0	47.2	51.5	60.5	64.6	71.6
4.0	46.6	50.0	54.5	63.1	67.4	75.7
4.5	48.1	51.9	57.8	66.1	69.6	78.1
5.0	49.6	53.8	61.2	68.6	71.5	81.3

此外，对球-板间隙、棒-球间隙、大小球间隙开展工频耐压试验，试验结果如表 5-3 所示，共 42 个样本。其中，球-板间隙的球电极直径为 10cm；小棒-球间隙的棒电极直径为 20mm，球电极直径为 6cm；大棒-球间隙的棒电极直径为 30mm，球电极直径为 9.75cm；对于大小球间隙，小球直径为 6.5cm，大球直径为 9.75cm。

表 5-3 球-板、棒-球、大小球间隙的工频击穿电压试验数据（峰值） （单位：kV）

d/cm	球-板	小棒-球	大棒-球	小球-大球	大球-小球
1.0	30.9	28.6	29.7	30.6	30.5
1.5	44.7	37.3	40.0	44.9	44.6
2.0	57.3	41.5	47.6	59.2	58.7
2.5	67.2	46.4	53.5	70.1	71.8
3.0	77.5	49.7	57.9	79.1	84.3
3.5	85.6	53.3	62.3	87.3	96.0
4.0	92.5	56.0	66.0	93.9	106.8
4.5	98.8	58.9	69.1	98.6	—
5.0	—	60.3	72.0	102.1	—

5.2.2 电场分布特征分析

对球隙、棒-板和棒-棒 3 种典型电极短空气间隙进行电场计算，并对其电场分布情况进行分析。对于球隙，一球施加电位 1V，另一球施加零电位，保持球直径 D=10cm 不变、间距 d=1～5cm 和保持 d=3cm 不变、D=6.25～15cm 时，最短放电路径上的电场分布如图 5-4 所示。对于棒-板间隙，棒电极施加电位 1V，板电极施加零电位，保持棒电极端部直径 D_r=20mm 不变、d=1～5cm 和保持 d=3cm 不变、D_r=20～30mm 时，最短路径上的电场分布如图 5-5 所示。对于棒-棒间隙，一棒施加电位 1V，另一棒施加零电位，最短路径上的电场分布如图 5-6 所示。

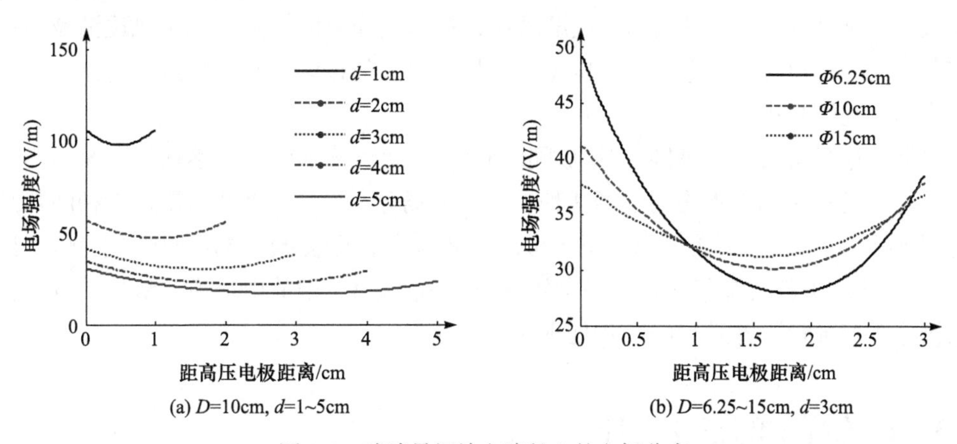

(a) D=10cm, d=1~5cm　　(b) D=6.25~15cm, d=3cm

图 5-4　球隙最短放电路径上的电场分布

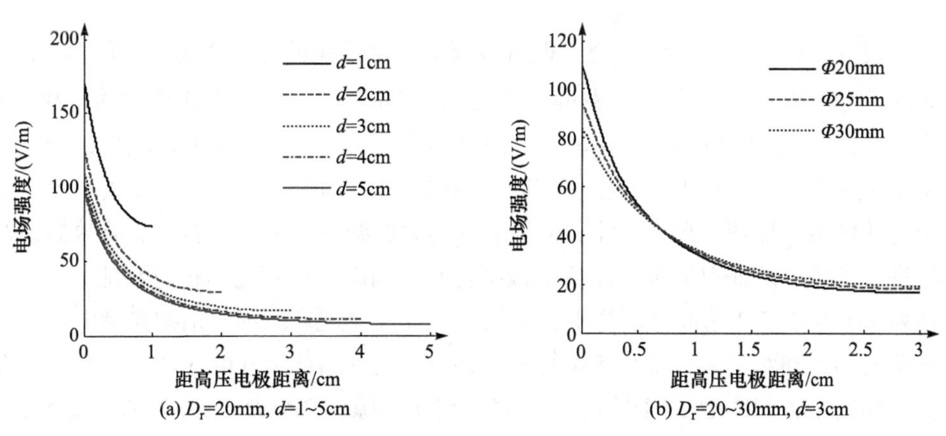

(a) D_r=20mm, d=1~5cm　　(b) D_r=20~30mm, d=3cm

图 5-5　棒-板间隙最短放电路径上的电场分布

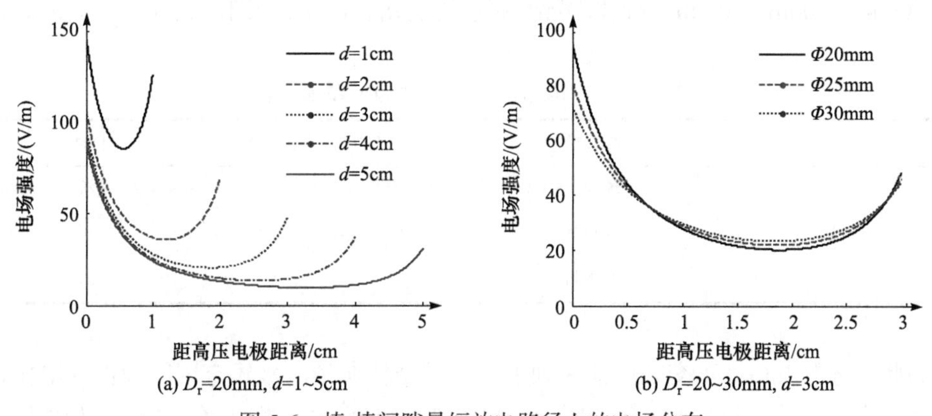

(a) D_r=20mm, d=1~5cm　　(b) D_r=20~30mm, d=3cm

图 5-6　棒-棒间隙最短放电路径上的电场分布

从图 5-4～图 5-6 可以看出，球隙电场分布呈现出 U 形曲线，高、低压球电极表面场强较大，且相差不大，最短放电路径中间的场强较小，整体电场分布较均匀；棒-板间隙沿最短放电路径的场强逐渐降低，电场分布极不均匀；棒-棒间隙沿最短放电路径的电场分布也呈现出 U 形曲线，两端棒电极表面场强较大，远大于路径中间的场强。随着间距增大，3 种间隙的场强最大值均逐渐减小，最短路径上的场强下降率也逐渐减小；保持间距不变时，随着高压电极直径的增大，场强最大值逐渐减小，最短放电路径上的场强下降率也逐渐减小。

根据上述分析可知，球隙、棒-板间隙和棒-棒间隙分别代表稍不均匀电场、不对称极不均匀电场和对称极不均匀电场 3 种典型的电场分布形式，因此采用这 3 种间隙结构作为训练样本集对 SVM 预测模型进行训练，有望提高预测模型的泛化性能。依次计算表 5-1～表 5-3 中各类空气间隙的静电场分布，提取表 2-1 中放电通道与最短放电路径两类电场分布特征量，并进行归一化处理。

5.2.3　训练样本的正交设计

正交设计是应用正交表的正交原理对多因素优化试验进行研究的一种科学方法[7]，正交表的符号为 $L_a(b^c)$，其中 L 表示正交表；a 表示试验次数，即正交表的行数；c 表示因素个数，即正交表的列数；b 表示各因素的水平数。为了尽可能地减少试验次数，本节采用正交表选取典型电极短空气间隙工频击穿电压预测模型所需的训练样本。其基本思想是从球隙、棒-板和棒-棒间隙 3 种最常见的典型间隙中选取若干试验数据，对预测模型进行训练，从而对其他间距或电极结构空气间隙的击穿电压进行预测。

从表 5-1 和表 5-2 选取训练样本，根据正交设计原理列出不同结构典型电极短空气间隙试验的因素和水平表，如表 5-4 所示。其中，电极端部尺寸的 3 个水平对于球隙和棒-板、棒-棒间隙分别表示不同的端部直径。对于球隙，D_1、D_2、D_3 分别代表 6.25cm、10cm、15cm 3 种直径；对于棒-板和棒-棒间隙，棒电极为半球头棒，D_1、D_2、D_3 分别代表 20mm、25mm、30mm 3 种棒端部直径。间距 d_1、d_2、d_3 分别代表 3 种不同的间距。

表 5-4　不同结构典型间隙的因素和水平表

水平	间隙类型	电极端部尺寸	间距
1	球隙	D_1	d_1
2	棒-板间隙	D_2	d_2
3	棒-棒间隙	D_3	d_3

为此，选取 $L_9(3^4)$ 正交表的前 3 列建立不同结构典型电极短空气间隙击穿电压预测的训练样本集，共 9 组，如表 5-5 所示。将表 5-1 和表 5-2 中的其余 72 个试验数据作为

测试样本。采用如表 5-5 所示的训练样本集对 SVM 进行训练，并对测试样本的工频击穿电压进行预测。此外，为了验证该方法的泛化性能，进一步采用上述 SVM 对表 5-3 中的球-板、棒-球、大小球短空气间隙的工频击穿电压进行预测。

表 5-5　基于正交设计的训练样本集

样本号	间隙类型	电极端部尺寸	间距/cm	击穿电压/kV
1	球隙	Φ6.25cm 球	1	31.9
2	球隙	Φ10cm 球	3	84.0
3	球隙	Φ15cm 球	5	133
4	棒-板间隙	Φ20mm 棒	3	41.6
5	棒-板间隙	Φ25mm 棒	5	53.8
6	棒-板间隙	Φ30mm 棒	1	26.6
7	棒-棒间隙	Φ20mm 棒	5	68.6
8	棒-棒间隙	Φ25mm 棒	1	31.3
9	棒-棒间隙	Φ30mm 棒	3	68.7

5.2.4　预测结果及分析

采用 LIBSVM 工具箱[8]建立空气间隙的击穿电压预测模型。该工具箱操作简单、易于使用，可以有效解决本书涉及的分类问题。以球隙、棒-板间隙、棒-棒间隙 3 种典型电极短空气间隙的 72 个测试样本为对象，采用电场分布特征集作为 SVM 的输入量，分析参数优化方法和特征降维对击穿电压预测结果的影响。

1. 参数优化方法的影响

在 3-CV 意义下，分别采用改进的 GS 算法、GA 和 PSO 算法进行参数寻优，分析其对预测结果的影响。采用改进 GS 算法寻优时，进行两次搜索。第 1 次搜索时，惩罚系数 C 和核函数参数 γ 的取值范围均设置为[2^{-10}, 2^{10}]，搜索步长均设置为 2^1。第 2 次搜索时，C 和 γ 的取值范围分别设置为[2^3, 2^9]和[2^{-8}, 2^{-2}]，搜索步长均设置为 $2^{0.1}$。改进 GS 算法的参数寻优结果如图 5-7 所示。

采用 GA 寻优时，设置种群数量为 20，最大进化代数为 200，交叉概率为 0.9，惩罚系数 C 和核函数参数 γ 的取值范围分别为[2^3，2^9]和[2^{-8}, 2^{-2}]。采用 PSO 算法寻优时，设置学习因子 $c_1=1.5$、$c_2=1.7$，种群数量为 30，最大进化代数为 200，系数 k=0.6，弹性系数 w=1，C 和 γ 的取值范围同样设置为[2^3, 2^9]和[2^{-8}, 2^{-2}]。GA 和 PSO 算法的参数寻优结果如图 5-8 和图 5-9 所示。

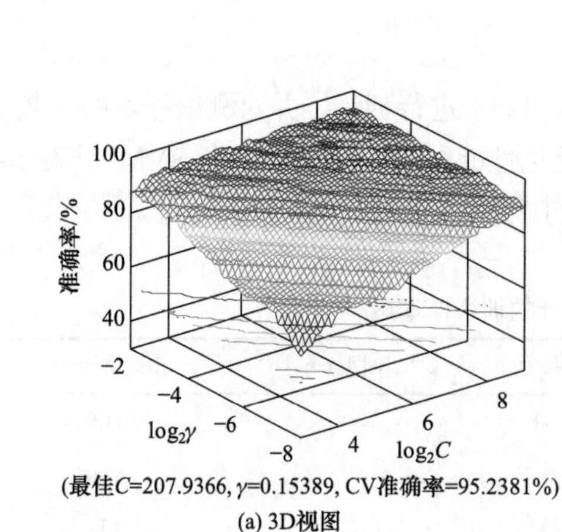

(最佳C=207.9366, γ=0.15389, CV准确率=95.2381%)

(a) 3D视图

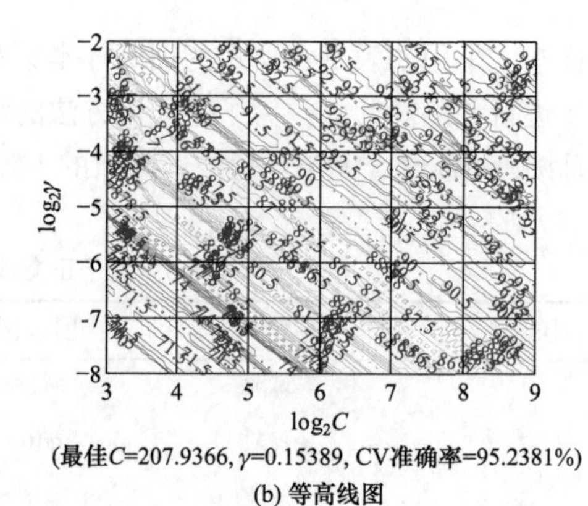

(最佳C=207.9366, γ=0.15389, CV准确率=95.2381%)

(b) 等高线图

图 5-7　改进 GS 算法的参数寻优结果

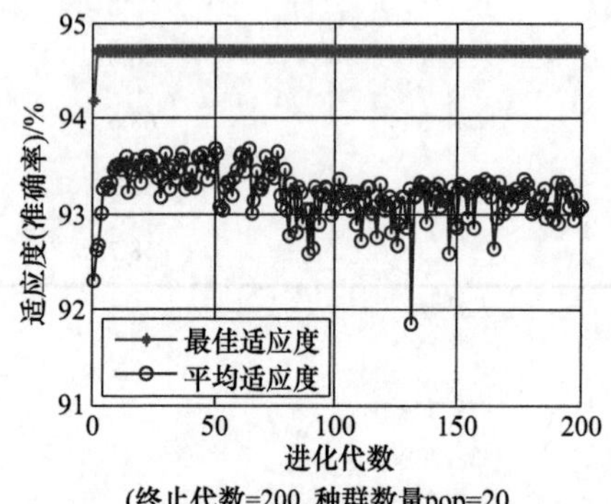

(终止代数=200, 种群数量pop=20

最佳C=372.5321, γ=0.10071, CV准准准=94.709%)

图 5-8　GA 的参数寻优结果

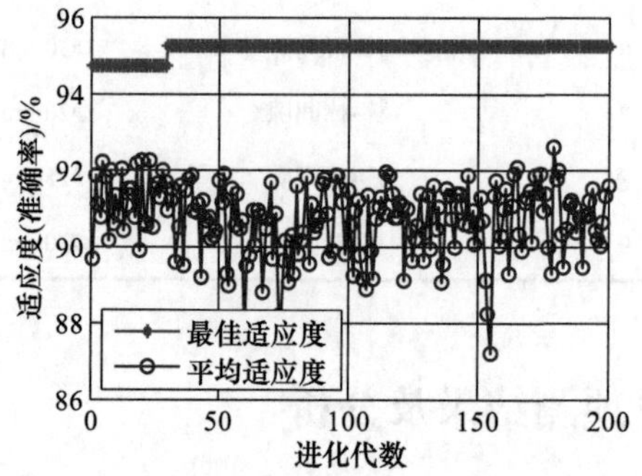

(参数c_1=1.5, c_2=1.7, 终止代数=200, 种群数量pop=30

最佳C=204.8, γ=0.15662, CV准确率=95.2381%)

图 5-9　PSO 算法的参数寻优结果

将图 5-7～图 5-9 中 3 种优化算法的参数寻优结果和预测结果的误差指标汇总于表 5-6 中。可以看出，PSO 算法的预测精度最高，但寻优时间最长，其次是改进 GS 算法，GA 的寻优时间最短，但预测结果误差最大。整体而言，3 种优化算法得到的预测结果误差指标相差并不大，特别是改进 GS 算法和 PSO 算法的预测结果几乎一致。由于 GA 和 PSO 算法均为启发式算法，对相同训练样本数据进行多次寻优时，其最优参数均不相同，存在不稳定的问题，因此最终选用改进 GS 算法。

表 5-6　不同优化算法的参数寻优结果和预测结果误差指标

指标	改进 GS 算法	GA	PSO 算法
C	207.937	372.5320	204.8
γ	0.1539	0.1007	0.1566
t/s	22.63	13.14	45.02
e_{SSE}	316.2166	351.2624	309.9437
e_{MSE}	0.2470	0.2603	0.2445
e_{MAPE}	0.0239	0.0246	0.0239
e_{MSPE}	0.0038	0.0039	0.0038

2. 电场特征降维的影响

我们分别采用相关性分析法和 PCA 进行电场特征降维，分析不同的输入特征维数对击穿电压预测结果的影响。

采用相关性分析法降维时，根据式（3.24）分别计算放电通道和最短放电路径 2 类电场特征量的相关系数矩阵，首先剔除与击穿电压相关系数 $r<0.1$ 的特征量，剩余 21 维；然后进一步剔除 $r<0.3$ 的特征量，剩余 9 维。此外，当某 2 个或多个特征量之间的互相关系数大于 0.9 时，保留与击穿电压相关性最强的特征，剔除其他特征量，剩余 19 维。

采用 PCA 降维时，根据 3.4.3 所述的方法，在放电通道和最短放电路径 2 类特征量中选取累计方差贡献率大于 95%时对应的主成分，降维后主成分数（特征维数）为 10 维。

不同特征维数下预测模型的最优参数和误差指标如表 5-7 所示。

表 5-7　不同特征维数下预测模型的最优参数和误差指标

指标	相关性分析法				PCA
	28	21	9	19	10
C	207.937	97.0059	512	238.856	157.586
γ	0.1539	0.2176	0.2333	0.0625	0.25
e_{SSE}	316.2166	305.6146	464.5894	372.0502	324.2234
e_{MSE}	0.2470	0.2428	0.2994	0.2679	0.2501
e_{MAPE}	0.0239	0.0283	0.0350	0.0297	0.0250
e_{MSPE}	0.0038	0.0041	0.0051	0.0046	0.0039

从表 5-7 可以看出，对于相关性分析法降维，采用 21 维电场特征时，e_{SSE} 和 e_{MSE} 相比于 28 维的情况略有减小，但 e_{MAPE} 和 e_{MSPE} 略有增大；9 维下的误差最大，表明输入特征量过少会降低 SVM 的预测精度；19 维下的误差指标相比于 28 维也有所增大。采用 PCA 降维时，10 个主成分时的误差指标相比于 28 维略有增大。总体而言，特征量降维对击穿电压预测结果的影响并不大，因此最终采用 28 维电场分布特征量。

3. 击穿电压预测结果

如图 5-10 和图 5-11 所示为采用 28 维电场特征进行训练，并经过改进 GS 算法进行参数优化后的 SVM 对球隙、棒-板间隙、棒-棒间隙共 72 个测试样本的预测结果，其中球隙以 10cm 和 15cm 两种情况为例，采用“▲、●、■”标记的为试验值，采用实线段和虚线段表示的为预测结果。可见，除个别样本，其他测试样本的工频击穿电压预测值与试验值均吻合良好。测试样本击穿电压预测值的最大相对误差为 9%，平均绝对百分比误差 e_{MAPE} 为 2.39%。这表明，基于正交设计选取训练样本，通过 SVM 对典型电极短空气间隙的工频击穿电压进行混合预测具有较高的准确率[9]。

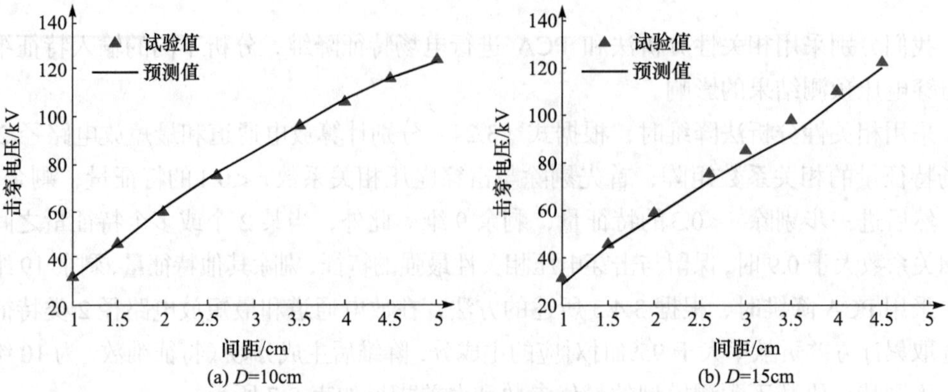

(a) D=10cm　(b) D=15cm

图 5-10　球隙工频击穿电压预测值与试验值对比

(a) 棒-板间隙　(b) 棒-棒间隙

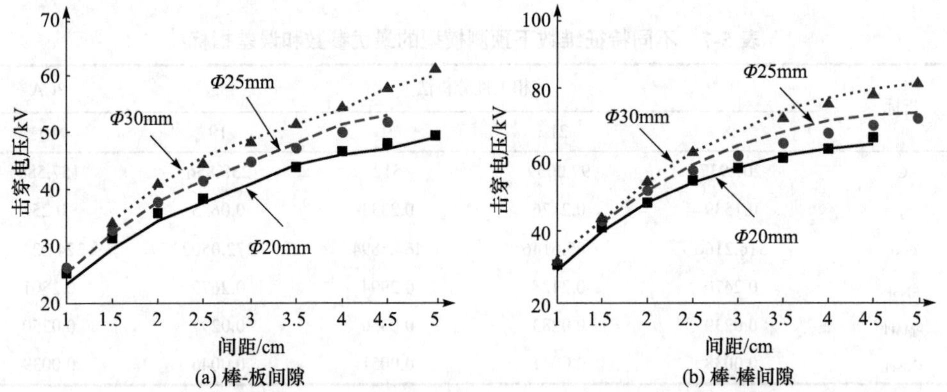

图 5-11　棒-板、棒-棒间隙工频击穿电压预测值与试验值对比

为了进一步验证 SVM 预测模型的泛化性能，对表 5-3 中的球-板、棒-球、大小球短空气间隙工频击穿电压分别进行预测，最优参数和误差指标如表 5-8 所示。可见，5 种间隙的击穿电压预测结果误差指标均在合理范围内，其平均绝对百分比误差 e_{MAPE} 分别为 1.75%、5.22%、2.78%、3.22%和 4.57%。

表 5-8　球-板、棒-球、大小球短空气间隙的工频击穿电压预测的最优参数和误差指标

指标	球-板	小棒-球	大棒-球	小球-大球	大球-小球
C	207.937	137.187	207.937	512	222.861
γ	0.125	0.1539	0.2333	0.2031	0.125
e_{SSE}	9.7732	73.5057	53.7090	58.8873	75.3146
e_{MSE}	0.3908	0.9526	0.8143	0.8526	1.2398
e_{MAPE}	0.0175	0.0522	0.0278	0.0322	0.0457
e_{MSPE}	0.0100	0.0191	0.0121	0.0169	0.0202

上述短空气间隙的工频击穿电压预测值和试验值对比如图 5-12 所示。可见，绝大多数样本的击穿电压预测值与试验值吻合良好。这一结果表明，采用球隙、棒-板和棒-棒

间隙 3 种典型电极短空气间隙的击穿电压试验数据作为训练样本，SVM 对球-板、棒-球、大小球短空气间隙结构的击穿电压同样具有较好的预测效果。采用 9 个正交试验数据作为训练样本集，可以实现球隙、棒-板、棒-棒间隙共 72 个测试样本，以及球-板、棒-球、大小球间隙共 42 个测试样本击穿电压的准确预测[9]，验证了 SVM 在处理小样本问题方面的优越性，同时表明该方法具有一定的泛化性能。

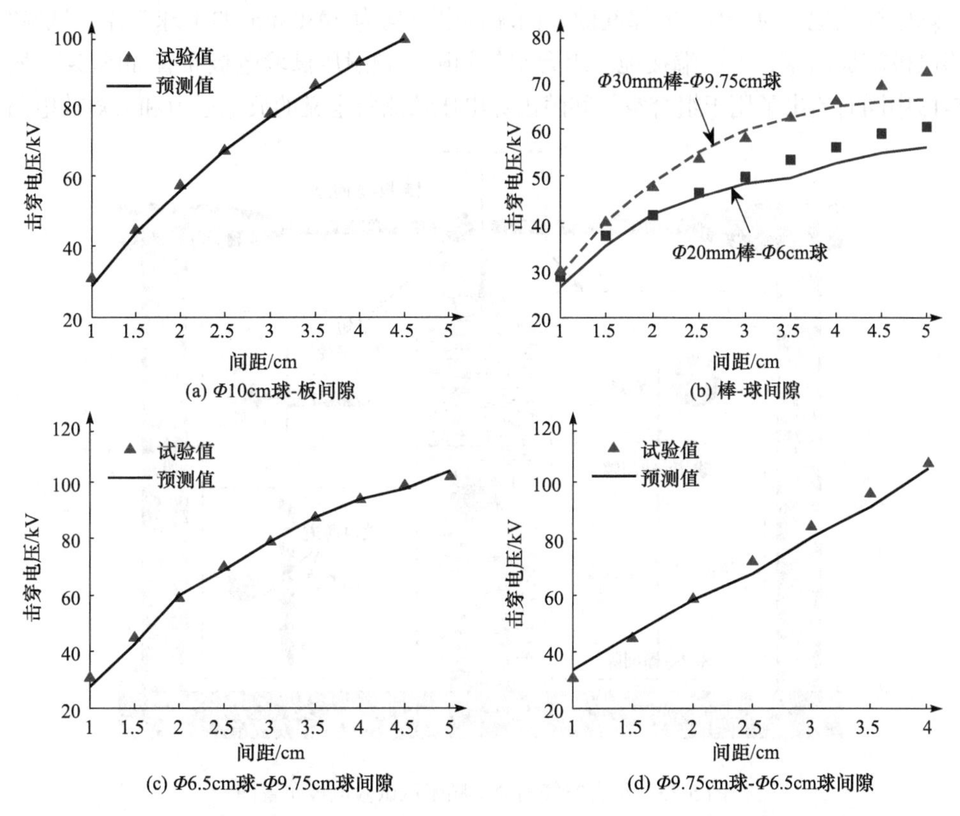

图 5-12 球-板、棒-球、大小球短空气间隙工频击穿电压预测值与试验值对比

5.3 异形电极短空气间隙击穿电压预测

为了进一步验证 SVM 应用于异形电极空气间隙击穿电压预测的有效性，我们采用经过球隙、棒-板间隙等典型电极间隙试验数据训练后的 SVM 对组合空气间隙、环结构和绞线结构空气间隙的工频击穿电压进行预测研究。

5.3.1 异形电极短空气间隙工频击穿电压

组合空气间隙包括球-板-球、棒-板-球和棒-板-棒间隙，对这 3 种间隙分别开展工频耐压试验。板电极为一块表面光滑且对地绝缘的方形铜板，尺寸为30cm×30cm，厚度为3mm，通过支柱绝缘子固定于间隙正中间。

对于球-板-球间隙，一端为直径$D=9.75$cm的球电极，试验时与工频电源连接，对其加载高压，另一端为直径$D=6.5$cm的球电极，试验时通过导线与大地连接；对于棒-板-球间隙，棒电极为Φ30mm的半球头棒，球电极为Φ6.5cm，试验时对棒电极施加高压，球电极接地；对于棒-板-棒间隙，两端棒电极均为Φ30mm的半球头棒，试验时一端棒电极施加高压，另一端接地。组合空气间隙工频耐压试验电极布置如图5-13所示。图5-13中同时给出了用于组合空气间隙击穿电压预测所定义的放电通道和最短放电路径。

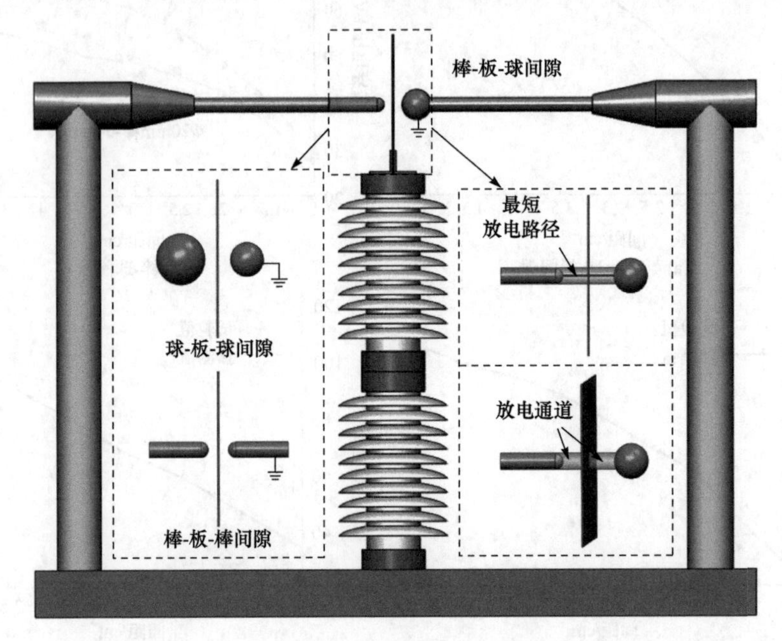

图5-13　组合空气间隙工频耐压试验电极布置图

环结构空气间隙包括环-板和环-环间隙。环电极包括大环和小环，其材质均为铝合金，大环的环径为26.4cm，管径为3.2cm；小环的环径为26cm，管径为2cm。板电极尺寸为30cm×30cm，厚度为3mm，材质为黄铜。

对大环-板、小环-板和环-环间隙分别开展工频耐压试验。试验时，将电极固定在水平放置的铜棒上，铜棒固定在对地绝缘的支架上，对于环-板间隙，对环电极加载高压，板电极接地；对于环-环间隙，对小环施加高压，大环接地（图5-14）。图5-14中以环-板间隙为例，给出了用于击穿电压预测定义的放电通道和最短放电路径。对于环-板间隙，定义间隙之间沿水平方向从环电极投影到板电极的三维区域为放电通道；对于小环-大环间隙，定义间隙之间沿水平方向从小环电极投影到大环电极的三维区域为放电通道；定义高、低压电极之间最短距离所在的路径为最短放电路径。

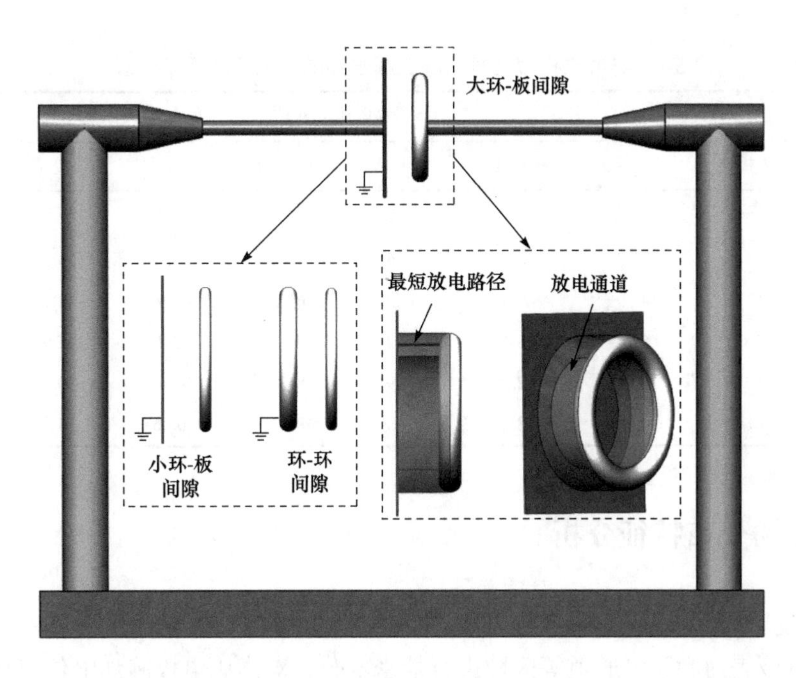

图 5-14　环结构短空气间隙工频耐压试验电极布置图

绞线结构空气间隙包括绞线-板、绞线-球间隙，试验数据引自文献[10]。其中，绞线截面积为 39.3mm^2，由 7 根相同大小的铝导线绞合而成，长度为 3m；板电极材质为铝，试验时平铺在地面并接地，其面积足够大；球电极材质也为铝，直径 D=10.16cm。试验时，绞线分别悬浮在板电极和球电极上方，加载高压，而板电极和球电极接地。绞线结构短空气间隙结构示意图如图 5-15 所示。

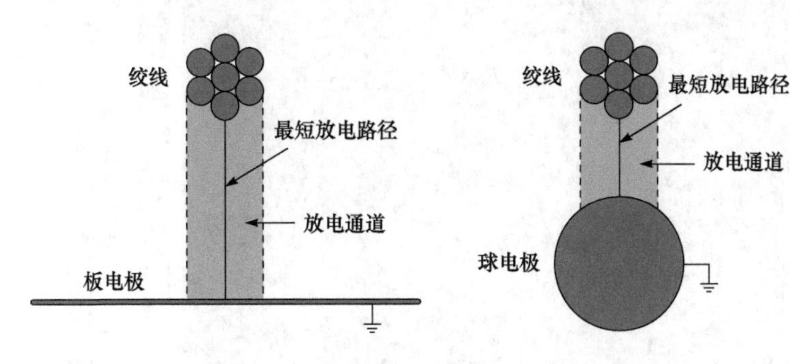

图 5-15　绞线结构短空气间隙结构示意图

上述 3 类异形电极短空气间隙工频击穿电压试验数据如表 5-9 所示。对于组合空气间隙，间距 d 指高压电极和低压电极之间的最短距离，不考虑板电极厚度引起的间距减小。下面以上述间隙作为测试样本，采用经过典型间隙试验数据训练后的 SVM 对其击穿电压进行预测，并与试验值进行对比，验证预测方法的有效性。

表 5-9　异形电极短空气间隙工频击穿电压试验数据（峰值）

样本号	击穿电压 U_b/kV							
	球-板-球	棒-板-球	棒-板-棒	大环-板	小环-板	环-环	绞线-板	绞线-球
1	—	—	—	28.2	25.5	26.8	—	—
2	44.4	33.8	36.9	50.6	47.4	49.7	34.5	40.5
3	63.0	46.9	49.0	68.2	62.2	67.9	41.1	50.6
4	78.5	54.6	58.4	85.2	72.5	82.7	45.9	57.2
5	93.0	62.0	62.0	98.9	81.0	96.4	50.7	65.0
6	107.6	70.0	68.1	110.8	88.2	106.6	53.3	69.2

5.3.2　电场分布特征分析

参照试验布置，分别建立 3 类异形电极短空气间隙的三维有限元模型并进行静电场计算。对电极表面和放电通道等区域进行加密剖分，对高压电极施加电位 1V，对接地电极和空气边界施加零电位，对于组合空气间隙，对中间板电极进行等电位耦合处理。依次计算各个间距下的电场分布并提取电场特征量，以棒-板-球间隙、环-环间隙和绞线-板间隙为例，其电场分布云图如图 5-16 所示。以间距 d=4cm 为例，分析 3 类异形电极短空气间隙最短放电路径上的电场分布，如图 5-17 所示。为方便对比，图 5-17（a）忽略了板电极厚度。

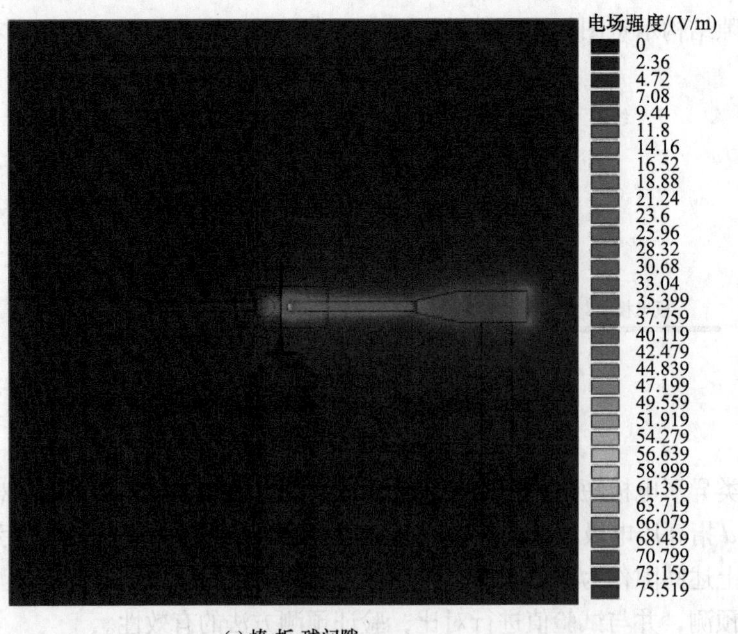

(a) 棒-板-球间隙

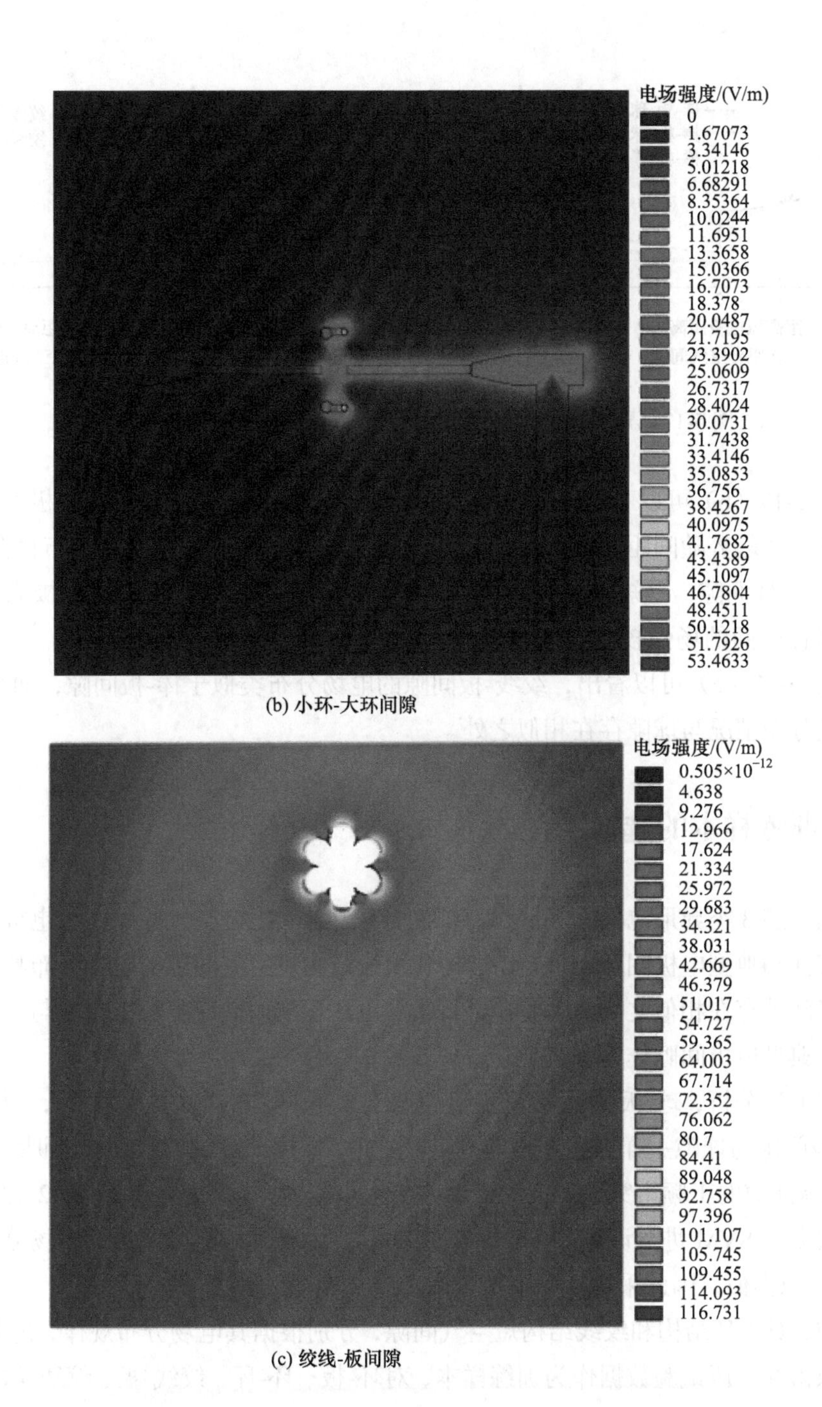

(b) 小环-大环间隙

(c) 绞线-板间隙

图 5-16　异形电极短空气间隙的电场分布云图（d=4cm）

从图 5-17（a）可以看出，对于组合空气间隙，高压电极表面场强最大，沿最短路径至板电极处场强逐渐降低，从板电极至低压电极表面，场强又逐渐升高。板电极两端分别呈现出典型电极间隙的电场分布特征。例如，棒-板-球间隙在最短路径上的电场分布以板电极为界，两端分别呈现出棒-板间隙和球-板间隙的电场分布特征。

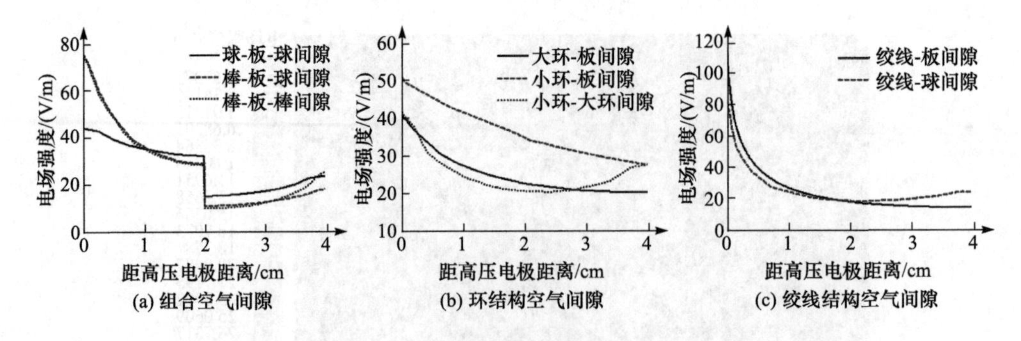

(a) 组合空气间隙 (b) 环结构空气间隙 (c) 绞线结构空气间隙

图 5-17 异形电极短空气间隙最短路径上的电场分布（d=4cm）

从图 5-17（b）可以看出，环-板间隙沿最短放电路径从环电极到板电极的场强逐渐降低，其下降趋势随间距的增大逐渐趋于平缓。这与棒-板间隙的电场分布存在相似性。对于小环-大环间隙，最短放电路径上的电场分布呈 U 形曲线，两个环电极表面的场强较大，路径中间的场强较小。这与球隙的电场分布具有相似之处。

从图 5-17（c）可以看出，绞线-板间隙的电场分布类似于棒-板间隙，而绞线-球间隙的电场分布情况与球隙存在相似之处。

5.3.3 训练样本的选取

根据上述 3 类异形电极电场分布特征的分析结果，组合空气间隙在板电极两边的电场分布特征与典型电极间隙相似，环结构和绞线结构短空气间隙的电场分布特征同样与典型电极间隙存在相似之处，因此在进行击穿电压预测时，应尽可能选取与其电场分布最相似的典型电极间隙作为训练样本。

根据上述分析，球-板-球间隙呈现出类似于球-板间隙的电场分布情况，而在短间距下，球-板间隙与球隙一样为稍不均匀电场。因此，采用球隙试验数据作为训练样本，预测球-板-球间隙的工频击穿电压。对于棒-板-球间隙，则采用棒-板和球隙 2 种典型间隙的试验数据对 SVM 进行训练。对于棒-板-棒间隙，由于其板电极两边的电场分布特征均与棒-板间隙类似，因此采用棒-板间隙的试验数据作为训练样本。

同理，对于环结构和绞线结构短空气间隙，分别根据其电场分布规律，选取棒-板间隙或球隙击穿电压试验数据作为训练样本，对环-板、环-环、绞线-板、绞线-球等短空气间隙的工频击穿电压进行预测。球隙和棒-板训练样本集，以及不同异形电极间隙预测选取方式如表 5-10 所示。

表 5-10　训练样本集及选取方式

训练样本集				训练样本选取方式
间隙类型	D/cm	d/cm	U_b/kV	球-板-球：球隙
球隙	6.25	1	31.9	棒-板-球：球隙+棒-板间隙
	10	3	84.0	棒-板-棒：棒-板间隙
	15	5	133	环-板：棒-板间隙
棒-板间隙	2.0	3	41.6	环-环：球隙
	2.5	5	53.8	绞线-板：棒-板间隙
	3.0	1	26.6	绞线-球：球隙

5.3.4　预测结果及分析

采用表 5-10 中的训练样本集对 SVM 进行训练，分别对不同空气间隙的工频击穿电压进行预测，采用相关性分析法和改进 GS 算法对预测模型进行特征降维和参数寻优。异形电极短空气间隙击穿电压预测结果的误差指标如表 5-11 所示。

表 5-11　异形电极短空气间隙击穿电压预测结果的误差指标

指标	球-板-球	棒-板-球	棒-板-棒	环-板	环-环	绞线-板	绞线-球
e_{SSE}	12.8766	14.7029	42.3133	107.0189	10.4520	7.8604	36.7387
e_{MSE}	0.7177	0.7669	1.3010	0.8621	0.5388	0.5607	1.2122
e_{MAPE}	0.01	0.03	0.054	0.0367	0.02	0.022	0.05
e_{MSPE}	0.0072	0.0143	0.0275	0.0135	0.0097	0.0134	0.0252

从表 5-11 可以看出，3 种组合空气间隙的工频击穿电压预测结果的 e_{MAPE} 分别为 1%、3%和 5.4%，预测值与试验值对比如图 5-18 所示；环-板和环-环间隙预测结果的 e_{MAPE} 分别为 3.67%和 2%，预测值和试验值对比如图 5-19 所示；绞线-板和绞线-球间隙预测

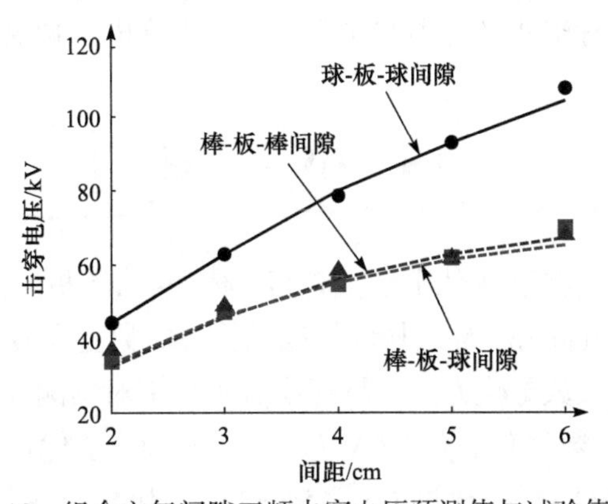

图 5-18　组合空气间隙工频击穿电压预测值与试验值对比

结果的 e_{MAPE} 分别为 2.2%和 5%，预测值和试验值对比如图 5-20 所示。由此可见，3 类异形电极短空气间隙的击穿电压预测值与试验值整体上吻合良好，初步验证了本书提出的预测方法和 SVM 应用于异形电极空气间隙击穿电压预测的有效性。

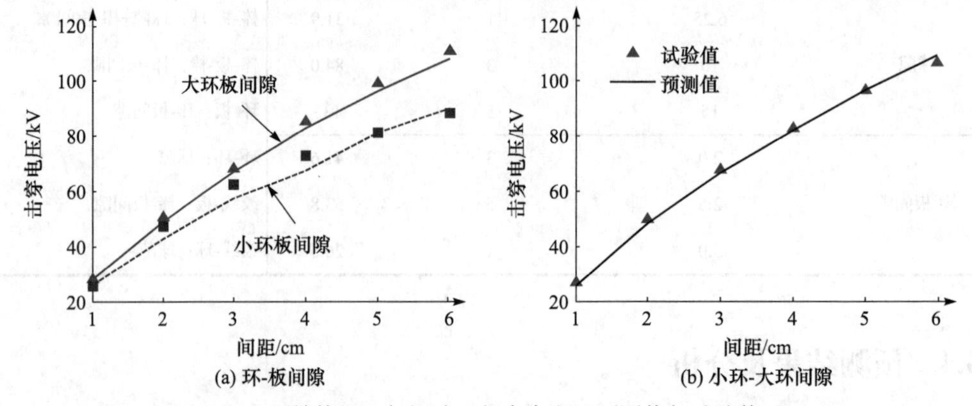

图 5-19　环结构短空气间隙工频击穿电压预测值与试验值对比

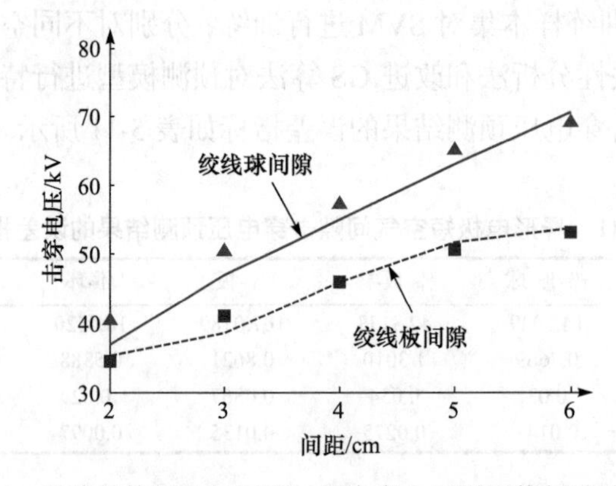

图 5-20　绞线结构短空气间隙工频击穿电压预测值与试验值对比

通过上述组合空气间隙、环结构和绞线结构空气间隙的击穿电压预测结果可以看出[11]，根据电场分布特征分析结果，选取与之存在相似电场分布情况的少量典型间隙试验数据作为训练样本，有望实现各类非典型间隙的击穿电压预测。

5.4　小　　结

本章采用空气绝缘预测模型对球隙、棒-板、棒-棒、球-板、棒-球、大小球等典型电极短空气间隙及组合空气间隙、环结构和绞线结构等非典型电极空气间隙的工频击穿电压进行预测研究，分析参数寻优方法、特征维数等因素对预测效果的影响。

（1）对于 SVM 的参数优化，在 3-CV 意义下，3 种算法优化 C 和 γ 后，模型的预测精度由高到低依次为 PSO 算法>改进 GS 算法>GA，但改进 GS 算法和 PSO 算法差异非常小。在寻优时间上，PSO 算法>改进 GS 算法>GA。总体而言，3 种优化算法寻优后，SVM 的预测结果误差指标相差不大，由于 GA 和 PSO 算法存在不稳定的问题，在应用时应根据实际情况选择合适的优化算法。

（2）采用相关性分析法和 PCA 对电场分布特征量进行降维处理，降维后的预测精度相比全部 28 维情况均有所降低，但降低程度不大。总体来说，降维对预测结果的影响并不显著。

（3）在 28 维电场特征量下，经过改进 GS 算法寻优，采用 9 个正交训练样本训练后的 SVM 对球隙、棒-板间隙和棒-棒间隙测试样本的工频击穿电压进行混合预测，预测值与试验值吻合良好。72 个测试样本预测结果的 e_{MAPE} 仅为 2.39%。

（4）采用 SVM 对球-板、棒-球、大小球等 5 种其他间隙结构的工频击穿电压进行预测，e_{MAPE} 分别为 1.75%、5.22%、2.78%、3.22%和 4.57%。预测结果证明了本书预测方法和模型应用于不同电极结构的泛化性能。

（5）球-板-球、棒-板-球、棒-板-棒等组合空气间隙在板电极两边的电场分布特征与典型电极间隙相似。我们据此选取球隙、棒-板间隙等典型间隙的试验数据对 SVM 进行训练，可以实现组合空气间隙的击穿电压预测。预测值与试验值吻合良好，3 种组合间隙的工频击穿电压预测值与试验值之间的 e_{MAPE} 分别为 1%、3%和 5.4%。

（6）环结构和绞线结构等非典型短空气间隙的电场分布特征同样与典型电极间隙存在相似之处，也可以通过球隙、棒-板间隙的工频耐压试验数据对 SVM 进行训练并预测其击穿电压。环-板间隙和小环-大环间隙预测结果的 e_{MAPE} 分别为 3.67%和 2%；绞线-板和绞线-球间隙预测结果的 e_{MAPE} 分别为 2.78%和 4.67%。预测结果证明了本书方法对非典型电极短空气间隙击穿电压预测的有效性。

参 考 文 献

[1] International Electrotechnical Commission（IEC）. Voltage measurement by means of standard air gaps: IEC 60052-2002[S]. Geneva: IEC, 2002: 1-37.

[2] 严璋, 朱德恒. 高电压绝缘技术[M]. 2 版. 北京：中国电力出版社, 2007.

[3] 关根志. 高电压工程基础[M]. 北京: 中国电力出版社, 2003.

[4] 万启发，霍锋，谢梁，等. 长空气间隙放电特性研究综述[J]. 高电压技术，2012，38（10）：2499-2505.

[5] Power System Instrumentation and Measurements Committee of the IEEE Power and Energy Society. IEEE standard for high-voltage testing techniques: IEEE Std 4-2013[S]. New York: IEEE, 2013: 124-126.

[6] 全国高电压试验技术和绝缘配合标准化技术委员会. 高电压试验技术. 第 1 部分: 一般定义及试验要求: GB/T 16927.1—2011[S]. 北京: 中国标准出版社, 2012: 5-10.

[7] 机械工业部机械标准化研究所. 工艺参数优化方法：正交试验法: JB/T 7510—1994[S]. 北京: 机械科学研究院, 1995: 1-5.

[8] Chang C C, Lin C J. LIBSVM: a library for support vector machines[J]. ACM Transactions on Intelligent Systems and Technology, 2011, 2（3）: 1-27.

[9] Qiu Z B, Ruan J J, Huang D C, et al. Hybrid prediction of the power frequency breakdown voltage of short air gaps based on orthogonal design and support vector machine[J]. IEEE Transactions on Dielectrics and Electrical Insulation, 2016, 23（2）: 795-805.

[10] Barsch J A, Sebo S A, Kolcio N. Power frequency AC sparkover voltage measurements of small air gaps[J]. IEEE Transactions on Power Delivery, 1999, 14（3）: 1096-1101.

[11] Qiu Z B, Ruan J J, Huang C P, et al. A method for breakdown voltage prediction of short air gaps with atypical electrodes[J]. IEEE Transactions on Dielectrics and Electrical Insulation, 2016, 23（5）: 2685-2694.

第 6 章

空气间隙的冲击放电电压预测

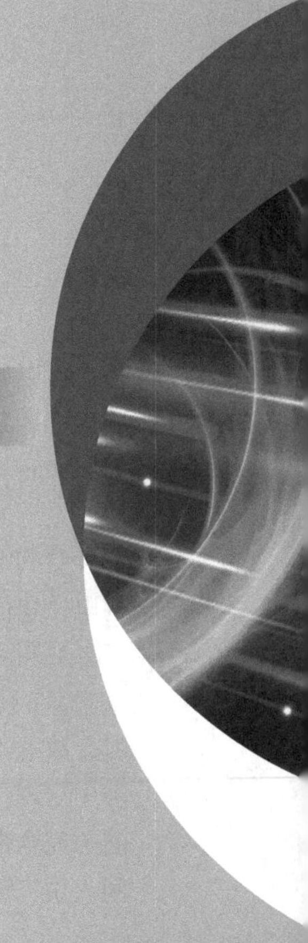

电力系统中的雷电过电压和操作过电压均为持续时间很短的冲击电压。空气间隙在冲击电压作用下的击穿特性与稳态电压下不同。本章首先介绍雷电冲击和操作冲击电压下空气间隙的击穿特性，然后采用空气绝缘预测模型对不同结构空气间隙的冲击击穿电压进行预测研究。

6.1 冲击电压下空气间隙的击穿特性

6.1.1 空气间隙的雷电冲击放电特性

雷电波是一种非周期性脉冲，其波形参数具有统计性。IEC 和我国规定的标准雷电冲击电压波形如图 2-3（b）所示，波前时间 $T_f = 1.2\mu s$，容许偏差为±30%；半峰值时间 $T_2 = 50\mu s$，容许偏差为±20%。

雷电冲击电压的持续时间极短，可以与间隙击穿所需的时间相比较，因此间隙击穿特性受到电压作用时间的影响。对空气间隙施加冲击电压，要使间隙击穿不仅具有足够的电压幅值，而且具有一定的电压作用时间，让放电得以发展。

如图 6-1 所示，经过时间 t_0，电压从零升高到间隙的静态击穿电压 U_0，此时间隙并未击穿，只有当间隙中出现一个能引起电离过程并最终导致击穿的电子（称为有效电子）时，放电才可能发展。有效电子的出现具有随机性，且需要一定的时间，从 t_0 开始到间隙中出现一个有效电子所需的时间 t_s 称为统计时延。从出现有效电子到形成电子崩直至间隙完全击穿，还需要一定的放电发展时间 t_f，称为放电形成时延。因此，整个放电时间 t_b 由三部分组成，即

$$t_b = t_0 + t_s + t_f \tag{6.1}$$

式中，t_0 称为电压上升时间；t_s 和 t_f 之和称为放电时延 t_{lag}。

放电时延与外施电压的大小和电场分布的均匀性有关。外施电压越大，所需放电时间越短。在短间隙（几厘米内），特别是电场比较均匀时，放电形成时延 t_f 很小，放电时延主要取决于 t_s。在较长间隙，电场不均匀，局部场强高，出现有效电子的概率增加，放电时延主要取决定 t_f，且电场越不均匀，t_f 越长。

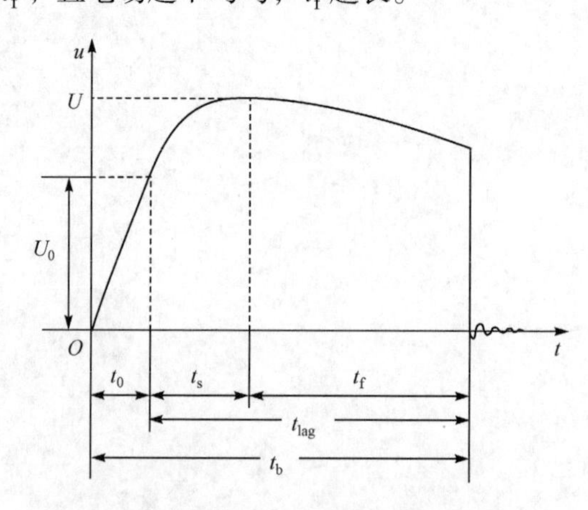

图 6-1　冲击电压下气隙放电时间的组成部分

由于放电时延具有分散性，因此很难确定冲击电压下空气间隙放电电压的准确值。在多次施加同一波形及峰值的冲击电压时，击穿有时发生，有时不发生，工程中采用击穿概率等于 50%时的电压（称为 50%冲击击穿电压U_{50}）反映空气间隙耐受冲击电压的特性。对于击穿分散性的大小，工程中采用标准偏差σ表示。

工程中采用U_{50}决定间隙长度时，应根据击穿电压分散性的大小，留有一定的裕度。在均匀和稍不均匀电场中，冲击击穿电压的分散性很小，U_{50}和静态击穿电压U_{s}相差不大，冲击系数（U_{50}与U_{s}之比）$\beta \approx 1$。由于放电时延短，在 50%冲击击穿电压下，击穿通常发生在波前峰值附近。在极不均匀电场中，由于放电时延较长，冲击系数$\beta > 1$，击穿电压分散性较大，标准偏差可取±3%，在 50%冲击击穿电压下，击穿通常发生在波尾部分。

IEEE Std4-1995 给出了标准棒-棒间隙在 1.2/5μs 和 1.2/50μs 雷电冲击电压下的 50%击穿电压试验数据，棒电极为方形棒，端部截面为 12.5mm×12.5mm，长度大于 1m。U_{50}和间隙距离的关系如图 6-2 所示。可见，棒-棒间隙的雷电冲击击穿电压和间隙距离近似呈线性关系。由于极性效应，在相同间距下，正极性雷电冲击击穿电压小于负极性，且随着间距增大，两者之间的差值逐渐增大。此外，1.2/50μs 标准雷电冲击下的U_{50}小于 1.2/5μs 短波尾雷电冲击下的U_{50}。

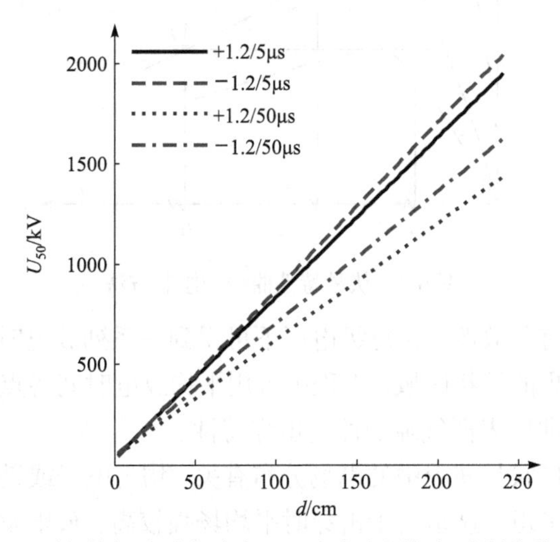

图 6-2　棒-棒间隙雷电冲击 50%击穿电压与间隙距离的关系

当间隙距离$d > 40\mathrm{cm}$时，在 1.5/40μs 雷电冲击电压作用下，棒-板间隙和棒-棒间隙的U_{50}可分别采用如下近似计算公式进行估算[1]，即

$$
\begin{aligned}
&\text{棒-板间隙}\begin{cases} U_{50} = 40 + 5d, & \text{正极性} \\ U_{50} = 215 + 6.7d, & \text{负极性} \end{cases} \\
&\text{棒-棒间隙}\begin{cases} U_{50} = 75 + 5.56d, & \text{正极性} \\ U_{50} = 110 + 6d, & \text{负极性} \end{cases}
\end{aligned}
\tag{6.2}
$$

由于雷电冲击电压的持续时间短，放电时延不能忽略，因此空气间隙的冲击击穿特

性不仅与 50%击穿电压有关，还与放电时间有关。工程中用空气间隙击穿期间出现的电压最大值和放电时间的关系表征间隙在冲击电压下的击穿特性，称为伏秒特性，将这种表示击穿电压和放电时间关系的曲线称为伏秒特性曲线。

伏秒特性曲线的绘制方法如图 6-3 所示，保持冲击电压波形不变，依次提高电压峰值。当电压较低时，击穿发生在波尾部分，采用峰值电压 U_1 作为间隙的击穿电压，其与放电时间 t_1 的交点 P_1 是伏秒特性曲线的一个点；当电压峰值较高时，击穿发生在波前部分，以击穿时刻的电压 U_3 作为间隙的击穿电压，其与放电时间 t_3 的交点 P_3 也是伏秒特性曲线的一个点。如此可以获得一系列的伏秒交点 P_1，P_2，P_3，…，将它们依次连接所得到的曲线即为伏秒特性曲线。

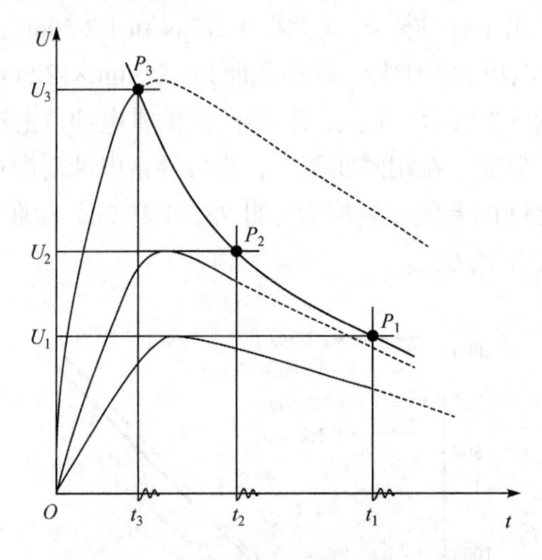

图 6-3　伏秒特性曲线的绘制方法

由于放电时间具有分散性，在每级电压下可得到一系列放电时间，因此伏秒特性是一个以上下包络线为界的带状区域，工程中常用平均放电时间各点相连所得的平均伏秒特性或 50%伏秒特性曲线表征气隙的冲击击穿特性。

伏秒特性曲线的形状与间隙中的电场分布有关。均匀电场或稍不均匀电场空气间隙的伏秒特性曲线比较平坦。这是由于击穿时平均场强较高，放电发展较快，放电时延较短。极不均匀电场空气间隙的伏秒特性曲线比较陡峭，这是由于击穿时平均场强较低，而流注总是从强场区向弱场区发展，放电速度受到电场分布影响，因此放电时延较长。

伏秒特性在绝缘配合中具有重要意义，如用作过电压保护的设备（如避雷器），其伏秒特性曲线应尽可能平坦，且上包线必须始终位于被保护设备的下包线以下，即两者永不相交。这样，在任何情况下，保护设备都会先动作，从而保护电气设备的绝缘。

6.1.2　空气间隙的操作冲击放电特性

IEC 和我国标准操作冲击电压波形如图 2-3（a）所示，波前时间 $T_{\mathrm{f}} = 250\mu\mathrm{s}$，容许

偏差为±20%；半峰值时间 $T_2 = 2500\mu s$，容许偏差为±60%。

在操作冲击电压下，空气间隙的击穿电压也具有分散性，因此也采用 50%击穿电压 U_{50} 反映间隙的绝缘强度。操作冲击 50%击穿电压与电场分布及电压波形有关。在均匀电场和稍不均匀电场中，操作冲击下的 U_{50} 与工频击穿电压和雷电冲击 U_{50} 相同，击穿电压的分散性较小。在极不均匀电场中，空气间隙的操作冲击放电特性具有极性效应；在同一间隙距离下，负极性击穿电压高于正极性，因此对于实际工程中的绝缘配合，应主要关注空气间隙的正极性放电特性。

在极不均匀电场中，空气间隙的操作冲击放电特性不仅受到间隙电场分布的影响，还与冲击电压波形具有很大的关联性。试验研究通常采用双指数波模拟操作冲击电压波形，并通过波前时间 T_f 和半峰值时间 T_2 对其进行表征。对于高压输电系统，其操作过电压的波前时间一般在 50～1000μs，而对于超/特高压等级，波前时间可达 1000～3000μs[2]。国内外学者针对操作冲击电压波形，特别是波前时间对空气间隙放电特性的影响开展了大量研究工作，随着波前时间 T_f 的变化，空气间隙的 U_{50} 具有最小值，U_{50} 与 T_f 的关系呈现 U 形曲线。如图 6-4 所示为美国、日本、意大利等根据放电试验获得的棒-板间隙正极性操作冲击放电电压和波前时间的关系曲线[3,4]。U_{50} 最小值称为临界 50%击穿电压 $U_{50,crit}$，其所对应的波前时间称为临界波前时间 T_{crit}。

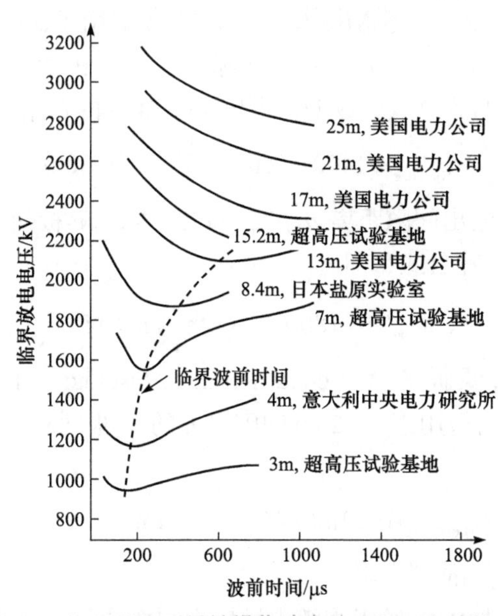

图 6-4　棒-板空气间隙的正极性操作冲击放电电压和波前时间的关系

U 形曲线是放电时延、空间电荷的形成及迁移这两类因素的影响造成的。波前时间较小时，说明电压上升极快，由于放电发展需要一定的时延，击穿电压会超过静态击穿电压许多，因此击穿电压较高。波前时间较大时，说明电压上升较慢，使极不均匀电场长间隙中的冲击电晕和空间电荷都有足够的时间形成和发展，可以改善间隙中的电场分布，从而使击穿电压有所提高。

从图 6-4 可以看出，在间隙结构一定时，随着间隙距离 d 的增大，临界波前时间 T_{crit} 逐渐增大，T_{crit} 与 d 近似满足线性关系。文献[5]～[7]分别给出了棒-板间隙正、负极性操作冲击下的 T_{crit} 与 d 的关系式，以及导线-板间隙正极性操作冲击的 T_{crit} 与 d 的关系式，即

$$\begin{aligned} &T_{crit} = 50(d-1) \approx 50d, \quad \text{棒-板间隙(正极性)} \\ &T_{crit} = 10d, \quad \text{棒-板间隙(负极性)} \\ &T_{crit} = 35d, \quad \text{导线-板间隙(正极性)} \end{aligned} \tag{6.3}$$

在某些波前时间范围内，气隙的操作冲击击穿电压，甚至比工频击穿电压还低，在确定电气设备的空气间距时，必须考虑这一重要情况。在额定电压大于 220kV 的超高压输电系统中，应按操作过电压下的电气特性进行绝缘设计。通过开展大量试验研究，许多学者提出棒-板间隙的操作冲击放电电压与间隙距离之间的经验公式。

1975 年，法国电力公司（Electricité de France，EDF）Gallet 等对 1～23m 间隙尺度的棒-板间隙开展了正极性操作冲击放电试验，根据试验结果提出棒-板间隙正极性操作冲击临界波前 50%放电电压 $U_{50,crit+}$(kV) 与间隙距离 d(m) 的关系式（EDF 公式）[8]，即

$$U_{50,crit+} = 3400/(1+8/d), \quad 1\text{m} \leqslant d \leqslant 23\text{m} \tag{6.4}$$

然而，意大利学者 Cortina 等指出[7]，式（6.4）仅适用于 $d<15$m 的情况，当外推至更大间隙尺度时，式（6.4）的计算值将小于实际值，$d=30$m 时，其相对误差高达 15%。Cortina 等根据更长间隙的放电试验数据，提出 13～30m 的 $U_{50,crit+}$ 计算公式，即

$$U_{50,crit+} = 1400 + 55d, \quad 13\text{m} \leqslant d \leqslant 30\text{m} \tag{6.5}$$

此外，Cortina 等还给出间隙距离 d 在 2～15m 内，棒-板间隙负极性操作冲击临界 50%放电电压 $U_{50,crit-}$ 的计算公式，即

$$U_{50,crit-} = 1180d^{0.45}, \quad 2\text{m} \leqslant d \leqslant 15\text{m} \tag{6.6}$$

1984 年，日本电力中央研究所（Central Research Institute of Electric Power Industry，CRIERI）Kishizima 等提出适用于 1～25m 间隙尺度的棒-板间隙 $U_{50,crit+}$ 计算公式（CRIEPI 公式）[9]，即

$$U_{50,crit+} = 1080\ln(0.46d+1), \quad 1\text{m} \leqslant d \leqslant 25\text{m} \tag{6.7}$$

式（6.7）已被 IEC 标准[10]采用。

1989 年，加拿大学者 Rizk 基于连续先导模型和部分假设条件，推导得出棒-板间隙的临界 50%击穿电压 $U_{50,crit}$ 与间隙距离 d 的关系式，对于 $d \geqslant 4$m 的间隙，可表示为[11,12]

$$U_{50} = \frac{1830+59d}{1+3.89/d} + 92, \quad 4\text{m} \leqslant d \leqslant 25\text{m} \tag{6.8}$$

如图 6-5 所示为根据 EDF 公式、CRIEPI 公式和 Rizk 公式得到的棒-板间隙临界放电电压与间隙距离的关系曲线。可见，这 3 个经验公式在 $d<17$m 时比较接近，但在

$d > 17\text{m}$ 后差别逐渐增大。其中，EDF 公式的饱和趋势最显著，Rizk 公式的放电电压随间距的增长梯度最大。

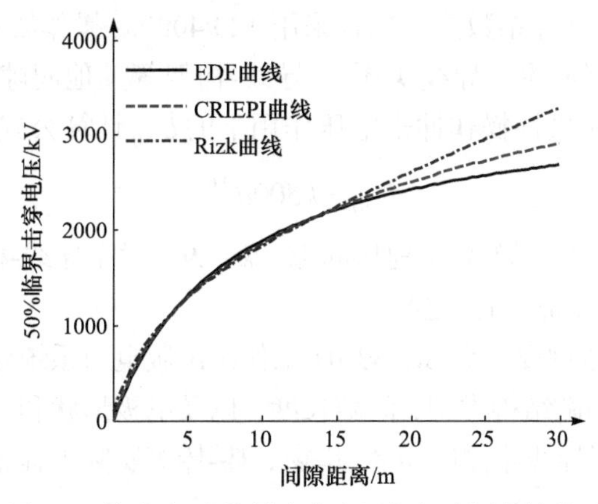

图 6-5　棒-板间隙临界击穿电压与间隙距离的关系

1976 年，意大利学者 Carrara 等通过分析棒-板间隙和导线-板间隙的放电特性，提出临界半径的概念[13]。以棒-板间隙为例，如图 6-6（a）所示，当间隙距离 d 保持不变时，在具有临界波前的正极性操作冲击电压作用下，若棒电极端部曲率半径 R 小于某临界值 R_{crit} 时，棒-板间隙的 50%放电电压 U_{50} 将近似保持不变；当 $R > R_{\text{crit}}$ 时，U_{50} 将随 R 的增大而明显增大。临界半径 R_{crit} 与间隙距离 d 有关，文献[5]给出了棒-板间隙和导线-板间隙在正极性操作冲击电压作用下的 R_{crit} 计算公式，即

$$
\begin{aligned}
&R_{\text{crit}} = 0.38(1-\text{e})^{-d/5}, \quad \text{棒-板间隙} \\
&R_{\text{crit}} = 0.037\ln(1+d), \quad \text{导线-板间隙}
\end{aligned}
\tag{6.9}
$$

对于正极性放电，R_{crit} 将随着 d 的增大而逐渐趋于饱和，如图 6-6（b）所示。棒电极和导线的临界半径饱和值分别约为 38cm 和 10cm[14]。

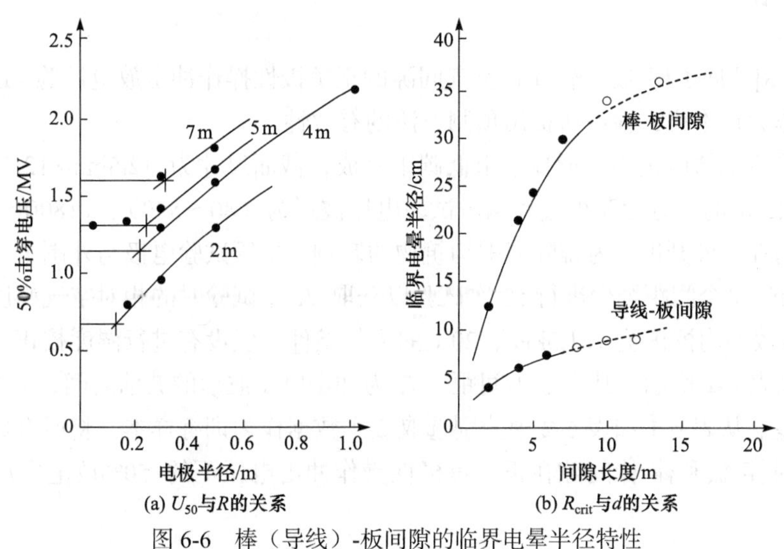

图 6-6　棒（导线）-板间隙的临界电晕半径特性

针对输变电工程间隙的放电特性，意大利学者 Paris 提出间隙系数的概念[15,16]，并认为输变电工程间隙的 50%放电电压U_{50}等于棒-板间隙正极性操作冲击放电电压与间隙系数 k 的乘积。基于间隙系数法，Paris 采用 120/4000μs 操作波对棒-棒、棒-板典型间隙，以及导线-板、导线-棒、导线-塔窗、导线-构架等其他间隙开展放电特性试验，提出不同间隙结构在正极性操作冲击电压作用下的U_{50}计算公式，即

$$U_{50}=k500d^{0.6} \tag{6.10}$$

对于棒-板间隙，k=1；对于导线-接地棒间隙，k=1.9；对于导线-板、导线-塔窗、棒-棒等其他结构间隙，k 在 1.05～1.9 之间。

1992 年，国际大电网委员会 SC 33-07 工作组出版电力系统外绝缘性能评估研究报告[17]，提出综合考虑间隙结构类型、间隙长度，以及电极形状和位置等因素影响的间隙系数计算方法，给出了导线-横担、导线-塔窗、棒-棒等实际工程布置情况下的间隙系数计算公式及其典型值。

6.2 操作冲击放电电压预测

为了验证空气绝缘预测模型用于长空气间隙操作冲击放电电压预测的可行性，采用电场分布特征集和冲击电压波形特征集共同作为 SVM 的输入量，对不同电极结构长空气间隙在不同操作冲击电压波形下的放电电压进行预测研究。

6.2.1 棒-板和棒-棒间隙操作冲击放电电压预测

1. 样本数据

文献[18]开展了棒-板、棒-棒长空气间隙的正负极性操作冲击放电试验。这里引用其试验数据作为样本集，验证所提出预测方法的有效性。

试验采用的棒电极为方形棒，由低碳钢制成，截面尺寸为 12.5mm×12.5mm；板电极为边长 13m 的正方形薄板镀锌钢。试验电压波形为（80～550）/（1800～2200）μs，所有试验均在户外开展。为排除周围构筑物的影响，高压试验电极与外围金属构架的距离大于 15m。每个间距至少进行 50 次试验以获取U_{50}，试验时的相对空气密度为 0.92～0.98，试验数据均校正至 101.3kPa、20℃的大气条件，但没有进行湿度校正。试验结果如表 6-1 和表 6-2 所示，其中 d 为间距，T_f 为冲击电压波形的波前时间，σ 为试验数据的标准偏差。从表 6-1 和表 6-2 中分别选取 2 个数据作为训练样本，将所有数据作为测试样本，对棒-板和棒-棒间隙在正、负极性操作冲击电压下的 50%放电电压分别进行预测。

表 6-1　棒-板间隙操作冲击 50%放电电压试验值（样本数据）

样本	正极性				负极性			
	d/m	T_f/μs	U_{50}/kV	σ/%	d/m	T_f/μs	U_{50}/kV	σ/%
训练样本	9.0	80	2200	3.6	3.0	80	2040	6.3
	9.0	110	2070	4.0	3.0	180	2300	6.3
测试样本	5.0	180	1340	6.7	1.5	180	1500	4.0
	7.0	180	1650	6.7	2.0	180	1800	5.5
	8.0	180	1790	6.1	2.5	180	2080	3.4
	9.0	180	1950	4.9	3.0	110	2060	3.4
测试样本	9.0	250	1930	4.9	3.0	250	2340	6.0
	9.0	550	1900	4.8	3.0	550	2340	5.9
	10.0	180	2050	4.9	3.5	180	2480	6.2
	11.0	180	2100	4.8	4.0	180	2620	5.6
	12.0	180	2180	6.6	—	—	—	—
	13.0	180	2300	6.8	—	—	—	—

表 6-2　棒-棒间隙操作冲击 50%放电电压试验值（样本数据）

样本	正极性				负极性			
	d/m	T_f/μs	U_{50}/kV	σ/%	d/m	T_f/μs	U_{50}/kV	σ/%
训练样本	5.5	80	2150	5.6	3.0	80	1940	5.2
	5.5	110	2100	4.8	3.0	110	1960	5.3
测试样本	4.0	180	1690	5.3	1.5	180	1110	5.5
	5.0	180	1940	3.6	2.0	180	1450	5.4
	5.5	180	2080	6.7	2.5	180	1790	4.5
	5.5	250	2050	5.5	3.0	180	2020	4.5
	5.5	550	2050	5.5	3.0	250	2030	4.5
	6.0	180	2180	6.8	3.0	550	2040	5.3
	7.0	180	2490	4.9	3.5	180	2330	3.2
	7.5	180	2490	4.0	4.0	180	2620	4.0
	—	—	—	—	4.5	180	2780	3.8
	—	—	—	—	5.0	180	2970	3.6

2. 预测结果及分析

将 20 维电场分布特征量和 10 维冲击电压波形特征量共同作为 SVM 的输入参量，其中电场分布特征量剔除了 8 个与 24kV/cm、7kV/cm 相关的特征量，10 维冲击电压波形特征量包括 5 个基本特征量和 5 个与 85%U_{max} 相关的附加特征量。在 3-CV 意义下，采用 GA 进行参数寻优，设置种群数量为 20，最大进化代数为 200，交叉概率为 0.9，惩罚因子 C 和核函数参数 γ 的取值范围分别为[10，500]和[0.005，0.25]。SVM 预测模型的最优参数和误差指标如表 6-3 所示。可见，4 组测试样本预测结果的 e_{MAPE} 分别为 3.6%、3.25%、3.5%和 3.8%。

表 6-3　SVM 预测模型的最优参数和误差指标

指标	棒-板间隙		棒-棒间隙	
	正极性	负极性	正极性	负极性
C	13.4294	16.8959	332.3200	23.6726
γ	0.0915	0.0965	0.2130	0.1479
e_{MSE}	24.4052	26.8715	35.8847	30.1377
e_{MAPE}	0.0360	0.0325	0.0350	0.0380
e_{MSPE}	0.0149	0.0131	0.0158	0.0151

将棒-板和棒-棒间隙在正、负极性操作冲击下的 U_{50} 预测值与试验值进行对比，如图 6-7～图 6-10 所示。为方便对比，这里将训练样本的预测结果也绘于图中。可见，预测值和试验值整体上吻合良好，绝大多数样本的预测值均在试验值的标准偏差范围内，说明 SVM 具有较高的预测精度。

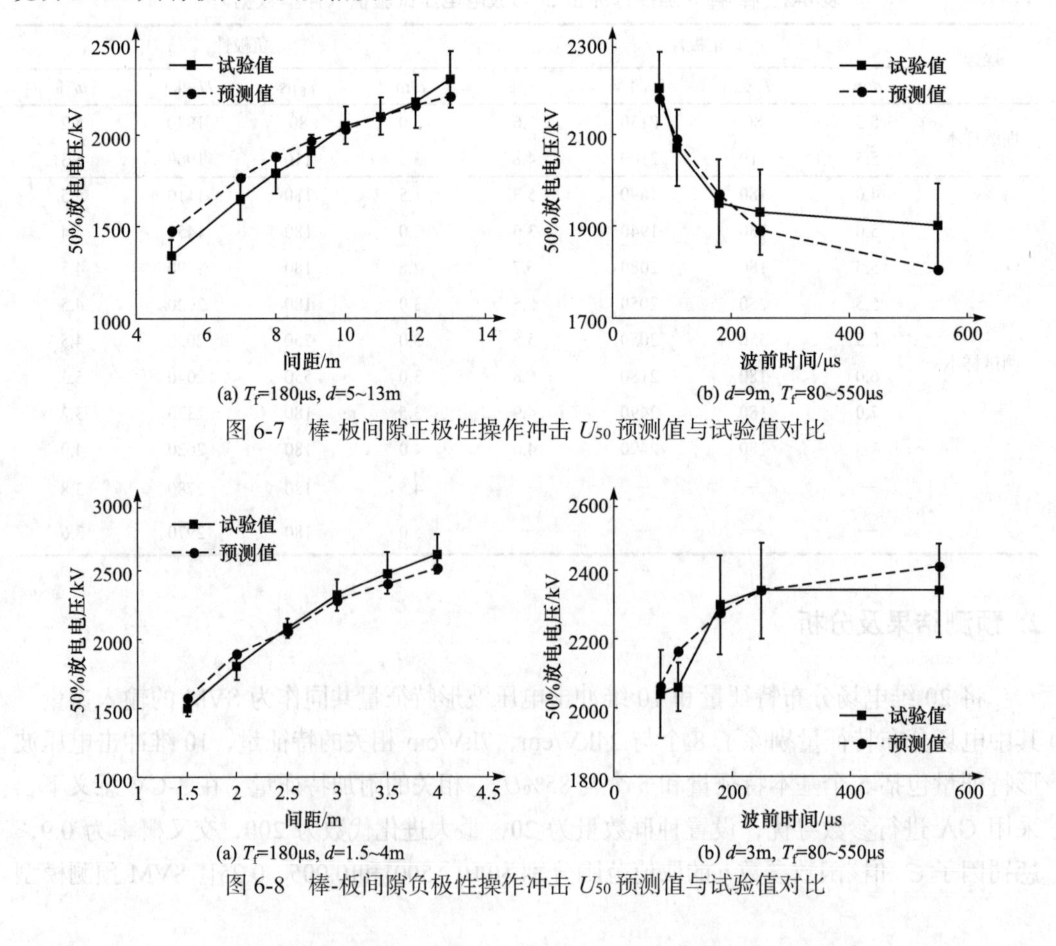

(a) T_f=180μs, d=5~13m　(b) d=9m, T_f=80~550μs

图 6-7　棒-板间隙正极性操作冲击 U_{50} 预测值与试验值对比

(a) T_f=180μs, d=1.5~4m　(b) d=3m, T_f=80~550μs

图 6-8　棒-板间隙负极性操作冲击 U_{50} 预测值与试验值对比

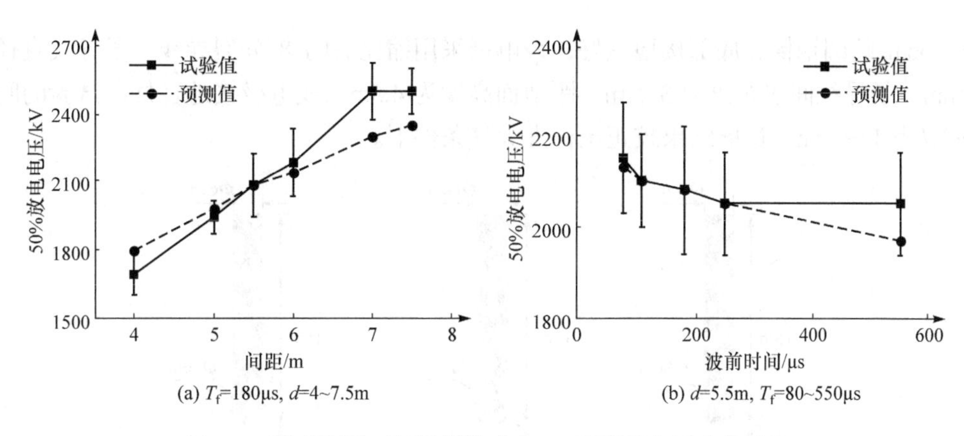

图 6-9　棒-棒间隙正极性操作冲击 U_{50} 预测值与试验值对比

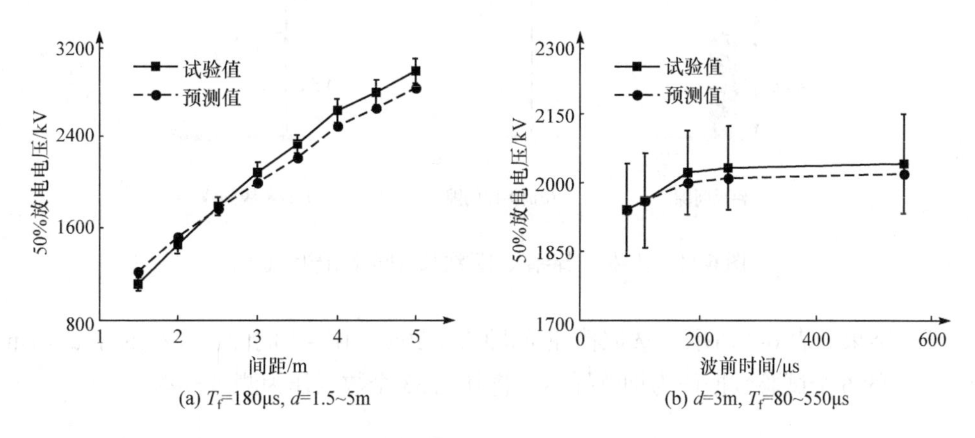

图 6-10　棒-棒间隙负极性操作冲击 U_{50} 预测值与试验值对比

此外，由图 6-8（b）可以看出，棒-板间隙在波前时间为 250μs 和 550μs 的负极性操作冲击电压下，其 U_{50} 试验值相等；当 $T_f=180\mu s$，$d=7m$ 和 $d=7.5m$ 时，U_{50} 试验值相等；当 $d=5.5m$，$T_f=250\mu s$ 和 $T_f=550\mu s$ 时，U_{50} 试验值也相等。这可能是由于文献[18]中的试验数据未进行湿度校正，上述样本对应的预测值则呈现出明显差异，这说明预测值相比试验值来说与实际情况更加相符[19]。

6.2.2　不同间隙结构的操作冲击放电电压混合预测

1. 样本数据

文献[20]开展了棒-板、棒-棒和棒-线长空气间隙在负极性 20/2500μs 和 80/2500μs 操作冲击电压波形下的放电特性试验研究。在试验中，3 种间隙结构示意图如图 6-11 所示。其中，高压棒电极为长 15m、直径 6cm 的圆钢棒，其头部为一直径 8cm 的圆球；板电极为边长 20m 的正方形钢板，并置于边长 50m 的接地扁钢网上；低压棒电极为长 4.5m、直径 6cm 的圆钢棒，底部接地良好；线电极采用缩比后的 8 分裂导线，子导线直径为 2.7mm，子导线间隔距离为 3.2cm，距地面高度为 4.5m，线电极接地良好。试验的间隙距离 d 为 1～10m，试验结果校正至标准大气条件下。

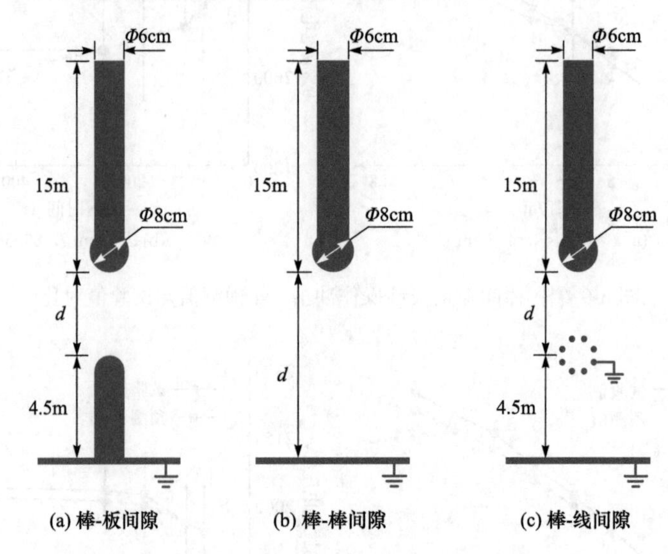

图 6-11　棒-板、棒-棒、棒-线长气间隙结构示意图

试验结果如表 6-4 所示，选取棒-板间隙 $T_{\mathrm{f}}=20\mu s$ 和棒-棒间隙 $T_{\mathrm{f}}=80\mu s$ 下 $d=1m$ 、5m、10m 的 6 个试验数据作为训练样本，将其他 33 个数据作为测试样本。

表 6-4　棒-板、棒-棒、棒-线间隙操作冲击 50%放电电压试验结果（样本数据）

样本集	间隙结构	T_f/μs	d/m	U_{50}/kV	σ/%	样本集	间隙结构	T_f/μs	d/m	U_{50}/kV	σ/%
训练样本集	棒-板间隙	20	1	950	9.5	训练样本集	棒-棒间隙	80	1	756	2.4
			5	2393	4.4				5	2557	4.2
			10	3672	7.5				10	3607	4.7
测试样本集	棒-板间隙	20	1	950	9.5	测试样本集	棒-棒间隙	20	1	697	4.9
			2	1524	4.2				2	1335	3.3
			3	1901	4.1				3	1881	4.4
			4	2227	2.9				4	2322	2.6
			5	2393	4.4				5	2552	3.3
			6	2826	3.4				6	2898	3.2
			8	3246	4.9				8	3458	3.2
			10	3672	7.5				10	3979	3.3

续表

样本集	间隙结构	T_f/μs	d/m	U_{50}/kV	σ/%	样本集	间隙结构	T_f/μs	d/m	U_{50}/kV	σ/%
测试样本集	棒-板间隙	80	1	938	5.7	测试样本集	棒-棒间隙	80	1	756	2.4
			2	1505	5.2				2	1281	2.9
			3	1915	4.4				3	1847	5.1
			4	2146	4.2				4	2247	4.1
			5	2404	5.5				5	2557	4.2
			6	2616	2.9				6	2707	2.2
			8	2941	2.6				8	3182	2.9
			10	3313	2.6				10	3607	4.7
	棒-线间隙	80	1	759	3.0		棒-线间隙	80	6	2737	3.5
			2	1398	4.0				8	3150	2.5
			3	1885	5.5				10	3578	2.6
			5	2435	3.9				—	—	—

2. 电场计算及特征提取

对不同间距下棒-板、棒-棒和棒-线间隙进行静电场仿真计算，对高压棒电极施加电位 1V，对接地电极施加零电位。以 d=5m 的情况为例，棒-板、棒-棒和棒-线间隙在最短放电路径上的电场分布如图 6-12（a）所示。可见，3 种间隙结构沿最短放电路径的电场分布情况比较接近，场强值从高压电极表面向接地电极的方向逐渐减小，在高压棒电极附近，棒-线间隙的电场略大于棒-棒和棒-板间隙，后两者的电场基本一致；在接地电极附近，棒-棒间隙的电场最大，棒-线间隙次之，棒-板间隙的电场最小，趋近于零。以棒-线间隙为例，d=5m 时的电极表面电场分布云图如图 6-12（b）所示。可见，电场最大值出现在高压棒电极端部球表面，分裂导线的子导线附近区域也有一定的电场集中，但场强值很小。

对电场计算结果进行后处理，提取电场分布特征量，同时根据冲击电压波形特征量的定义，计算 20/2500μs 和 80/2500μs 下的电压波形特征量，将电场分布和电压波形特征量进行汇总，归一化后构成不同间隙结构的储能特征，作为 SVM 的输入参量。

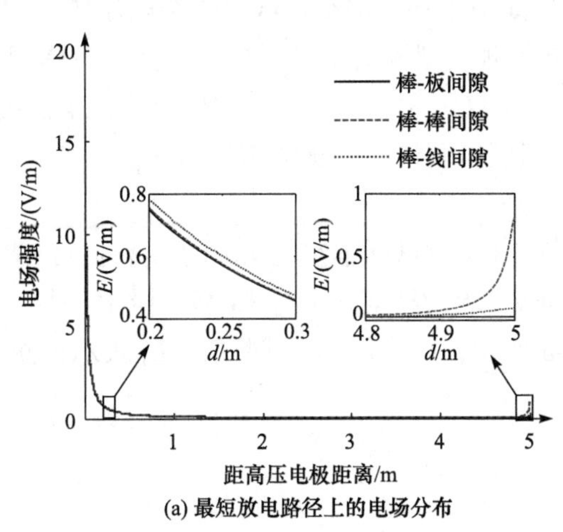

(a) 最短放电路径上的电场分布

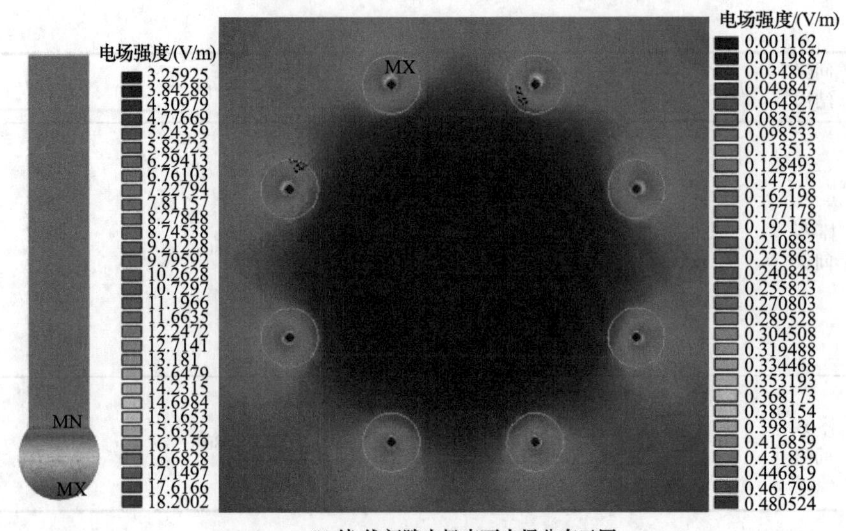

(b) 棒-线间隙电极表面电场分布云图

图 6-12　三种长空气间隙的电场分布（d=5m）

3. 预测结果及分析

基于 3-CV，采用改进 GS 算法对预测模型进行参数寻优，寻优结果为 C=119.4282，γ=0.25，训练样本集的最高分类准确率为 96.8254%。为了快速得到各个测试样本的 U_{50} 预测值，提高预测模型的计算效率，这里采用黄金分割法进行多次迭代计算和预测[21]。

对测试样本空气间隙加载预估的放电电压范围[U_{min}，U_{max}]，采用黄金分割法搜索得到预测值 U_p。首先，加载电压 $U_{t1}=U_{max}-0.618$（$U_{max}-U_{min}$），提取间隙在该电压下的储能特征集，经过归一化后将其输入至 SVM。若预测模型输出 1，则表明 U_{t1} 大于或等于临界放电电压，那么 U_p 的搜索范围进一步缩小至[U_{min}，U_{t1}]；若预测模型输出 −1，则表明 U_{t1} 不足以使间隙击穿，那么加载另一个电压 $U_{t2}=U_{min}+0.618$（$U_{max}-U_{min}$）进行预测。如果在 U_{t2} 下预测模型输出 1，则将 U_p 的搜索范围调整至[U_{t1}, U_{t2}]；如果输出 −1，则将搜索范围调整为[U_{t2}，U_{max}]。通过上述方法，U_p 的搜索范围不断缩小直至 $U_{max}-U_{min}<\varepsilon$，$\varepsilon$ 为收敛精度，则最终的预测结果为 U_p=（$U_{max}+U_{min}$）/2。其预测流程如图 6-13 所示。

采用上述方法依次对 33 个测试样本空气间隙的 U_{50} 进行预测，设定预估加载范围为 U_{min}=500kV、U_{max}=4000kV，收敛精度 ε=1V。棒-板、棒-棒、棒-线间隙操作冲击 50%放电电压预测结果如表 6-5 所示，U_t 表示 U_{50} 试验值，U_p 表示预测值，σ 表示预测值与试验值之间的相对误差。

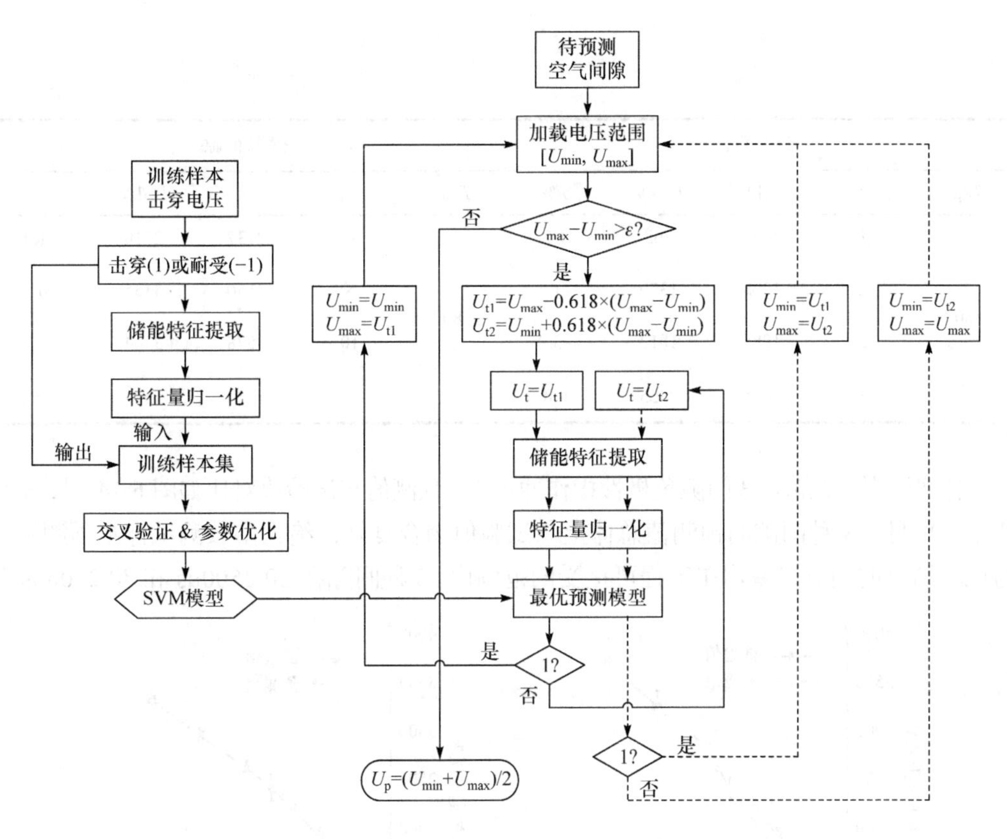

图 6-13　基于黄金分割搜索法的绝缘预测流程图

表 6-5　棒-板、棒-棒、棒-线间隙操作冲击 50%放电电压预测结果

棒-板间隙					棒-棒间隙				
T_f/μs	d/m	U_t/kV	U_p/kV	σ/%	T_f/μs	d/m	U_t/kV	U_p/kV	σ/%
20	2	1524	1381	−9.4	80	2	1281	1385	8.1
	3	1901	1724	−9.3		3	1847	1874	1.5
	4	2227	2063	−7.4		4	2247	2245	−0.1
	6	2826	2711	−4.1		6	2707	2823	4.3
	8	3246	3246	0		8	3182	3254	2.3
80	1	938	849	−9.5	20	1	697	825	18.4
	2	1505	1396	−7.2		2	1335	1405	5.2
	3	1915	1819	−5.0		3	1881	1800	−4.3
	4	2146	2176	1.4		4	2322	2167	−6.7
	5	2404	2484	3.3		5	2552	2506	−1.8
	6	2616	2756	5.4		6	2898	2815	−2.9
	8	2941	3187	8.4		8	3458	3322	−3.9
	10	3313	3526	6.4		10	3979	3688	−7.3

续表

棒-线间隙					棒-线间隙				
T_f/μs	d/m	U_t/kV	U_p/kV	σ/%	T_f/μs	d/m	U_t/kV	U_p/kV	σ/%
80	1	759	768	1.2	80	6	2737	2710	−1.0
	2	1398	1379	−1.4		8	3150	3135	−0.5
	3	1885	1812	−3.9		10	3578	3464	−3.2
	5	2435	2455	0.8		—	—	—	—

棒-板、棒-棒和棒-线间隙负极性操作冲击 U_{50} 预测值与试验值对比如图 6-14～图 6-16 所示。可见，3 种间隙的预测值总体上与试验值吻合良好，绝大多数测试样本预测结果与试验结果的相对误差均在工程可接受的范围内。3 种间隙在 20/2500μs 和 80/2500μs 两

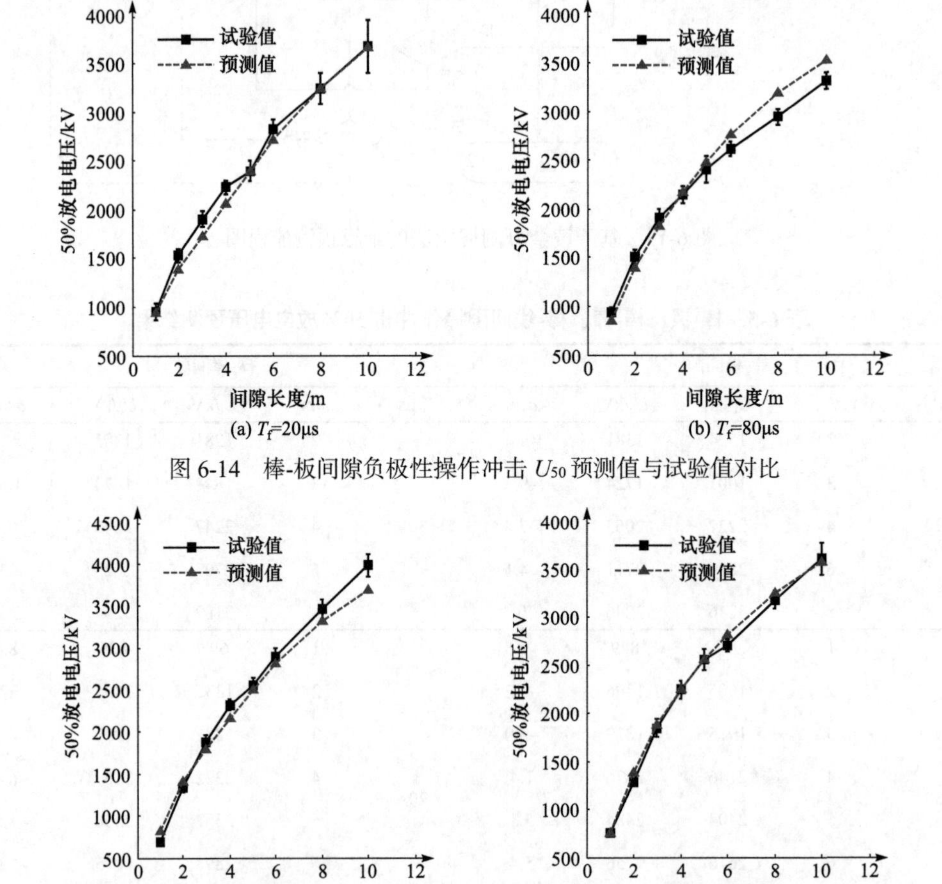

图 6-14　棒-板间隙负极性操作冲击 U_{50} 预测值与试验值对比

图 6-15　棒-棒间隙负极性操作冲击 U_{50} 预测值与试验值对比

种冲击电压下的 U_{50} 预测结果的误差指标如表 6-6 所示。以试验值为基准，棒-板间隙在 T_f=20μs 时的 5 个测试样本预测值的 e_{MAPE} 为 6.0%，在 T_f=80μs 时的 8 个测试样本预测值的 e_{MAPE} 为 5.8%；棒-棒间隙在 T_f=20μs 时的 8 个测试样本预测值的 e_{MAPE} 为 6.3%，在 T_f=80μs 时的 5 个测试样本预测值的 e_{MAPE} 为 3.2%；棒-线间隙在 T_f=80μs 时的 7 个测试样本预测值的 e_{MAPE} 仅为 1.7%，最大绝对百分比误差仅为 3.9%。可见，采用棒-板和棒-棒间隙共 6 个试验数据作为训练样本，通过 SVM 可以预测得到包括棒-线间隙在内的 33 个测试样本的 50%放电电压，该方法可用于替代成本高、周期长的长空气间隙放电试验研究，从而大幅减少试验次数、降低试验费用。

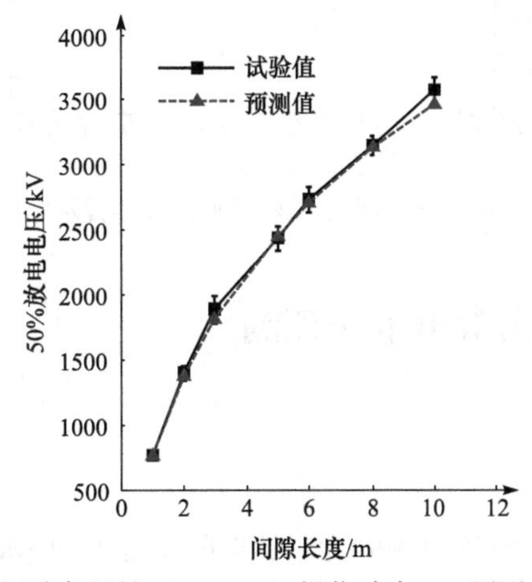

图 6-16　棒-线间隙负极性（T_f=80μs）操作冲击 U_{50} 预测值与试验值对比

表 6-6　棒-板、棒-棒、棒-线间隙 U_{50} 预测结果的误差指标

误差指标	棒-板间隙		棒-棒间隙		棒-线间隙
	T_f=20μs	T_f=80μs	T_f=20μs	T_f=80μs	T_f=80μs
e_{MSE}	60.63	50.28	50.63	34.75	20.26
e_{MAPE}	0.060	0.058	0.063	0.032	0.017
e_{MSPE}	0.031	0.022	0.028	0.019	0.008

6.3　雷电冲击放电电压预测

美国电气工程师协会（American Institute of Electrical Engineers，AIEE）在 20 世纪 30 年代开展了棒-棒间隙在正、负极性 1/5μs 和 1.5/40μs 下的雷电冲击放电电压试验，获得了不同间距下的试验数据[22]。IEEE Std4-1995[23]中给出了棒-棒空气间隙在正、负极性 1.2/50μs 和 1.2/5μs 雷电冲击电压作用下的放电电压试验值。试验时，棒-棒电极水平安装于绝缘支架上（图 6-17），棒电极为方形棒，截面尺寸为 12.5mm× 12.5mm，试验在标准大气条件下进行。选取 AIEE 和 IEEE 在上述冲击电压波形下的少量试验数据作为训练样本，对其他间距的棒-棒间隙在不同波形下的雷电冲击放电电压进行预测研究。

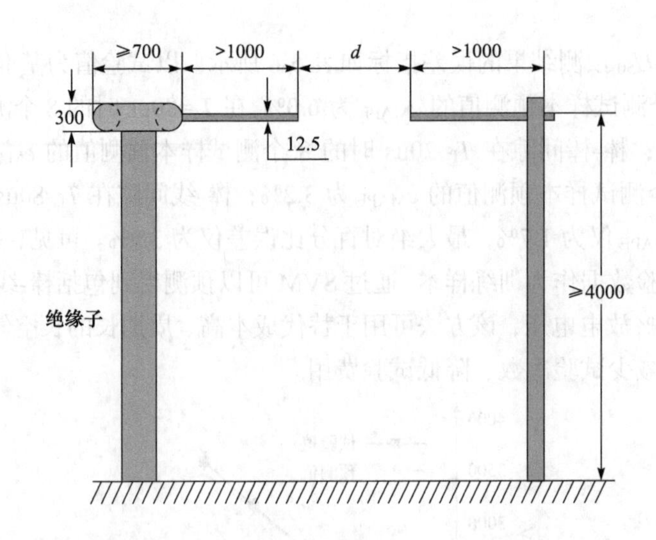

图 6-17 IEEE Std4-1995 标准棒-棒间隙试验布置示意图(单位：mm)

6.3.1 正极性雷电冲击放电电压预测

1. 试验数据及样本

从 AIEE 和 IEEE Std4-1995 试验间隙中选取间距范围为 20cm～152.4cm 的棒-棒间隙作为样本，为了使预测模型对不同的间隙结构和电压波形具有一定的泛化性能，选取的训练样本集应包含不同间距和电压波形的棒-棒间隙试验数据。正极性雷电冲击训练样本集如表 6-7 所示，共 7 个训练样本，带*的数据为不稳定条件造成的[23]，这里取其平均值作为对应的放电电压试验值（其他表与此相同）。选取其他间距下的棒-棒间隙作为测试样本，采用预测模型对其不同电压波形下的放电电压进行预测，并与 IEEE Std4-1995 和 AIEE 的试验结果进行对比。棒-棒间隙的测试样本共 38 个，如表 6-8 所示。此外，为了验证预测模型对于其他间隙类型的泛化性能，选取棒-板间隙在 1.2/50μs 下的 4 个间距[24]和球-板间隙在 1/50μs 下的 7 个间距[25]作为测试样本。对于球-板间隙，球电极直径为 2.5cm，板电极是直径 60cm 的圆盘，间隙距离为 10～50cm。棒-板间隙由一个半球头铜棒和一块铝板组成，棒电极直径为 2.2cm，板电极尺寸为 100cm×200cm。正极性雷电冲击测试样本集放电电压试验数据如表 6-8 所示，其中 d 为间距，U 为放电电压。

表 6-7 正极性雷电冲击训练样本集

波形	d/cm	U/kV	波形	d/cm	U/kV
1.2/50μs	20	154～161*	1.2/5μs	30	277
1.2/50μs	50	339	1.5/40μs	76.2	505
1.2/50μs	100	625	1/5μs	127	1035
1.2/50μs	140	850			

表 6-8　正极性雷电冲击测试样本集放电电压试验数据

棒-棒（1.2/50μs）	
d/cm	*U*/kV
25	184
30	217
35	250
40	281
45	309
60	392
70	450
80	510
90	570
120	735

球-板（1/50μs）	
d/cm	*U*/kV
10	65
15	90
20	113
25	140
30	170
40	235
50	267

棒-棒（1.2/5μs）	
d/cm	*U*/kV
20	188
25	234
35	320
40	362
45	405
50	445
60	525
70	605
80	690
90	765
100	845
120	990
140	1150

棒-板（1.2/50μs）	
d/cm	*U*/kV
12.5	95
25	163
37.5	223
50	278

棒-棒（1.5/40μs）	
d/cm	*U*/kV
20.32	162.5
22.86	176.5
25.4	190
38.1	275
50.8	350
101.6	650
127	800
152.4	945

棒-棒（1/5μs）	
d/cm	*U*/kV
20.32	187
25.4	233
38.1	340
50.8	440
76.2	640
101.6	835
152.4	1230

2. 电场计算及特征提取

采用有限元方法建立棒-棒、球-板和棒-板间隙的有限元模型，对其进行电场计算并提取电场分布特征量。以 30cm 棒-棒间隙为例，根据图 6-17 中的电极尺寸参数，建立其三维有限元模型，高压棒电极加载单位电压 1V，接地棒电极加载零电位。其电场分布云图如图 6-18 所示。图 6-18 中同时给出了棒-棒间隙的放电通道和最短放电路径示意图，其中放电通道是高、低压棒电极之间的一段方形区域，边长为方形棒电极边长的两倍，最短放电路径为高、低压棒电极截面中心的连线[26]。

通过对有限元计算结果进行后处理，提取并计算各个电场分布特征量。此外，根据雷电冲击波形双指数函数的约束条件及冲击电压波形特征量的计算公式，可以求出 1.2/50μs、1.2/5μs、1.5/40μs、1/5μs 和 1/50μs 等不同雷电冲击下的电压波形特征量。将电场分布和电压波形特征量进行汇总，归一化后构成不同间隙结构的储能特征，作为 SVM 的输入参量。

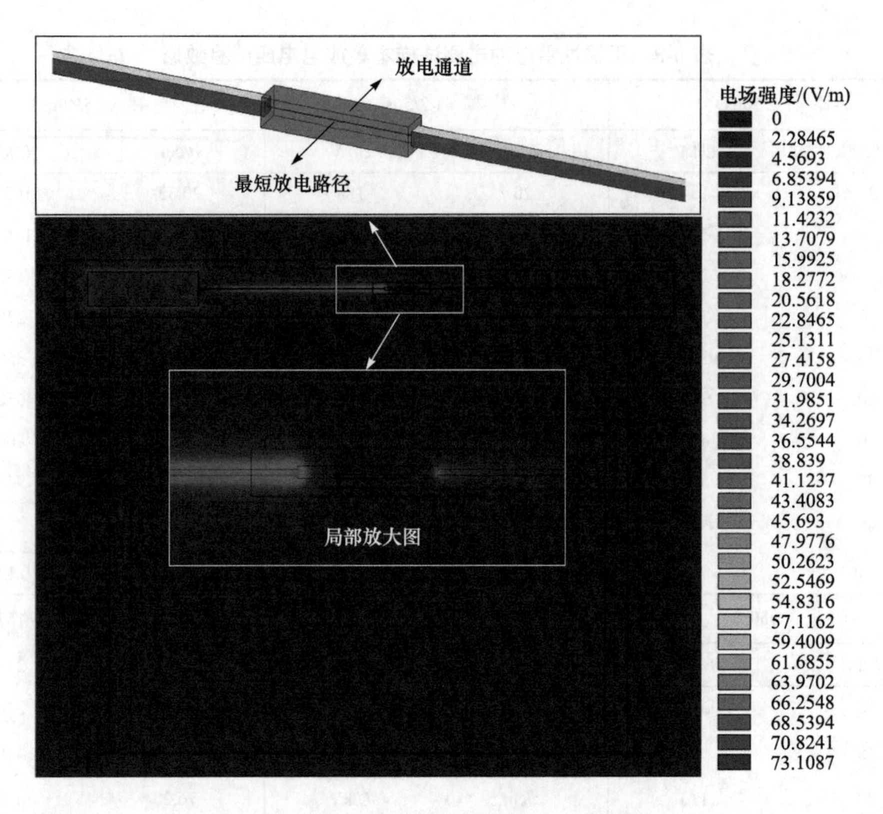

图 6-18　IEEE Std4-1995 标准棒-棒间隙电场分布云图（d=30 cm）

3. 预测结果

采用训练样本集对 SVM 进行训练，并通过 GS 算法对惩罚系数 C 和核函数参数 γ 进行参数寻优，寻优结果所得的最优参数为 C=19.6983，γ=0.25。对各个测试样本的放电电压进行预测，初始加载电压范围为 U_{min}= 0kV，U_{max}=1500kV，收敛精度设置为 ε=1V。通过黄金分割法进行多次迭代计算，最终得到测试样本的放电电压预测结果。

棒-棒、棒-板、球-板间隙测试样本集的正极性雷电冲击放电电压预测结果如表 6-9 所示。U_p 为放电电压预测值，σ 为预测值与试验值之间的相对误差。IEEE 标准棒-棒间隙正极性雷电冲击放电电压预测值与试验值对比如图 6-19 所示，图中将训练样本的预测值也一并绘出。由此可见，棒-棒间隙的预测值和试验结果吻合良好，4 种电压波形下的预测结果均有较高的准确度，绝大多数样本的相对误差均在 8%以内。需要指出的是，试验数据的误差也可能高达±8%。总体而言，预测结果的误差在可接受范围内。

表 6-9　正极性雷电冲击测试样本放电电压预测结果

棒-棒（1.2/50μs）				棒-棒（1.2/5μs）				棒-棒（1.5/40μs）			
d/cm	U/kV	U_p/kV	σ/%	d/cm	U/kV	U_p/kV	σ/%	d/cm	U/kV	U_p/kV	σ/%
25	184	183.7	−0.2	20	188	186.4	−0.9	20.32	162.5	162.1	−0.3
30	217	217.9	0.4	25	234	218.4	−6.7	22.86	176.5	178.9	1.4
35	250	249.9	−0.04	35	320	305.6	−4.5	25.4	190	189.1	−0.5
40	281	275.8	−1.9	40	362	342.0	−5.5	38.1	275	278.5	1.3
45	309	308.3	−0.2	45	405	384.8	−5.0	50.8	350	351.7	0.5
60	392	401.0	2.3	50	445	399.4	−10.3	101.6	650	661.6	1.8
70	450	467.7	3.9	60	525	504.5	−3.9	127	800	797.0	−0.4
80	510	514.2	0.8	70	605	593.1	−2.0	152.4	945	954.6	1.0
90	570	576.5	1.1	80	690	657.8	−4.7	棒-棒（1/5μs）			
120	735	740.1	0.7	90	765	739.6	−3.3	d/cm	U/kV	U_p/kV	σ/%
球-板（1/50μs）				100	845	805.7	−4.7	20.32	805.7	190.3	1.8
d/cm	U/kV	U_p/kV	σ/%	120	990	959.0	−3.1	25.4	233	221.4	−5.0
10	65	63.9	−1.7	140	1150	1092.8	−5.0	38.1	340	338.6	−0.4
15	90	89.6	−0.4	棒-板（1.2/50μs）				50.8	440	437.0	−0.7
20	113	117.1	3.6	d/cm	U/kV	U_p/kV	σ/%	76.2	640	594.4	−7.1
25	140	144.9	3.5	12.5	95	81.7	−13.7	101.6	835	850.6	1.9
30	170	172.1	1.2	25	163	157.7	−3.0	152.4	1230	1224.2	−0.5
40	235	223.3	−5.0	37.5	223	227.2	2.0	—	—	—	—
50	267	270.5	1.3	50	278	290.2	4.3				

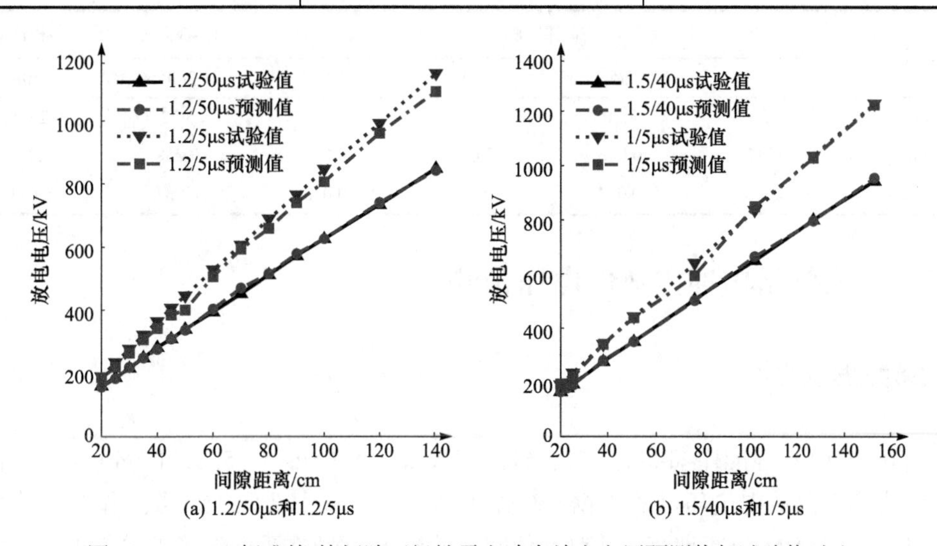

图 6-19　IEEE 标准棒-棒间隙正极性雷电冲击放电电压预测值与试验值对比

棒-板和球-板间隙正极性雷电冲击 U_{50} 预测值与试验值对比如图 6-20 所示。由此可见，球-板间隙在 1/50μs 雷电冲击下的放电电压预测值与试验值比较吻合，相对误差在

5%以内。棒-板间隙在 1.2/50μs 雷电冲击下的放电电压预测值与试验结果在趋势上有所偏差，但仍在可接受范围。除 d=12.5cm 的样本，其他样本的相对误差也在 5%以内，误差可能是由训练样本和棒-板间隙试验时的大气环境和大气参数校正方法不同引起的。

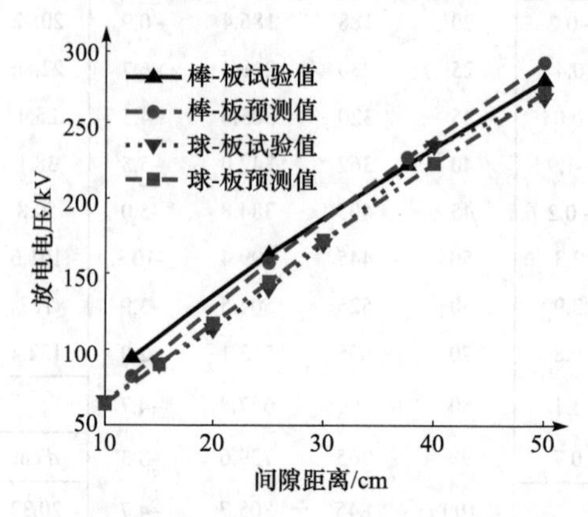

图 6-20　棒-板和球-板间隙正极性雷电冲击 U_{50} 预测值与试验值对比

各组测试样本预测结果的误差指标如表 6-10 所示。以试验值为基准，棒-棒间隙在 1.2/50μs、1.2/5μs、1.5/40μs 和 1/5μs 四种波形下的预测结果的 e_{MAPE} 分别为 1.2%、4.6%、0.9%和 2.5%；棒-板间隙和球-板间隙预测结果的 e_{MAPE} 分别为 5.8%和 2.4%。预测结果验证了提出的方法在雷电冲击放电电压预测方面的有效性。

表 6-10　棒-棒、棒-板、球-板间隙正极性雷电冲击放电电压预测结果的误差指标

误差指标	棒-棒间隙				棒-板间隙	球-板间隙
	1.2/50μs	1.2/5μs	1.5/40μs	1/5μs	1.2/50μs	1/50μs
e_{MSE}	2.26	8.20	2.01	7.16	4.72	2.00
e_{MAPE}	0.012	0.046	0.009	0.025	0.058	0.024
e_{MSPE}	0.005	0.014	0.004	0.013	0.037	0.011

6.3.2　负极性雷电冲击放电电压预测

1. 试验数据及样本

本节以 IEEE 标准棒-棒间隙在负极性 1.2/50μs、1.2/5μs、1/5μs、1.5/40μs 等 4 种冲击电压波形下的放电电压试验数据[22,23]作为样本集，从中选取少量数据作为训练样本（表 6-11），对 SVM 进行训练，并对其他间距的棒-棒间隙在不同波形下的雷电冲击放电电压进行预测研究。负极性雷电冲击测试样本集的放电电压试验数据如表 6-12 所示。在表 6-11 和表 6-12 中，d 为间隙距离，U 为放电电压。训练样本共 7 个，测试样本共 49 个，通过小样本数据集对 SVM 进行训练，可以实现多数测试样本的放电电压预测，达到减少试验工作量的效果。

表 6-11　负极性雷电冲击训练样本集

波形	d/cm	U/kV	波形	d/cm	U/kV
1.2/50μs	20	176	1.2/5μs	30	274
1.2/50μs	50	382～392*	1.5/40μs	76.2	575
1.2/50μs	100	715	1/5μs	127	1085
1.2/50μs	140	965			

表 6-12　负极性雷电冲击测试样本集放电电压试验数据　　（单位：kV）

d/cm	1.2/50μs	1.2/5μs	d/cm	1.5/40μs	1/5μs
20	—	188	20.32	183	188
25	217	232	22.86	203	209
30	249～260*	—	25.4	224	231
35	283～306*	316	30.48	259～271*	273
40	313～348*	358	35.56	293～318*	315
45	347～375*	405	38.1	309～342*	335
50	—	449	40.64	323～359*	360
60	455	535	45.72	360～386*	400
70	525	625	50.8	395～415*	445
80	585	710	63.5	490	550
90	670	790	76.2	—	660
100	—	880	101.6	740	875
120	835	1040	127	910	—
140	—	1120	152.4	1070	1300

根据图 6-17 中的试验布置，定义放电通道为两个棒电极之间的方形区域，其边长为棒电极边长的 2 倍；最短放电路径为两棒电极端部截面中心的连线。建立棒-棒间隙在各个间距下的三维有限元模型，对其电场分布进行仿真计算，并对计算结果进行后处理，提取各个电场分布特征量。同时，对各个冲击电压波形下的波形特征量进行求取，可以得到各个样本的储能特征集。

2. 预测结果

采用 GS 算法对 SVM 进行参数寻优，最优参数为 C=59.71，γ=0.0884。在该参数下，训练样本集具有最高的分类准确率 97.96%。经过训练和优化后，采用 SVM 对各个测试样本的放电电压进行预测，设初始加载电压范围为 $U_{\min} = 0\text{kV}$，$U_{\max} = 2000\text{kV}$，收敛精度ε=1V。采用黄金分割法进行多次迭代，可以得到 4 种波形下不同间距的测试样本放电电压预测结果（表 6-13）。

表 6-13　负极性雷电冲击测试样本放电电压预测结果

d/cm	1.2/50μs			1.2/5μs		
	U/kV	U_p/kV	σ/%	U/kV	U_p/kV	σ/%
20	—	—	—	188	185.5	−1.3
25	217	207.0	−4.6	232	229.1	−1.3
30	249～260*	244.2	−4.1	—	—	—
35	283～306*	287.0	−2.6	316	330.6	4.6
40	313～348*	317.9	−3.8	358	366.5	2.4
45	347～375*	361.1	0.03	405	412.4	1.8
50	—	—	—	449	437.7	−2.5
60	455	469.9	3.3	535	556.5	4.0
70	525	542.5	3.3	625	644.2	3.1
80	585	587.9	0.5	710	695.5	−2.0
90	670	661.4	−1.3	790	781.0	−1.1
100	—	—	—	880	843.8	−4.1
120	835	855.8	2.5	1040	1006.8	−3.2
140	—	—	—	1120	1106.6	−1.2

d/cm	1.5/40μs			1/5μs		
	U/kV	U_p/kV	σ/%	U/kV	U_p/kV	σ/%
20.32	183	180.0	−1.6	188	193.0	2.7
22.86	203	198.3	−2.3	209	217.4	4.0
25.4	224	215.1	−4.0	231	221.6	−4.1
30.48	259～271*	258.7	−2.4	273	292.7	7.2
35.56	293～318*	292.9	−4.1	315	334.3	6.1
38.1	309～342*	316.1	−2.9	335	364.9	8.9
40.64	323～359*	334.6	−1.9	360	388.5	7.9
45.72	360～386*	362.0	−3.0	400	418.9	4.7
50.8	395～415*	399.7	−1.3	445	465.9	4.7
63.5	490	500.1	2.1	550	597.4	8.6
76.2	—	—	—	660	646.4	−2.1
101.6	740	739.3	−0.1	875	890.8	1.8
127	910	909.3	−0.08	—	—	—
152.4	1070	1059.1	−1.0	1300	1219.3	−6.2

如图 6-21 所示为 IEEE 标准棒-棒间隙的负极性雷电冲击放电电压预测值与试验值的对比，图中同时绘出了训练样本的预测结果。由此可见，SVM 的预测结果与试验值整

体上吻合良好，放电电压预测值和间隙距离的关系与试验结果具有相同的趋势，预测结果的最大相对误差为 8.9%，绝大多数测试样本的预测值与试验值的相对误差均在 8%以内。需要指出的是，表 6-11 和表 6-12 中的放电电压试验值是由不同实验室得到的平均结果。这些数据本身也存在一定的分散性，部分试验结果的误差可达±8%。从工程角度来看，上述预测结果的准确度可以满足要求。

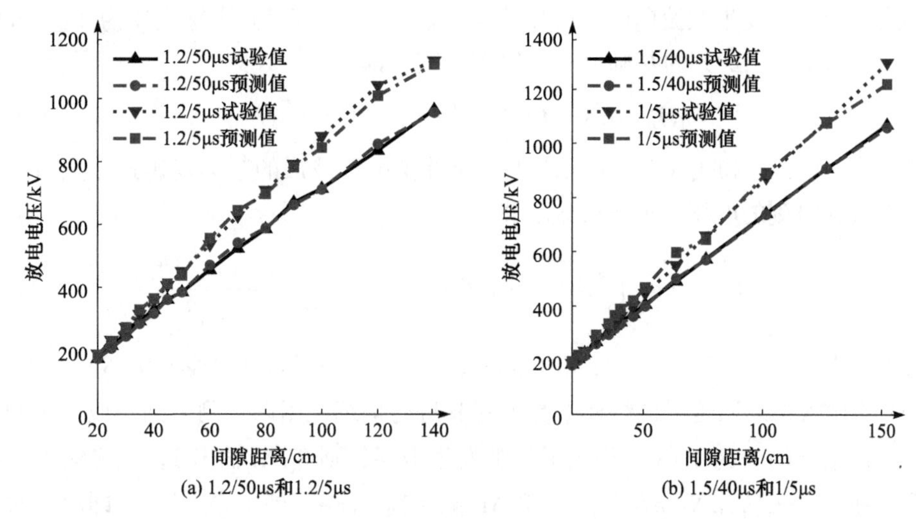

图 6-21　IEEE 标准棒-棒间隙负极性雷电冲击放电电压预测值与试验值对比

各组测试样本预测结果的误差指标如表 6-14 所示。以试验值为基准，棒-棒间隙在 1.2/50μs、1.2/5μs、1.5/40μs 和 1/5μs 雷电冲击电压波形下的测试样本预测结果的 e_{MAPE} 分别为 2.6%、2.5%、2.1%和 5.3%，全部 49 个测试样本预测结果的 e_{MAPE} 为 3.2%。上述误差指标验证了预测方法和模型的有效性和准确性。由此可见，通过合理选取的少量试验数据作为训练样本，可以预测得到棒-棒间隙在不同间隙距离和不同冲击电压波形下的放电电压值，采用 SVM 预测模型替代一部分的试验，可以大幅减少试验工作量。

表 6-14　棒-棒间隙负极性雷电冲击放电电压预测结果的误差指标

误差指标	1.2/50μs	1.2/5μs	1.5/40μs	1/5μs
e_{MSE}	3.83	6.48	2.19	8.65
e_{MAPE}	0.026	0.025	0.021	0.053
e_{MSPE}	0.009	0.008	0.007	0.016

6.3.3　雷电冲击伏秒特性预测

1. 预测方法

根据本书预测方法的思想，空气间隙的击穿是空间特征（电场分布）和时间特征（电压波形）共同作用的结果，采用电压波形积分可以表征冲击电压施加在间隙上的累积过程，从施加电压到间隙击穿这一时间段的电压波形积分可以表征间隙之间能量积累至放电的过程。图 6-22 中不同电压峰值的冲击电压波形的阴影部分是上述电压波形积分，记为 S_1、S_2 和 S_3。当击穿发生在波尾时，击穿电压为电压峰值 U_{max}，已知电压波形的波前时间 T_f 和半峰值时间 T_2，我们可以通过求解式（2.29）获得雷电冲击电压波形的数学表达式；当击穿发生在波前时，电压峰值 U_{max} 未知，若已知击穿电压为 U_b，放电时间为 T_b，可在式（2.29）的基础上添加以下方程，即

$$u(T_0+T_b)=A[e^{-\alpha(T_0+T_b)}-e^{-\beta(T_0+T_b)}]=U_b \tag{6.11}$$

通过联立式（2.29）和式（6.11）可求得雷电冲击电压波形的数学表达式。然后，可进一步求得击穿时刻的电压波形积分 S_b，即

$$S_b=\int_0^{T_b}u(t)dt=\int_0^{T_b}A(e^{-\alpha t}-e^{-\beta t})dt=A\left(\frac{1-e^{-\alpha T_b}}{\alpha}-\frac{1-e^{-\beta T_b}}{\beta}\right) \tag{6.12}$$

将击穿电压 U_1、U_2 和 U_3，放电时间 t_1、t_2 和 t_3，以及电压波形积分 S_1、S_2 和 S_3 作为 SVM 的输入，采用若干训练样本数据对其进行训练，用以预测得到其他样本的伏秒交点，若在给定的（U_x, t_x, S_x）作用下间隙发生击穿，则 SVM 输出 1，反之输出−1，此时继续施加（$U_x+\Delta U, t_x, S_x+\Delta S$），直至 SVM 输出 1。$U_x+\Delta U$ 即击穿电压，t_x 即放电时间，两者的交点即伏秒特性曲线的一个点，$\Delta U/U_x$ 即预测结果的相对误差。由于本书提出的 SVM 的输出对应于击穿电压，上述伏秒特性曲线预测方法相当于给定电压波形，判断间隙在某一时刻 t_x 击穿需要施加多大的电压峰值。此外，为了使 SVM 能够预测不同间隙结构的伏秒特性，我们将电场分布特征也作为输入参量。

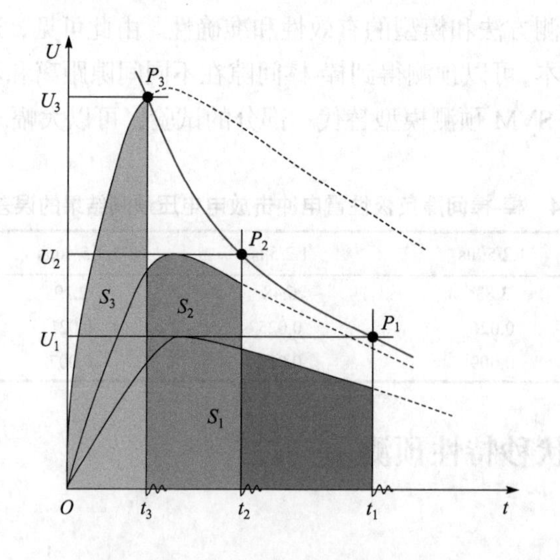

图 6-22 伏秒特性与电压波形积分

2. 预测算例

文献[27]通过试验获得了棒-棒空气间隙在正、负极性 1.2/50μs 和 1.2/4μs 雷电冲击电压作用下的伏秒特性曲线。试验时，棒-棒电极竖直布置，一端施加高压，一端接地，接地棒端部距地面 1.4m；棒电极为长 0.4m、直径 1cm 的圆柱形黄铜棒，端部倒角；间距 d 为 10cm 和 20cm。试验时，对于伏秒特性曲线上的每个数据点，均加载 5 次具有相同幅值的冲击电压，若每次均发生放电，则将放电时间的平均值和冲击电压峰值作为该数据点的横坐标和纵坐标；若有一次冲击没有引起间隙击穿，则再施加 10 次冲击电压，若均引起放电，则认为试验满足要求。本节从文献[27]给出的伏秒特性曲线中提取试验数据点（表 6-15 和表 6-16），从中选取训练样本集和测试样本集，用以验证 SVM 预测伏秒特性曲线的效果。其中，训练样本集为 1.2/50μs 标准雷电冲击电压下 d=10cm 和 d=20cm 的若干数据，测试样本集为 1.2/50μs 和 1.2/4μs 两种雷电冲击电压波形下的数据，正、负极性预测模型的训练样本均为 6 个，测试样本均为 34 个。

表 6-15　棒-棒间隙正极性伏秒特性试验结果（样本数据）

样本集	d/cm	波形	T_b/μs	U_b/kV	样本集	d/cm	波形	T_b/μs	U_b/kV
训练样本集	10	1.2/50μs	0.72	197.57	训练样本集	20	1.2/50μs	1.05	310.51
			1.17	143.56				2.17	206.86
			2.08	102.07				3.30	171.34
测试样本集	10	1.2/50μs	0.74	193.35	测试样本集	10	1.2/4μs	0.68	196.90
			0.77	184.57				0.75	189.75
			0.82	178.67				0.84	181.61
			0.86	172.50				0.95	166.65
			0.87	167.80				0.97	160.14
			1.01	162.44				1.04	153.32
			1.11	153.66				1.10	143.88
			1.39	132.82				1.16	133.79
			1.50	118.18				1.39	119.15
			—	—				1.59	114.43
	20	1.2/50μs	1.14	298.43		20	1.2/4μs	1.11	276.78
			1.22	291.87				1.25	262.58
			1.31	279.79				1.33	250.68
			1.43	267.74				1.58	233.82
			1.53	255.84				1.78	220.51
			1.72	240.94				2.25	207.18
			1.82	223.54				3.00	198.31
			2.40	187.31				—	—

表 6-16　棒-棒间隙负极性伏秒特性试验结果（样本数据）

样本集	d/cm	波形	T_b/μs	U_b/kV	样本集	d/cm	波形	T_b/μs	U_b/kV
训练样本集	10	1.2/50μs	0.54	208.84	训练样本集	20	1.2/50μs	1.14	325.24
			1.24	149.01				1.99	241.56
			2.36	107.97				3.79	188.70
测试样本集	10	1.2/50μs	0.59	204.14	测试样本集	10	1.2/4μs	0.72	204.29
			0.60	202.02				0.74	198.30
			0.66	201.39				0.79	189.68
			0.70	196.51				0.86	184.83
			0.72	191.86				0.90	176.73
			0.78	188.58				1.00	171.53
			0.80	181.11				1.02	162.12
			0.89	173.94				1.16	150.61
			1.02	167.13				1.26	137.15
			1.42	135.02				1.58	122.40
			2.17	116.75				1.80	120.46
	20	1.2/50μs	1.21	311.77		20	1.2/4μs	1.29	276.65
			1.29	301.13				1.46	260.50
			1.42	288.18				1.76	246.50
			1.47	274.33				2.13	233.21
			1.64	259.65				2.63	225.23
			2.22	222.04				—	—
			2.64	205.40					

根据试验布置建立棒-棒间隙的有限元模型，对其进行电场计算并提取电场特征量；根据式（2.29）、式（6.11）和式（6.12）求取各个样本对应的电压波形积分 S_b；将 28 维电场特征量与（U_b, t_b, S_b）共同作为 SVM 的输入，采用表 6-15 和表 6-16 中的训练样本对其进行训练，将 1.2/50μs 和 1.2/4μs 波形下 d=10cm 和 d=20cm 的样本进行混合预测，得到各个测试样本在给定放电时间 t_b 下能够击穿所需的击穿电压 U_b。

采用相关性分析法对电场特征量进行降维，剔除与击穿电压相关系数小于 0.3 和互相关系数大于 0.9 的特征量，正、负极性伏秒特性预测的输入特征维数均为 11 维。采用改进 GS 算法进行参数寻优，正极性伏秒特性预测模型的最优参数为 C=256，γ=0.25，预测结果的误差指标为 e_{SSE}=3256.2334、e_{MSE}=1.6783、e_{MAPE}=0.0374、e_{MSPE}=0.0085；负极性伏秒特性预测模型的最优参数为 C=147.033、γ=0.25，预测结果的误差指标为 e_{SSE}=1603.2663、e_{MSE}=1.1777、e_{MAPE}=0.0247、e_{MSPE}=0.0057。

棒-棒间隙在正、负极性雷电冲击电压作用下的伏秒特性预测结果如图 6-23 和图 6-24 所示。由此可见，标准雷电冲击波形 1.2/50μs 作用下的伏秒特性预测结果与试验结果吻合良好，而 1.2/4μs 波形的预测结果与试验结果有所偏差。这是因为训练样本集选取的是 1.2/50μs 下的数据，对于与训练样本集具有类似特征分布的测试样本具有更好的预测效果。

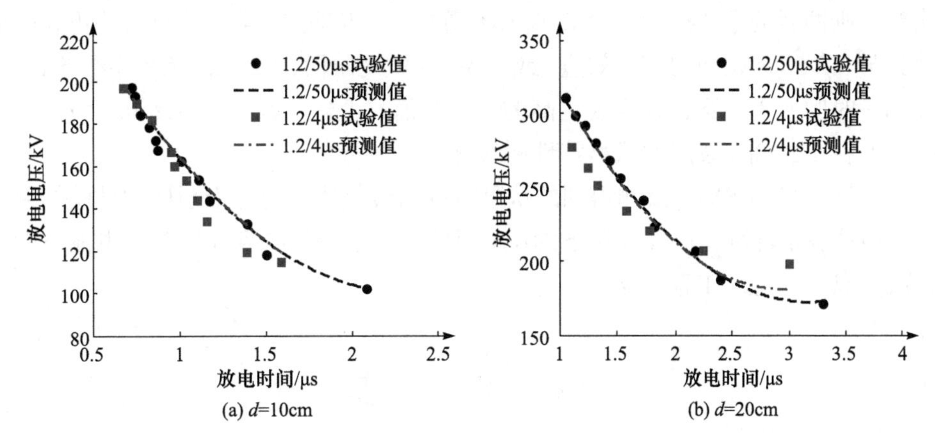

图 6-23　棒-棒间隙在正极性雷电冲击电压作用下的伏秒特性预测结果

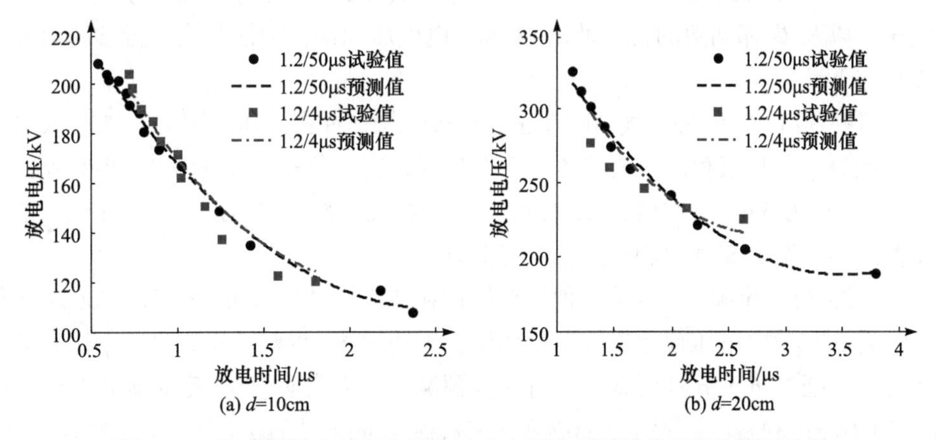

图 6-24　棒-棒间隙在负极性雷电冲击电压作用下的伏秒特性预测结果

从图 6-23 和图 6-24 中的伏秒特性预测结果可以得出以下结论。

（1）当间隙击穿发生在波前阶段时，1.2/50μs 和 1.2/4μs 波形的击穿电压基本一致，其伏秒特性曲线几乎重合，这与理论预期是相符的。由于两种波形的波前时间相同，波前阶段施加在间隙上的能量也应一致，其放电时间应具有等同性，而两种冲击电压波形作用下在波前阶段的试验结果有所偏差，这是由于试验时两种波形的波前时间并不完全一致。文献[27]指出，试验时标准雷电波的波前时间实际上是 1.1μs，而短波尾的非标准雷电波的波前时间实际上是 0.9μs。本书预测方法采用的电压波形特征量完全通过理论公式计算得到，没有考虑试验时的误差，其波前时间均设置为 1.2μs，这也是造成 1.2/4μs 波形下的伏秒特性预测曲线与试验结果有偏差的原因。

（2）当放电时间延长，直至间隙击穿发生在波尾阶段时，1.2/50μs 和 1.2/4μs 波形的击穿电压出现差异，1.2/4μs 波形的伏秒特性曲线在 1.2/50μs 之上，当间隙较长时，这种差异更加明显。这是因为短波尾的雷电波在波尾阶段施加在间隙上的电压小于标准雷电波。当冲击电压幅值升高至足够引起间隙击穿时，若要与标准雷电波在同一电压峰值下发生击穿，则两者的电压波形积分 S_b 应具有等同性，因此 1.2/4μs 波形需要更长的放电时延达到与 1.2/50μs 相同的破坏效应，或者说，在波尾阶段，1.2/4μs 波形若要与 1.2/50μs 波形在同一时间发生击穿，则需要更高的电压幅值。上述原因导致 1.2/4μs 波形的伏秒特性曲线应在 1.2/50μs 波形的伏秒特性曲线之上。

综上所述，采用 SVM 预测得到的伏秒特性曲线整体上与理论预期和试验结果具有一致性，通过少量标准雷电波作用下的试验数据，可以预测得到非标准雷电波下的伏秒特性曲线，具有一定的工程意义。

6.4 小 结

本章采用空气绝缘预测模型对棒-板、棒-棒、棒-线等长空气间隙结构的操作冲击 50%放电电压，以及棒-棒间隙的雷电冲击 50%放电电压和伏秒特性曲线进行预测研究，具体可概括如下。

（1）对棒-板和棒-棒长空气间隙在正、负极性操作冲击电压作用下的 50%放电电压分别进行预测，预测值和试验值整体上吻合良好，正、负极性棒-板和棒-棒间隙预测结果的 e_{MAPE} 依次为 3.6%、3.25%、3.5%和 3.8%，绝大多数样本的预测值均在试验值的标准偏差范围内，说明 SVM 具有较高的预测精度。

（2）对棒-板、棒-棒、棒-线 3 种间隙结构在负极性 20/2500μs 和 80/2500μs 操作冲击电压下的 50%放电电压预测进行混合建模，采用棒-板和棒-棒间隙共 6 个试验数据作为训练样本，通过黄金分割搜索法进行迭代预测。结果表明，棒-板间隙在 T_f=20μs 和 T_f=80μs 时预测值的 e_{MAPE} 分别为 6.0%和 5.8%；棒-棒间隙的 e_{MAPE} 分别为 6.3%和 3.2%；棒-线间隙在 T_f=80μs 时的 7 个测试样本预测值的 e_{MAPE} 仅为 1.7%。可见，在一定的应用场合下，SVM 可替代成本高、周期长的长空气间隙放电试验研究，大幅减少试验次数，降低试验费用。

（3）采用 SVM 对 IEEE Std4-1995 标准棒-棒间隙在正、负极性不同波形下的雷电冲击放电电压进行预测，在正极性下，预测值和试验值基本一致，棒-棒间隙在 1.2/50μs、1.2/5μs、1.5/40μs 和 1/5μs4 种波形下的预测结果的 e_{MAPE} 分别为 1.2%、4.6%、0.9%和 2.5%；棒-板间隙和球-板间隙在 1.2/50μs 和 1/50μs 下预测结果的 e_{MAPE} 分别为 5.8%和 2.4%。在负极性下，棒-棒间隙在 1.2/50μs、1.2/5μs、1.5/40μs 和 1/5μs 雷电冲击电压波形下的测试样本预测结果的 e_{MAPE} 分别为 2.6%、2.5%、2.1%和 5.3%，全部 49 个测试样本预测结果的 e_{MAPE} 为 3.2%。预测结果证明了 SVM 应用于空气间隙雷电冲击放电电压预测的有效性。

（4）采用 SVM 对棒-棒间隙在正、负极性 1.2/50μs 和 1.2/4μs 雷电冲击电压作用下的伏秒特性曲线分别进行预测。预测结果整体上与理论预期和试验结果具有一致性，通过少量标准雷电波作用下的试验数据，可以预测得到非标准雷电波下的伏秒特性曲线，具有一定的工程意义。

参 考 文 献

[1] 严璋, 朱德恒. 高电压绝缘技术[M]. 2 版. 北京: 中国电力出版社, 2007.

[2] 万启发，霍锋，谢梁，等. 长空气间隙放电特性研究综述[J]. 高电压技术，2012，38（10）：2499-2505.

[3] General Electric. Transmission line reference book-345 kV and above[M]. 2nd ed. Palo Alto: Electric Power Research Institute, 1982.

[4] Lings R. EPRI AC transmission line reference book-200 kV and above[M]. 3rd ed. Palo Alto: Electric Power Research Institute, 2005.

[5] Les Renardières Group. Positive discharges in long air gap discharges at Les Renardières-1975 results and conclusions[J]. Electra, 1977, （53）: 31-153.

[6] Les Renardières Group. Negative discharges in long air gap discharges at Les Renardières-1978 results[J]. Electra, 1981, （74）: 67-216.

[7] Cortina R, Garbagnati E, Pigini A, et al. Switching impulse strength of phase-to-earth UHV external insulation-research at the 1000 kV project[J]. IEEE Transactions on Power Apparatus and Systems, 1985, 104（11）: 3161-3168.

[8] Gallet G, Leroy G, Lacey R, et al. General expression for positive switching impulse strength valid up to extra long air gaps[J]. IEEE Transactions on Power Apparatus and Systems, 1975, 94（6）: 1989-1993.

[9] Kishizima I, Matsumoto K, Watanabe Y. New facilities for phase-to-phase switching impulse tests and some test results[J]. IEEE Transactions on Power Apparatus and Systems, 1984, 103（6）: 1211-1216.

[10] International Electrotechnical Commission（IEC）. Insulation coordination. part 2: application guide: IEC 60071-2: 1996[S]. Geneva: IEC, 1996: 187-197.

[11] Rizk F A M. A model for switching impulse leader inception and breakdown of long air gaps[J]. IEEE Transactions on Power Delivery, 1989, 4（1）: 596-606.

[12] Rizk F A M. Switching impulse strength of air insulation: leader inception criterion[J]. IEEE

Transactions on Power Delivery, 1989, 4（4）: 2187-2195.

[13] Carrara G, Thione L. Switching surge strength of large air gaps: a physical approach[J]. IEEE Transactions on Power Apparatus and Systems, 1976, 95（2）: 512-524.

[14] 陈维江, 曾嵘, 贺恒鑫. 长空气间隙放电研究进展[J]. 高电压技术, 2013, 39（6）: 1281-1295.

[15] Paris L. Influence of air gap characteristics on line-to-ground switching surge strength[J]. IEEE Transactions on Power Apparatus and Systems, 1967, 86（8）: 936-947.

[16] Paris L, Cortina R. Switching and lightning impulse discharge characteristics of large air gaps and long insulator strings[J]. IEEE Transactions on Power Apparatus and Systems, 1968, 87（4）: 947-957.

[17] Thione L, Pigini A, Allen N L, et al. Guidelines for the evaluation of the dielectric strength of external insulation[R]. Paris: CIGRE Brochure, 1992.

[18] Watanabe Y. Switching surge flashover characteristics of extremely long air gaps[J]. IEEE Transactions on Power Apparatus and Systems, 1967, 86（8）: 933-936.

[19] 邱志斌, 阮江军, 唐烈峥, 等. 空气间隙的储能特征与放电电压预测[J]. 电工技术学报, 2018, 33(1): 185-194.

[20] Wang Y, Wen X S, Lan L, et al. Breakdown characteristics of long air gap with negative polarity switching impulse[J]. IEEE Transactions on Dielectrics and Electrical Insulation, 2014, 21（2）: 603-611.

[21] Qiu Z B, Ruan J J, Xu W J, et al. Energy storage features and a predictive model for switching impulse flashover voltages of long air gaps[J]. IEEE Transactions on Dielectrics and Electrical Insulation, 2017, 24（5）: 2703-2711.

[22] The Subcommittee on Correlation of Laboratory Data of EEI-NEMA Joint Committee on Insulation Co-ordination. Flashover characteristics of rod gaps and insulators[J]. Transactions of the American Institute of Electrical Engineers, 1937, 56（6）: 712-714.

[23] Power System Instrumentation and Measurements Committee of the IEEE Power Engineering Society. IEEE standard techniques for high-voltage testing: IEEE Std4-1995[S]. New York: IEEE, 1995: 111-114.

[24] Mavroidis P N, Mikropoulos P N, Stassinopoulos C A. Discharge characteristics in short rod-plane gaps under lightning impulse voltages of both polarities[C]//The 42nd International Universities Power Engineering Conference, 2007: 1070-1074.

[25] Abdullah M, Kuffel E. Development of spark discharge in nonuniform field gaps under impulse

voltages[J]. Proceedings of the Institution of Electrical Engineering, 1965, 112（5）: 1018-1024.

[26] Qiu Z B, Ruan J J, Huang C P, et al. A numerical approach for lightning impulse flashover voltage prediction of typical air gaps[J]. Journal of Electrical Engineering and Technology, 2018, 13（3）: 1326-1336.

[27] Ancajima A, Carrus A, Cinieri E, et al. Breakdown characteristics of air spark-gaps stressed by standard and short-tail lightning impulses: experimental results and comparison with time to sparkover models[J]. Journal of Electrostatics, 2007, 65（5/6）: 282-288.

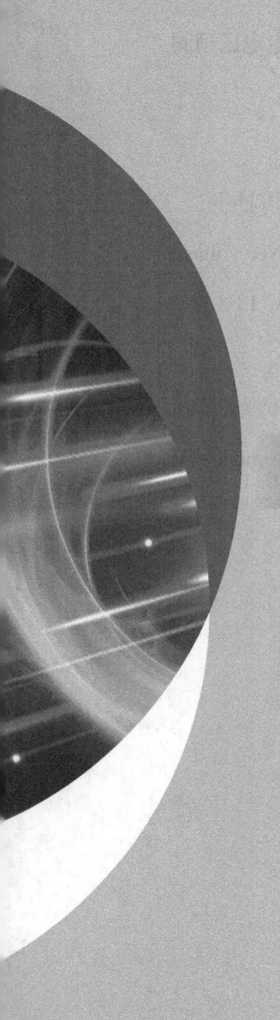

第 7 章

空气绝缘预测模型的工程应用

输变电工程间隙结构复杂多样，目前主要通过试验研究获取实际工程间隙放电电压的变化规律，并用以校验绝缘配合设计的合理性。然而，大尺度的真型试验往往不易开展，试验工作量大、周期长、成本高，且试验研究难以穷举各类工程间隙结构，得到的放电电压与间隙距离的拟合关系往往局限于特定的间隙结构和试验布置。因此，一旦间隙结构发生改变就需要重复进行试验验证，若能实现工程间隙结构放电电压的准确预测，那么对于指导输变电工程外绝缘的优化设计将具有重要意义。

为了验证本书预测方法的工程应用价值，本章选取输电线路绝缘子串并联间隙、输电线路导线-杆塔间隙，以及直升机带电作业组合空气间隙 3 种常见的工程间隙结构作为研究对象，采用提出的 SVM 对其放电电压进行预测研究。首先建立工程间隙结构的三维有限元仿真模型，对其进行静电场仿真计算，从计算结果中提取电场分布特征量，合理选取训练样本对 SVM 进行训练，实现工程间隙结构的放电电压预测。

7.1　输电线路绝缘子串并联间隙的放电电压预测

绝缘子串并联间隙是用于架空输电线路防雷保护的空气间隙装置，是空气绝缘在输变电工程中的典型应用之一，一般由安装在绝缘子串高压侧和接地侧的金属电极和连接金具组成。近年来，国内部分高校和科研院所针对不同结构并联间隙的雷电冲击特性、绝缘配合及导弧性能等开展了大量研究工作，积累了许多有益的试验数据。限于试验条件，本书选取 220kV 输电线路绝缘子串并联间隙的雷电冲击 50%放电电压试验数据作为参照[1,2]，采用提出的 SVM 预测对其 U_{50} 进行预测，验证模型在工程间隙结构放电电压预测方面的适用性。

7.1.1　试验数据及样本

文献[1]、[2]中的试验在特高压工程技术（昆明）国家工程实验室的户外试验场进行，试验电压波形为负极性 1.2/50μs 标准雷电冲击电压波形，涉及的绝缘子类型包括 XP-70 瓷绝缘子（14 片串）和 FXBW4-220/100 复合绝缘子，并联间隙结构包括棒形电极和环形电极间隙。对于瓷绝缘子串棒形并联间隙，间隙距离为 1.722m 和 1.836m；对于复合绝缘子棒形并联间隙，间隙距离为 1.744m、1.844m 和 1.944m；对于复合绝缘子环形并联间隙，间隙距离为 1.644m、1.744m 和 1.844m。

由于试验基地为高海拔地区（海拔高度为 2100m），而预测采用的训练样本为零海拔地区棒-棒间隙的放电电压试验数据，因此需要根据海拔修正公式将试验数据校正至零海拔条件。国内外提出多种空气间隙放电电压的海拔修正公式，其中对于雷电冲击，GB 311.1—2012[3]（IEC 60071-1:2006）和文献[4]、[5]给出的海拔修正公式分别为

$$K_{a1} = e^{\frac{H}{8150}} \tag{7.1}$$

$$K_{a2} = \frac{1}{1-10^{-4}H} \tag{7.2}$$

$$K_{a3} = \frac{1}{1-10^{-4}\cdot 0.9H} \tag{7.3}$$

式中，H 为海拔高度。

文献[1]，[2]给出的高海拔地区 220kV 绝缘子串并联间隙的 50%放电电压试验值及标准偏差如表 7-1 中 U_{50t} 和 σ 所示，分别采用式（7.1）～式（7.3）将试验结果校正至零海拔条件，如表 7-1 中 U_{50c1}、U_{50c2}、U_{50c3} 所示，然后用于与预测值进行对比。

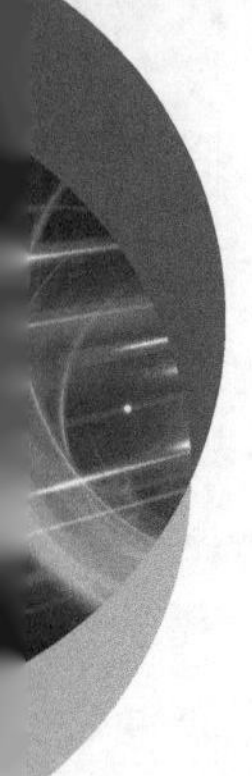

表 7-1　220kV 绝缘子串并联间隙的 U_{50} 试验值

绝缘子类型	并联间隙	U_{50t}/kV	U_{50c1}/kV	U_{50c2}/kV	U_{50c3}/kV	σ/%
瓷绝缘子串	棒形 1.722m	938.3	1214.1	1187.7	1157.0	2.65
	棒形 1.836m	1049.6	1358.1	1328.6	1294.2	2.25
复合绝缘子	棒形 1.744m	793.2	1026.3	1004.1	978.1	4.68
	棒形 1.844m	876.4	1134.0	1109.4	1080.6	3.65
	棒形 1.944m	966.5	1250.6	1223.4	1191.7	3.25
复合绝缘子	环形 1.644m	852.0	1102.4	1078.5	1050.6	—
	环形 1.744m	891.0	1152.9	1127.9	1098.6	—
	环形 1.844m	954.4	1234.9	1208.1	1176.8	—

7.1.2　电场仿真计算

根据文献[1], [2]给出的绝缘子和并联间隙电极结构参数，以及试验布置情况，建立的仿真模型如图 7-1 所示。并联间隙的棒电极或环电极均安装于绝缘子两端，其中棒形并联间隙的棒电极长度为 35cm，棒端部为直径 5cm 的球头。环形并联间隙由环电极、棒电极和 L 形连接棒组成，环电极为内径 30cm 的开口圆环，开口间距为 2cm；棒电极长度为 30cm，棒端部为直径 4cm 的球头；L 形连接棒的垂直高度为 5cm，水平长度为 15cm[2]。

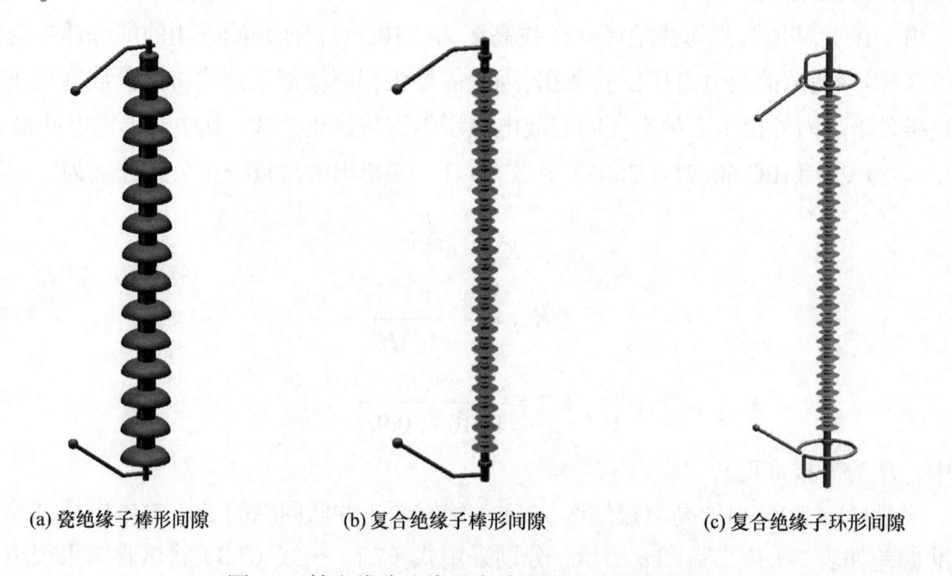

(a) 瓷绝缘子棒形间隙　　(b) 复合绝缘子棒形间隙　　(c) 复合绝缘子环形间隙

图 7-1　输电线路绝缘子串并联间隙的仿真模型

对上述模型进行静电场计算，定义并联间隙高压侧电极和接地侧电极端部球头之间的最短直线路径为最短放电路径，以球径为直径的圆柱状区域为放电通道，对电极附近区域及放电通道进行加密剖分；对绝缘子高压侧金具及并联间隙电极施加电位 1V，对绝缘子低压侧金具及并联间隙电极施加零电位。以 1.722m 瓷绝缘子棒形并联间隙、1.744m 复合绝缘子棒形并联间隙和 1.744m 复合绝缘子环形并联间隙为例，其电场分布云图如图 7-2 所示。由此可见，并联间隙高压电极附近存在电场集中，电极端部场强高于绝缘子端部金具场强；电场沿最短放电路径逐渐减小，在低压端电极附近也有一定的电场集中，但场强较小。此外，对于间隙距离相差不大的瓷绝缘子和复合绝缘子棒形并

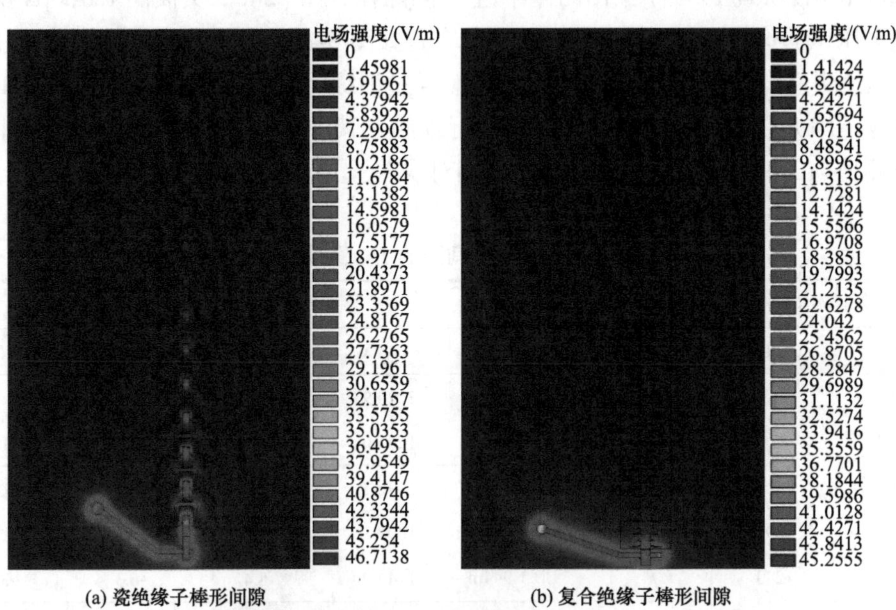

(a) 瓷绝缘子棒形间隙　　(b) 复合绝缘子棒形间隙

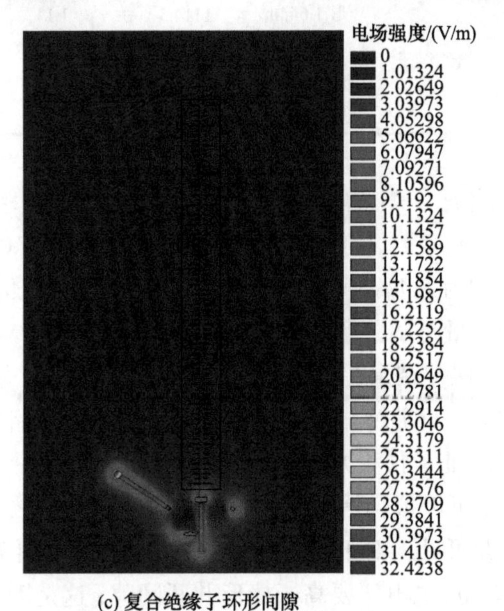

(c) 复合绝缘子环形间隙

图 7-2　输电线路绝缘子串并联间隙的电场分布云图

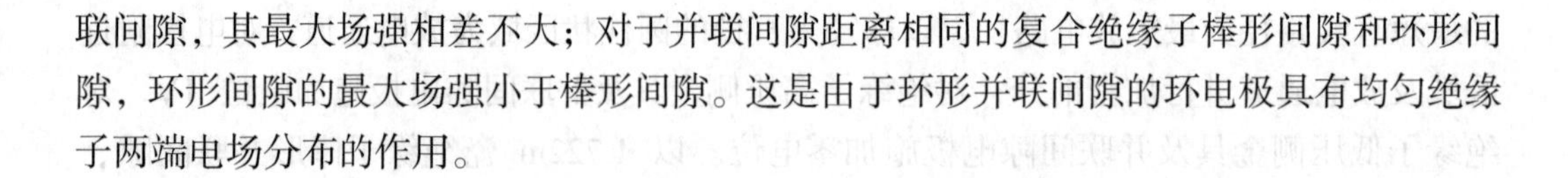

联间隙，其最大场强相差不大；对于并联间隙距离相同的复合绝缘子棒形间隙和环形间隙，环形间隙的最大场强小于棒形间隙。这是由于环形并联间隙的环电极具有均匀绝缘子两端电场分布的作用。

7.1.3 预测结果及分析

选取 IEEE Std4-1995 中给出的棒-棒空气间隙在 d=1～2m 的负极性 1.2/50μs 雷电冲击放电电压试验值作为训练样本集。其试验布置如图 6-17 所示。220kV 绝缘子串并联间隙的 U_{50} 预测值与试验值对比如表 7-2 所示。经过训练后，采用 SVM 分别对表 7-1 中的 3 种绝缘子串并联间隙结构的放电电压进行预测，其中 U_{50p} 为预测值，σ_1、σ_2 和 σ_3 分别为预测值与 U_{50c1}、U_{50c2} 和 U_{50c3} 之间的相对误差。

表 7-2　220kV 绝缘子串并联间隙的 U_{50} 预测值与试验值对比

训练样本集		预测结果					
d/m	U_{50}/kV	绝缘子类型	并联间隙	U_{50p}/kV	σ_1/%	σ_2/%	σ_3/%
1.0	715	瓷绝缘子串	棒形 1.722m	1210.9	−0.3	1.9	4.7
1.2	835		棒形 1.836m	1275.0	−6.1	−4.0	−1.5
1.4	965	复合绝缘子	棒形 1.744m	1036.3	1.0	3.2	6.0
1.6	1090		棒形 1.844m	1097.3	−3.2	−1.1	1.5
1.8	1240		棒形 1.944m	1145.9	−8.4	−6.3	−3.8
2.0	1340	复合绝缘子	环形 1.644m	1114.5	1.1	3.3	6.1
—	—		环形 1.744m	1118.5	3.1	5.4	8.2
—	—		环形 1.844m	1246.7	1.0	3.2	5.9

从表 7-2 可以看出，绝缘子串并联间隙的 50%放电电压预测结果与试验值比较接近，相比 3 种海拔校正结果，8 个测试样本预测值的 e_{MAPE} 分别为 3.03%、3.55%和 4.71%，最大绝对百分比误差分别为 8.4%、6.3%和 8.2%。由于电场仿真模型与实际试验布置存在一定的差异，电场特征量与试验条件下的电场分布有所偏差，这是引起预测结果误差的原因之一。总体而言，误差结果在工程应用可接受的范围内，采用 6 个棒-棒间隙的放电电压试验数据对 SVM 进行训练，基本可以预测得到输电线路绝缘子串并联间隙的雷电冲击 50%放电电压，验证了预测方法的有效性。

根据上述预测结果，可以拟合得到绝缘子串并联间隙 50%放电电压与间隙距离的关系，如图 7-3 所示。由此可见，对于复合绝缘子，在并联间隙距离相同的情况下，环形并联间隙的雷电冲击 50%放电电压要高于棒形并联间隙，这是因为环形并联间隙的环电极具有均匀绝缘子两端电场分布的作用，相比于棒形并联间隙来说，其电场分布更加均匀；当棒形并联间隙间距相近时，瓷绝缘子串并联间隙的 50%放电电压要高于复合绝缘子并联间隙，这是因为瓷绝缘子串中间存在铁帽、钢脚等悬浮电极，使其电场分布较复合绝缘子更加均匀。此外，在相近的间隙距离下，瓷绝缘子串棒形并联间隙的 50%放电电压也要高于复合绝缘子环形并联间隙。上述结论与文献[1]、[2]试验结果所呈现出的规律一致，进一步验证了预测结果的合理性。

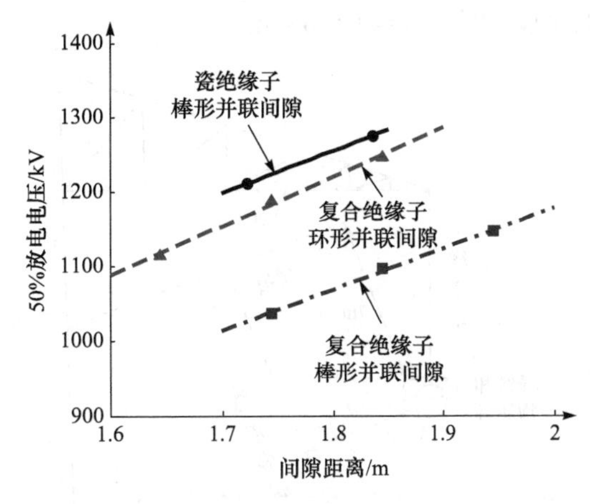

图 7-3　绝缘子串并联间隙 50%放电电压与间隙距离的关系

7.2　输电线路杆塔空气间隙的放电电压预测

输电线路实际工程间隙的放电电压预测是高电压工程领域长期追求的目标。本节以 750kV 同塔双回输电线路中相空气间隙、特高压紧凑型输电线路下相 V 串空气间隙、特高压酒杯塔边相空气间隙这 3 类典型的超/特高压输电线路杆塔空气间隙为研究对象，结合棒-板长空气间隙的试验数据作为样本集，建立各类间隙结构的有限元仿真模型，进行电场计算并提取特征量，采用 SVM 对工程间隙结构的标准操作冲击放电电压开展预测研究，并将预测结果与相关文献中的试验结果进行对比分析。

7.2.1　输电线路杆塔空气间隙

1. 750kV 同塔双回输电线路中相空气间隙

750kV 同塔双回输电线路中相空气间隙示意图如图 7-4 所示[6]。杆塔采用 1∶1 真型塔头，导线采用 1∶1 模拟分裂硬导线。硬导线采用直径约 28mm 镀锌铁管制成，子导线间隔 400mm，长约 20m，两端加装直径为 1.5m 的均压环。为便于模拟，我们将塔头吊于 60m 高的门型塔上，对模拟塔头的中相空气间隙单独进行试验，导线离地面高度大于等于 20m。

文献[6]对上述 750kV 同塔双回输电线路中相空气间隙开展了操作冲击放电试验，

试验电压为正极性 250/2500μs 标准操作冲击电压。实际情况中悬垂绝缘子在大风下会产生风偏角 α，风偏角的大小由风速、风向、绝缘子结构，以及导线结构决定。试验依靠偏转绝缘子串来模拟风偏比较困难，因此由偏转模拟塔构架模拟 α，具体布置是将模拟上横担沿上横担下表面方向偏转 α，模拟塔腿沿塔腿方向偏转 α 来实现模拟风偏。如图 7-4 所示，对于中相空气间隙，风偏角 α=20°，导线（包括均压环）与模拟塔腿的最小间隙距离 d 为选定的试验间距，d=4.0～6.4m。

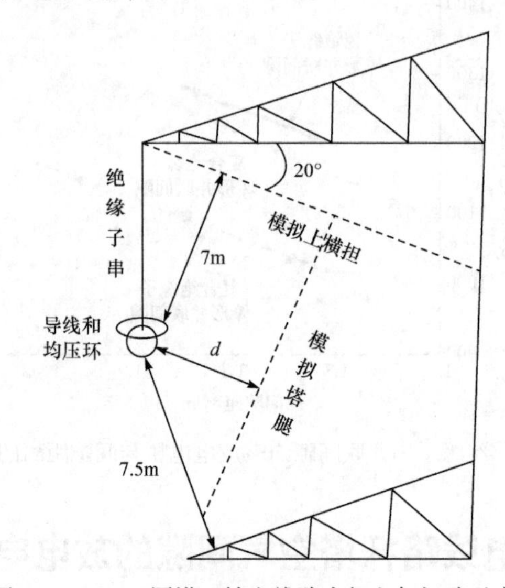

图 7-4　750kV 同塔双输电线路中相空气间隙示意图

2. 特高压紧凑型输电线路下相 V 串空气间隙

特高压紧凑型输电线路下相 V 串空气间隙示意图如图 7-5 所示[7]。杆塔采用自立式

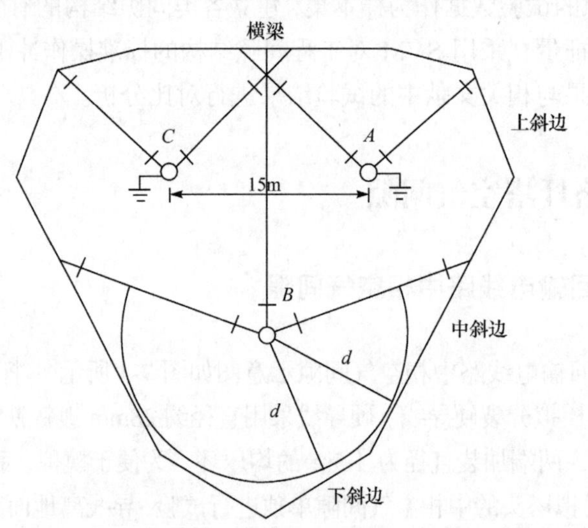

图 7-5　特高压紧凑型输电线路下相 V 串空气间隙示意图

单塔柱塔型结构，导线为 10×500mm^2 导线，分裂间距取 400mm。试验采用不锈钢管加工 10 分裂硬导线，长 20m，钢管直径 30mm，分裂圆直径 1.29m，导线悬垂角 10°（考虑导线自重在杆塔挂点处会下垂，与水平面形成夹角）。V 形串和中直串（下相 V 串中间拉串）采用结构高度为 9.75m 的 1000kV 复合绝缘子及金具组装形成。

文献[7]对上述特高压紧凑型输电线路空气间隙开展了操作冲击放电特性试验。试验时调整 *A*、*B*、*C* 三相导线相间距离为 15m，导线对构架间隙距离 *d* 取 5.0～7.4m。下相（*B* 相）导线施加正极性 250/2500μs 标准操作冲击电压，上相（*A*、*C* 相）分别接地。在塔窗靠近下相高压电极部分，中斜边距均压环最近处宽 6.5m，下斜边距导线最近处宽 8.5m。

3. 特高压酒杯塔边相空气间隙

特高压酒杯塔边相空气间隙示意图如图 7-6 所示[8]。酒杯塔根据相关设计院给出的 ZBS2 型塔图纸进行制作加工，塔高 71m，宽 57m，横担长 13.4m，边相悬挂 I 型绝缘子串；导线是按照 1:1 尺寸比例加工的 8×500mm^2 模拟硬导线，子导线为直径约 30mm 的镀锌钢管，长约 20m，子导线间隔为 400mm，两端加装直径 1.5m 的屏蔽环，试验时分裂导线与水平夹角为 10°；绝缘子为 1000kV 特高压线路采用的复合绝缘子，均压环外圆直径为 1.1m，管径为 100mm。

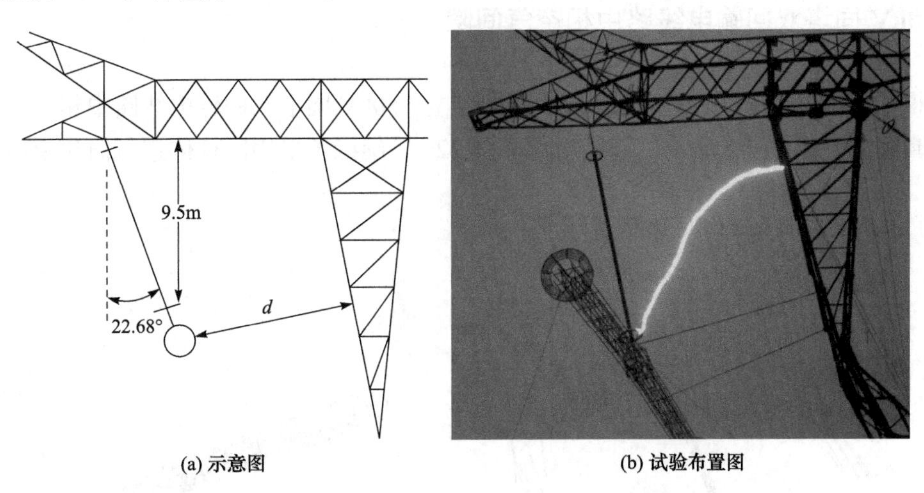

(a) 示意图　　(b) 试验布置图

图 7-6　特高压酒杯塔边相空气间隙示意图

文献[8]对上述特高压酒杯塔边相空气间隙开展了操作冲击放电特性试验，试验电源为 5400kV 冲击电压发生器，并配备有相关测量系统，能够产生 250/2500μs 标准操作冲击电压。试验时，考虑 I 型绝缘子串的风偏情况，采用绝缘绳拉动分裂导线，使绝缘子串形成约 23°的风偏角，均压环到横担的距离为 9.5m，试验布置如图 7-6（b）所示。通过调整绝缘子串在横担上的悬挂位置，选择边相导体与塔身的间隙距离 *d* 分别为 4.5m、

5.5m、6.4m、7.5m 和 8.0m。试验时，在模拟 8 分裂导线上施加正极性 250/2500μs 标准操作冲击电压，采用升降法获取导线-杆塔空气间隙在不同间距下的 50%放电电压 U_{50}，每组试验加压 40 次。

上述 3 类输电线路杆塔空气间隙的标准操作冲击试验结果如表 7-3 所示[6-8]。将这 3 类工程间隙结构作为样本集，验证 SVM 对输电线路杆塔空气间隙放电电压预测的有效性。

表 7-3 输电线路杆塔空气间隙的标准操作冲击 U_{50} 试验结果

750kV 同塔双回 中相空气间隙		特高压紧凑型 下相 V 串空气间隙		特高压酒杯塔 边相空气间隙	
d/m	U_{50}/kV	d/m	U_{50}/kV	d/m	U_{50}/kV
4.0	1421	5.0	1681	4.5	1577
4.5	1549	6.0	1802	5.5	1803
5.0	1677	7.0	1896	6.4	1971
5.5	1804	7.4	1977	7.5	2115
6.0	1855	—	—	8.0	2240
6.4	1893	—	—	—	—

7.2.2 电场计算及特征量提取

1. 750kV 同塔双回输电线路中相空气间隙

根据图 7-4 所示试验布置及相应尺寸[6]建立 750kV 同塔双回输电线路中相空气间隙的仿真模型，如图 7-7 所示。导线对地高度 22m，绝缘子采用圆柱体进行简化模拟，模

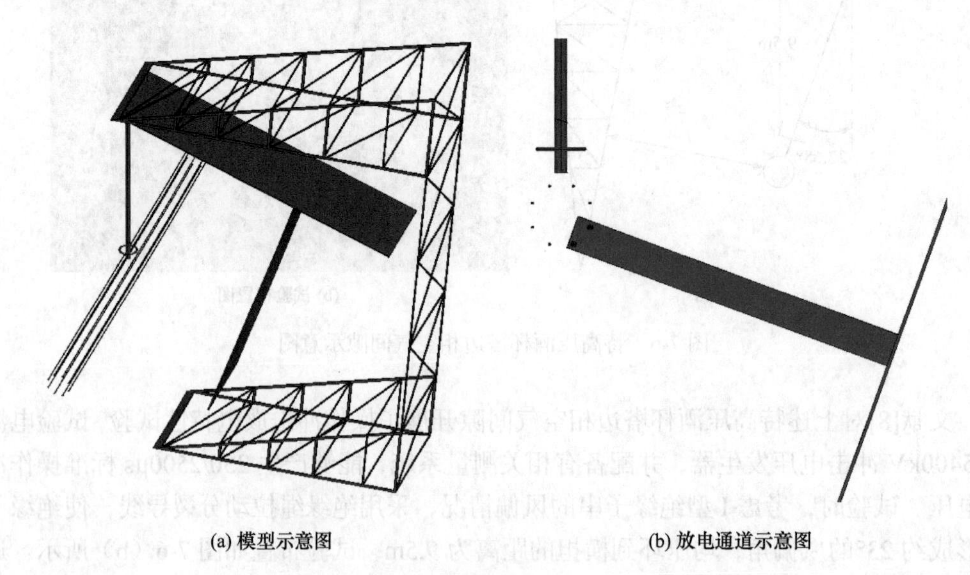

(a) 模型示意图　　(b) 放电通道示意图

图 7-7 750kV 同塔双回输电线路中相空气间隙的仿真模型

拟上横担和模拟塔腿采用 4m 宽的金属板代替。

对仿真模型进行电场计算时，导线及其附近均压环加载电位 1V，塔窗加载零电位，外包空气尺寸为 80m×60m×60m，外包空气最外层加载零电位。以间隙距离 d=5.5m 为例，750kV 同塔双回输电线路中相空气间隙的电位及电场分布云图如图 7-8 所示。依次计算 d=4.0m、4.5m、5.0m、5.5m、6.0m、6.4m 等 6 个间距下的空气间隙电场分布。放电通道如图 7-7（b）所示，最短放电路径为子导线距模拟塔腿最小距离所在的路径，提取通道和路径上的电场分布特征量用以放电电压预测。

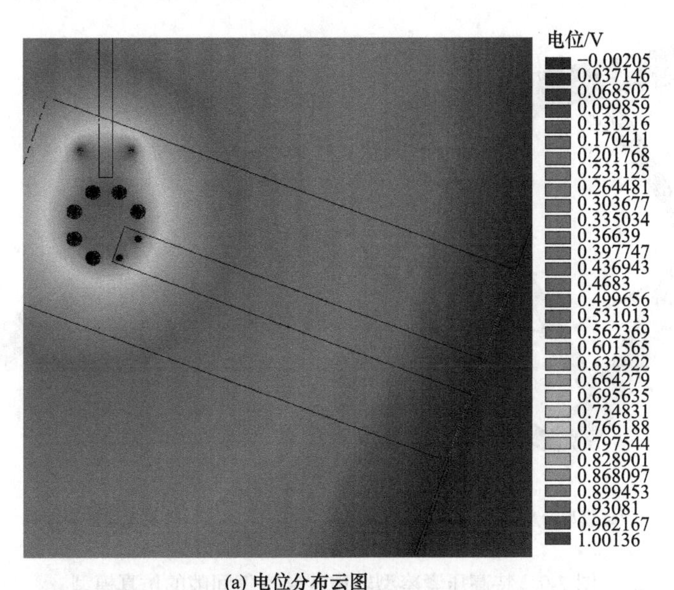

(a) 电位分布云图

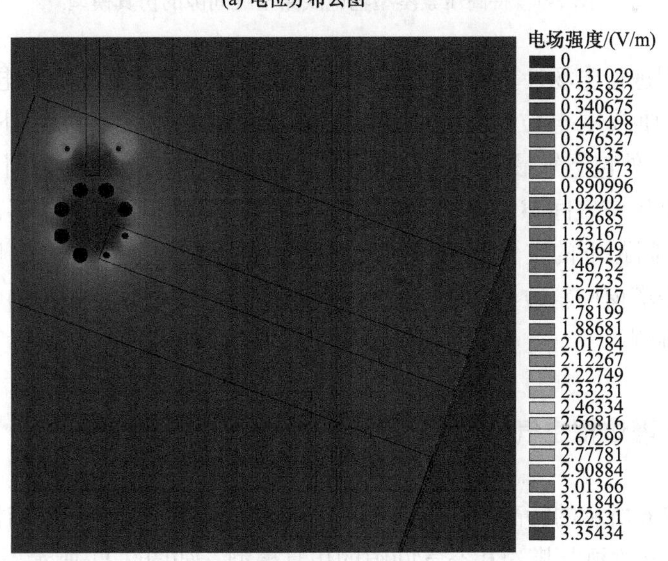

(b) 电场分布云图

图 7-8　750kV 同塔双回输电线路中相空气间隙电位及电场分布云图（d=5.5m）

2. 特高压紧凑型输电线路下相 V 串空气间隙

根据如图 7-5 所示的特高压紧凑型输电线路间隙结构布置[7]，对模型进行合理简化，建立其有限元分析模型，如图 7-9（a）所示。在实际情况中，悬挂 V 串下相导线的绝缘子会自然下垂，导线悬垂角约为 10°。考虑绝缘子对电场分布影响有限，在建立仿真模型时，绝缘子设为硬直不可弯曲，且忽略伞裙的形状，以圆柱体代替。实际塔窗采用软铜带良好接地，仿真以 5m 宽的薄金属板代替塔窗。

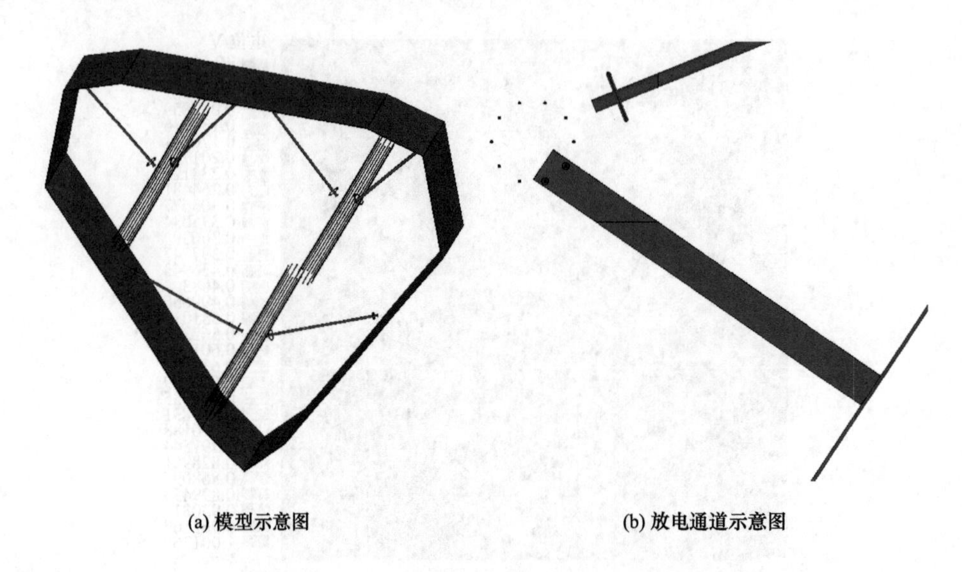

(a) 模型示意图　　(b) 放电通道示意图

图 7-9　特高压紧凑型输电线路空气间隙的仿真模型

对仿真模型进行电场计算时，下相 V 串导线及其附近均压环加载电位 1V，上相导线附近均压环加载零电位，塔窗及其附近均压环加载零电位，外包空气尺寸为 80m×60m×60m，外包空气最外层加载零电位。以间隙距离 d=7.0m 为例，特高压紧凑型输电线路下相 V 串空气间隙的电位及电场分布如图 7-10 所示。依次计算 d=5.0m、6.0m、7.0m、7.4m 等间距下的空气间隙电场分布，放电通道如图 7-9（b）所示，最短放电路径为子导线距塔窗中斜边最小距离所在的路径，提取通道和路径上的电场分布特征量进行放电电压预测。

3. 特高压酒杯塔边相空气间隙

根据如图 7-6 所示的特高压真型酒杯塔、导线、绝缘子、金具的结构尺寸参数，参照试验布置[8]，建立酒杯塔边相空气间隙的仿真模型，如图 7-11 所示。

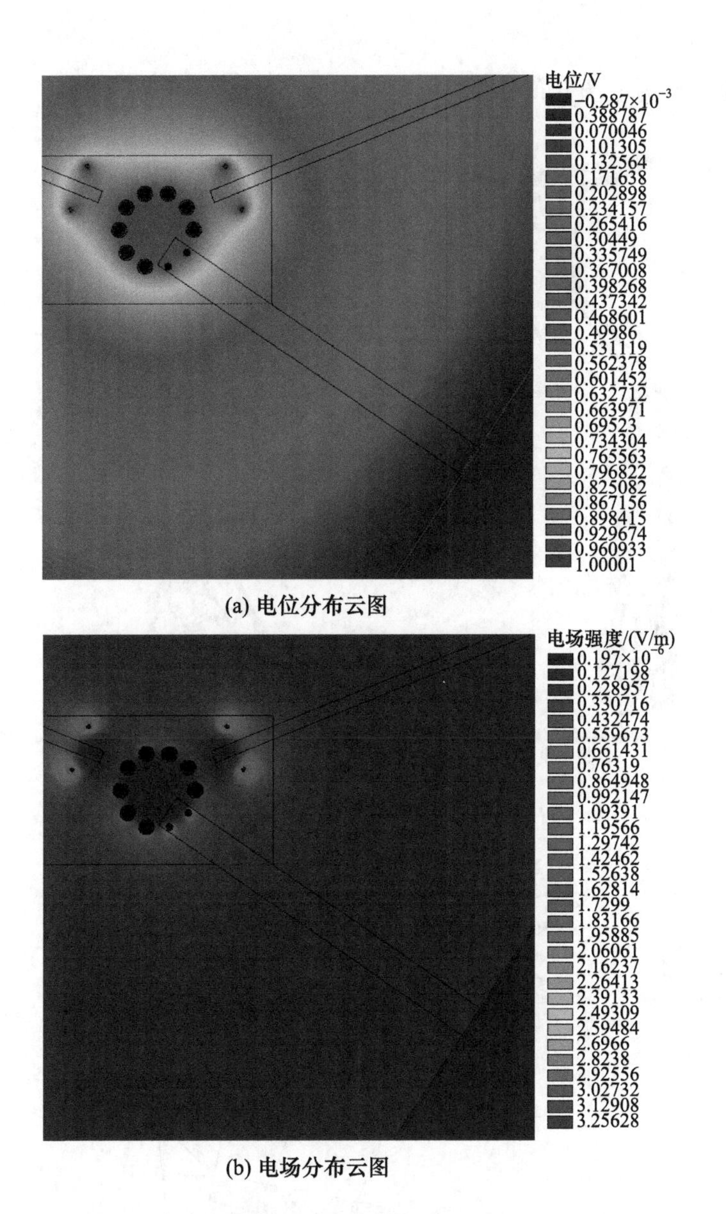

(a) 电位分布云图

(b) 电场分布云图

图 7-10　特高压紧凑型输电线路下相 V 串空气间隙电位及电场分布云图（d=7m）

为了便于提取电场分布特征量，定义导线-塔身构架空气间隙的放电通道和最短放电路径，如图 7-12 所示。最短放电路径为距塔身最近的子导线到塔身的直线路径，放电通道为导线与塔身之间包含两根子导线的空间区域。需要指出的是，实际放电试验时放电路径分散性较大，根据试验统计，在大多数情况下，均为导线或均压环对塔身放电，放电可能始于导线，也可能始于均压环，如图 7-6（b）所示。对于 750kV 同塔双回输电线路中相空气间隙、特高压紧凑型输电线路下相 V 串空气间隙和特高压酒杯塔边相空气间隙，实际的放电发展路径都不一定是沿着导线-塔身之间最短几何距离所在的路径。在仿真计算和预测研究中，我们只考虑理想情况，不考虑放电路径的分散性，将导线和杆塔之间的最短路径作为电场分布特征提取路径。

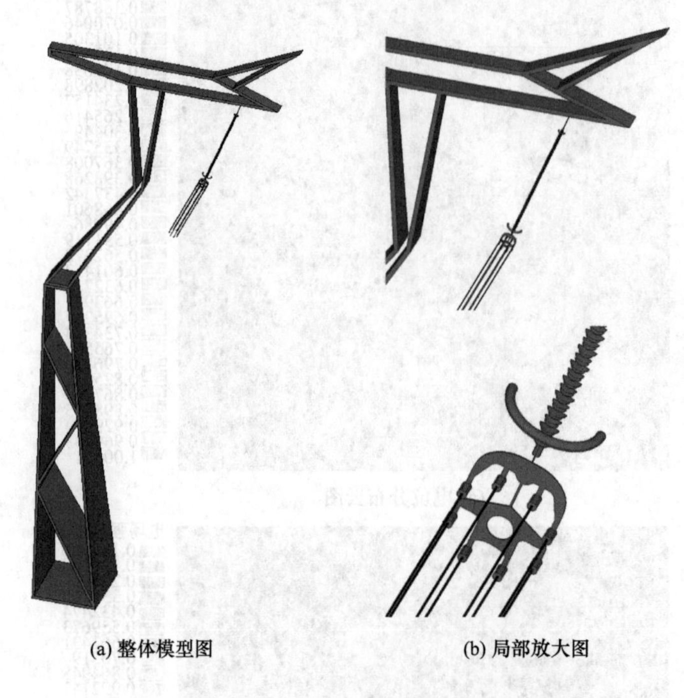

(a) 整体模型图　(b) 局部放大图

图 7-11　特高压酒杯塔边相空气间隙的仿真模型

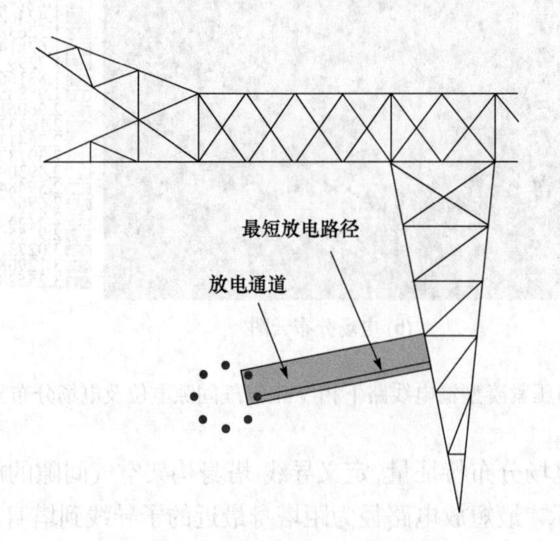

图 7-12　导线-塔身空气间隙放电通道与最短放电路径示意图

对特高压酒杯塔输电线路的分裂导线、均压环附近的区域进行加密剖分，对分裂导线和高压端金具加载电位 1V，对杆塔、低压端金具和外部空气边界施加零电位。以间隙距离 d=4.5m 的情况为例，特高压酒杯塔边相空气间隙的电位和电场分布云图如图 7-13 所示。

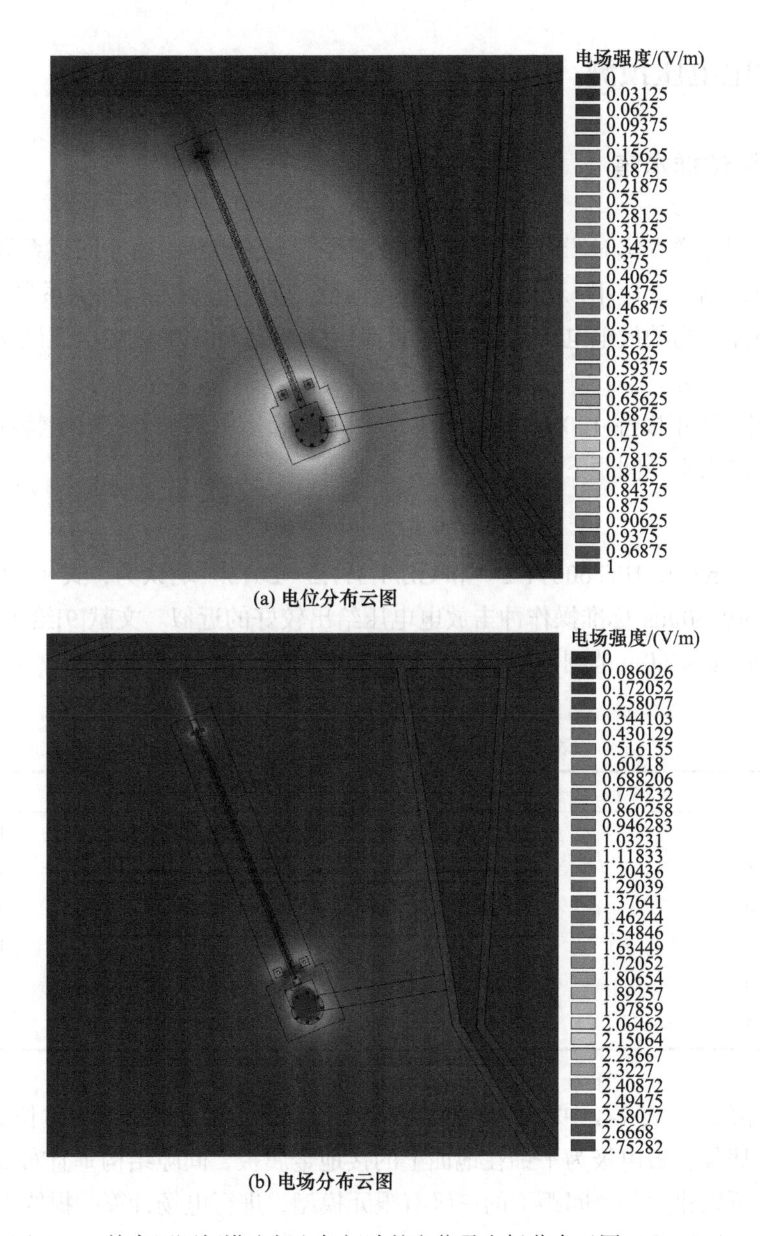

(a) 电位分布云图

(b) 电场分布云图

图 7-13　特高压酒杯塔边相空气间隙的电位及电场分布云图（d=4.5m）

从图 7-13 可以看出，分裂导线和均压环表面存在电场集中，电场强度从分裂导线至塔身逐渐减小，而图 7-12 定义的放电通道包含场强逐渐减小的区域。这一区域的电场分布特征量能够对导线-塔身空气间隙的电场分布情况进行表征。采用上述方法依次计算 d=4.5m、5.5m、6.4m、7.5m 和 8.0m 等间距下的杆塔边相电场分布，提取电场分布特征量用以放电电压预测。

7.2.3 放电电压预测

1. 训练和测试样本集

合理的训练样本集对于确保 SVM 的预测性能至关重要。由于间隙系数法已经在高电压工程中得到广泛应用，利用棒-板长空气间隙的放电电压乘以间隙系数，即可估算输变电工程间隙结构的放电电压，因此这里将棒-板长空气间隙的放电电压试验数据作为训练样本集的一部分。

文献[9]采用正极性 120/4000μs 操作波对棒-板长空气间隙开展放电特性试验，并根据试验结果提出不同间距下的 U_{50} 计算公式，即

$$U_{50} = 500d^{0.6} \tag{7.4}$$

CIGRE Brochure[10]、IEC 60071-2[11]和 GB/T 311.2—2013[12]均认为，式（7.4）能够对棒-板间隙的 250/2500μs 标准操作冲击放电电压给出较好的近似。文献[9]给出了棒-板空气间隙在 $2.0\text{m} \leqslant d \leqslant 7.0\text{m}$ 范围内的 50%放电电压，如表 7-4 所示。

表 7-4　棒-板空气间隙的 50%放电电压

d/m	U_{50}/kV	d/m	U_{50}/kV
2.0	759	5.0	1320
2.5	867	5.5	1390
3.0	969	6.0	1470
3.5	1062	6.5	1540
4.0	1150	7.0	1610
4.5	1240	—	—

文献[9]给出了表 7-4 中棒-板间隙的电极结构尺寸，棒电极为截面边长 1cm、长度足够的方形金属棒，板电极为平铺在地面上的接地金属板，间隙结构垂直布置。根据上述参数，我们可以建立各个间距下的三维有限元模型，进行电场计算并提取电场分布特征量，作为 SVM 的训练样本。

此外，为了反映间隙结构（电场分布）改变对空气放电特性的影响，需要选用一种工程间隙结构与棒-板间隙一起作为训练样本集。可以认为，这是 SVM 从工程间隙的放电特性试验数据中学习如何确定间隙系数。我们依次从上述 3 种超/特高压输电线路工程间隙结构中选取一种加入训练样本集，对 SVM 进行训练。然后，对其他两种工程间隙结构的 50%放电电压进行预测，将包含 750kV 同塔双回输电线路中相空气间隙、特高压紧凑型输电线路下相 V 串空气间隙、特高压酒杯塔边相空气间隙的训练样本集分别记为 A、B、C 三组。

2. 预测结果及分析

基于 5-CV，采用改进 GS 算法对 SVM 的惩罚系数 C 和核函数参数 γ 进行寻优，输入特征为 28 维电场分布特征量。采用黄金分割搜索法进行迭代预测，初始搜索区间为 0～3000kV，收敛精度为 5kV。采用训练样本集 A、B、C 分别对 SVM 进行训练，对另外两种工程间隙结构的 50%放电电压预测，结果分别如表 7-5～表 7-7 所示，U_{50} 为试验值[6-8]，U_{50p} 为预测值，σ 为预测值与试验值的相对误差。

表 7-5　输电线路杆塔空气间隙的 U_{50} 预测结果（训练样本集 A）

特高压紧凑型输电线路下相空气间隙				特高压酒杯塔边相空气间隙			
d/m	U_{50}/kV	U_{50p}/kV	σ/%	d/m	U_{50}/kV	U_{50p}/kV	σ/%
5.0	1681	1759	4.64	4.5	1577	1425	−9.64
6.0	1802	1954	8.44	5.5	1803	1655	−8.31
7.0	1896	2101	10.81	6.4	1971	1827	−7.45
7.4	1977	2160	9.26	7.5	2115	2097	−0.90
—	—	—	—	8.0	2240	2194	−2.14

表 7-6　输电线路杆塔空气间隙的 U_{50} 预测结果（训练样本集 B）

750kV 输电线路中相空气间隙				特高压酒杯塔边相空气间隙			
d/m	U_{50}/kV	U_{50p}/kV	σ/%	d/m	U_{50}/kV	U_{50p}/kV	σ/%
4.0	1421	1541	8.4	4.5	1577	1648	4.5
4.5	1549	1618	4.5	5.5	1803	1915	6.2
5.0	1677	1691	0.8	6.4	1971	2062	4.6
5.5	1804	1744	−3.3	7.5	2115	2216	4.8
6.0	1855	1786	−3.7	8.0	2240	2258	0.8
6.4	1893	1801	−4.9	—	—	—	—

表 7-7　输电线路杆塔空气间隙的 U_{50} 预测结果（训练样本集 C）

750kV 输电线路中相空气间隙				特高压紧凑型输电线路下相空气间隙			
d/m	U_{50}/kV	U_{50p}/kV	σ/%	d/m	U_{50}/kV	U_{50p}/kV	σ/%
4.0	1421	1477	3.94	5.0	1681	1712	1.84
4.5	1549	1589	2.58	6.0	1802	1895	5.16
5.0	1677	1686	0.54	7.0	1896	2071	9.23
5.5	1804	1763	−2.27	7.4	1977	2124	7.44
6.0	1855	1839	−0.86	—	—	—	—
6.4	1893	1879	−0.74	—	—	—	—

从表 7-5～表 7-7 可以看出，除一个样本，其他测试样本的放电电压预测结果的相对误差均在 10%以内，通过最大相对误差 e_{max} 和平均绝对百分比误差 e_{MAPE} 评估 SVM 的整体预测性能，三组训练样本集对应的 SVM 最优参数和预测结果的误差指标如表 7-8

所示。由此可见，三组预测结果的 e_{MAPE} 分别为 6.84%、4.19%和 3.46%，均在工程应用允许的误差范围内。

表 7-8　SVM 最优参数和预测结果的误差指标

指标	训练样本集		
	A	B	C
C	415.8732	831.7470	702.3975
γ	0.1088	0.0583	0.0085
e_{max}	0.1081	0.0844	0.0923
e_{MAPE}	0.0684	0.0419	0.0346

以训练样本集 B 对应的预测结果为例，根据试验值与预测值，绘出 U_{50} 与 d 的关系，预测结果与试验结果的对比如图 7-14 所示。可见，预测结果整体上满足工程应用所需的精度要求，由于电场仿真计算采用的有限元模型相比实际试验布置进行了一些简化，预测采用的电场分布特征量与实际试验布置下的电场分布存在一定的差异，这也会引起一定的误差。

由上述分析可见[13]，采用棒-板长空气间隙的放电试验数据和一种工程间隙结构的放电试验数据作为训练样本，可以预测得到超/特高压输电线路杆塔空气间隙的 50%放电电压。在超/特高压输电线路建设的工程实践中，国内外已经积累了大量长空气间隙放电试验数据。上述研究结果表明，若将这些数据作为训练样本，采用 SVM 可以预测得到新型工程间隙的放电电压，进而有效指导输变电工程的外绝缘设计，节省试验所需成本。

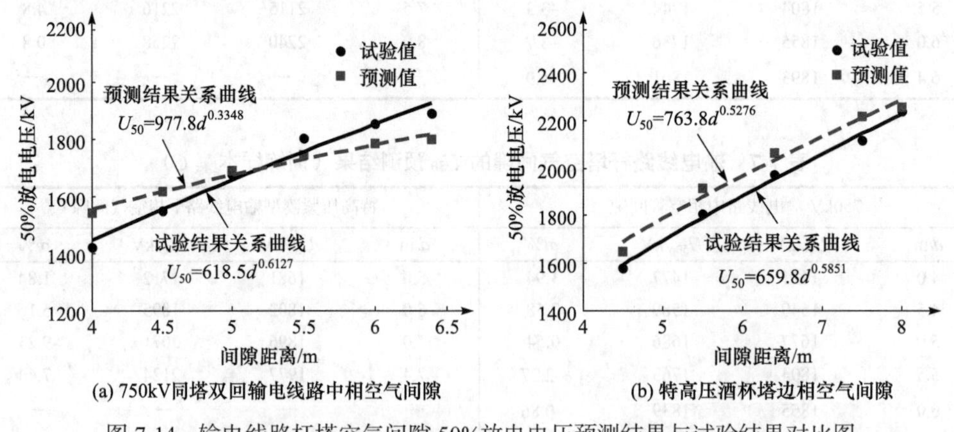

图 7-14　输电线路杆塔空气间隙 50%放电电压预测结果与试验结果对比图

7.3 直升机带电作业组合间隙放电电压预测

带电作业是输电线路检测、检修和改造的重要手段。直升机带电作业可以降低作业人员的体力消耗、提高作业效率，已成为高压输电线路运行维护的重要措施[14-16]。直升机带电作业方式包括平台法和吊篮法，其中平台法更为常用[17]。使用平台法进行直升机带电作业时，作业人员位于直升机操作平台，直升机飞行至输电线路附近，然后进行等电位连接和带电作业。

为了保证作业安全，需研究直升机带电作业过程中直升机与带电导线、接地体之间应保持的最小安全间隙距离。在进入等电位的过程中，直升机和作业人员作为悬浮电位体处于带电导线和接地体之间的电场中，组成高压导线-直升机-接地体之间的组合空气间隙。目前主要通过模拟典型作业工况开展间隙放电试验，获取带电作业的最小安全距离（即最低放电电压所对应的组合间隙配置）。本节通过 SVM 对直升机带电作业组合空气间隙的操作冲击 50%放电电压进行预测，并与相关文献中的试验结果进行对比，验证空气绝缘预测模型在工程结构组合空气间隙放电电压预测中的可行性。

7.3.1　组合间隙放电电压预测方法

含电位悬浮导体的组合间隙可以分为两个串联间隙。下面以含有悬浮电位金属球的导线-板间隙为例，说明组合间隙放电电压预测的实现流程。该组合间隙结构如图 7-15 所示，由高压导线与悬浮金属球之间的间隙 1 和悬浮金属球与接地平板之间的间隙 2 组成，间隙 1 和间隙 2 的长度分别为 d_1 和 d_2，高压导线与接地平板之间的间隙距离为 d。

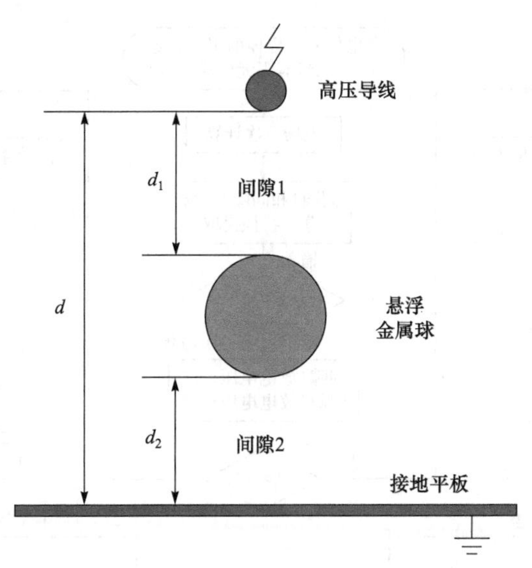

图 7-15　含有悬浮电位金属球的导线-板组合间隙

组合间隙放电电压预测包括以下步骤。

（1）对高压导线施加高电位，平板电极和截断空气边界施加零电位，耦合悬浮金属球的表面电位，进行电场一次计算，分别提取间隙 1 和间隙 2 放电通道，以及最短放电路径的电场分布特征集。

（2）根据一次计算得到的电场分布特征集，采用 SVM 分别预测间隙 1 和间隙 2 的放电电压值。若间隙 1 的放电电压预测值 U_1 小于间隙 2 的放电电压预测值 U_2，则认为间隙 1 先被击穿。间隙 1 击穿后，悬浮金属球与高压导线等电位，根据击穿后金属球的电位变化情况对其重新施加电位，进行电场二次计算，提取间隙 2 的电场分布特征集。

（3）根据二次计算得到的间隙 2 电场分布特征集，采用 SVM 对间隙 2 的放电电压值进行二次预测，比较一次计算中间隙 1 的放电电压预测值 U_1 和二次计算中间隙 2 的放电电压预测值 U_2'，取较大者为组合间隙放电电压预测值。

（4）若步骤（2）中 $U_2 < U_1$，则间隙 2 先被击穿，悬浮金属球与接地平板等电位，同样进行电场二次计算，提取间隙 1 的电场分布特征集。仿照步骤（3）进行二次预测，比较一次计算中间隙 2 的放电电压预测值 U_2 和二次计算中间隙 1 的放电电压预测值 U_1'，取较大者为组合间隙放电电压预测值。

含电位悬浮导体的组合间隙放电电压预测流程如图 7-16 所示。由上述具体实现流程可知，通过电场一次计算及放电电压一次预测，可知哪个间隙先放电及其放电电压值；通过电场二次计算及放电电压二次预测，可知后放电间隙的放电电压值；通过比较先后放电的两个间隙的放电电压值，可以得到组合空气间隙的整体放电电压预测值。需要特别说明的是，间隙 1 放电电压预测值或间隙 2 放电电压预测值，指的都是为使该间隙放电。通过预测得到的棒电极（高电位电极）需要加载的实际电位值，我们才能比较两次放电电压预测值，得到使两个间隙都击穿的组合间隙放电电压值。

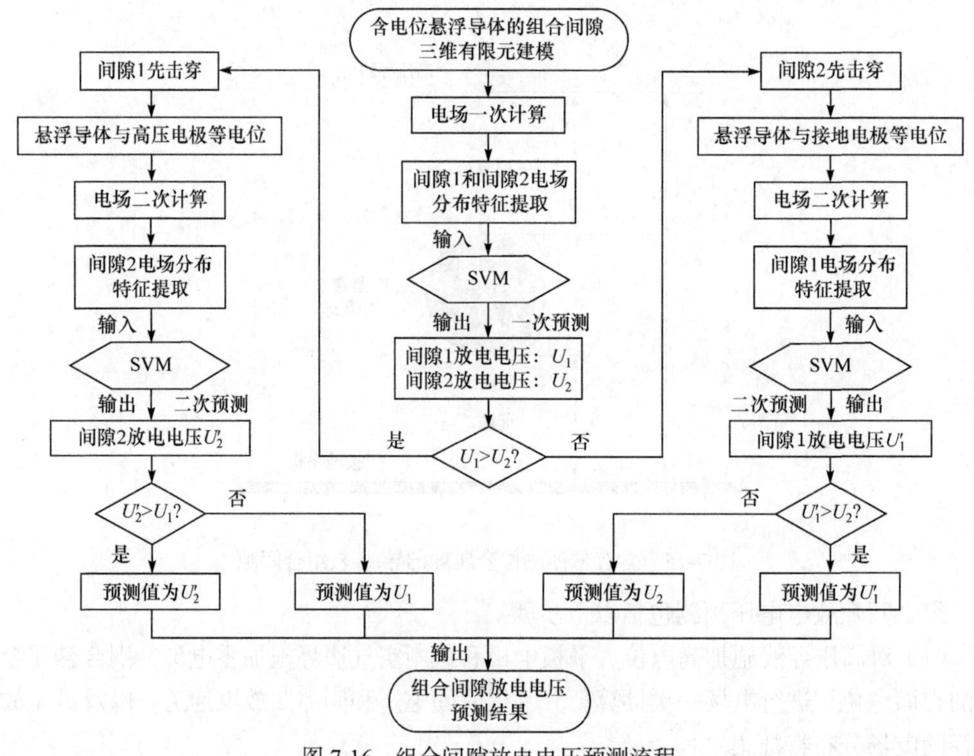

图 7-16　组合间隙放电电压预测流程

7.3.2　直升机带电作业组合间隙

为了确定特高压交流输电线路直升机带电作业安全间隙距离，杜勇等[14]搭建了直升机带电作业试验平台，并开展了相关试验研究，包括典型相地作业工况下的组合间隙操作冲击放电试验。直升机带电作业组合空气间隙示意图如图 7-17 所示。其中，作业人员和模拟导线之间为间隙 1（S_1），主旋翼叶片端部与地线之间为间隙 2（S_2）。试验以 MD 500 直升机尺寸[15,16]为依据，按照 1:1 的比例制作金属外壳的模拟直升机。模拟导线采用的是 8 分裂导线结构，长度为 25m，两端装有均压环。冲击电压发生器的高压引线连接在该均压环上。模拟地线由单根导线构成，长度为 20m。模拟作业人员由铝合金制成，

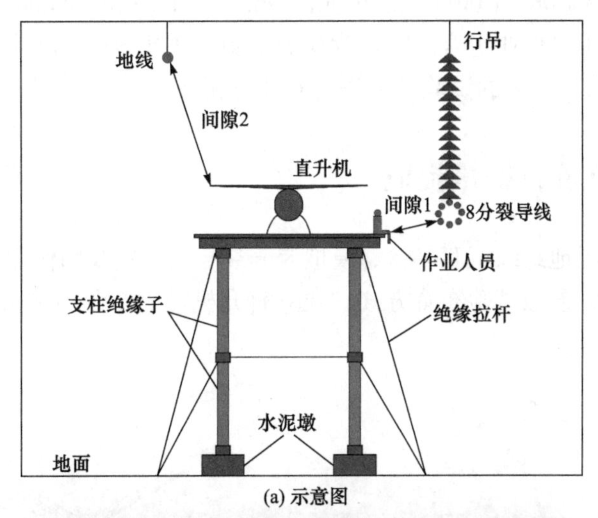

(a) 示意图

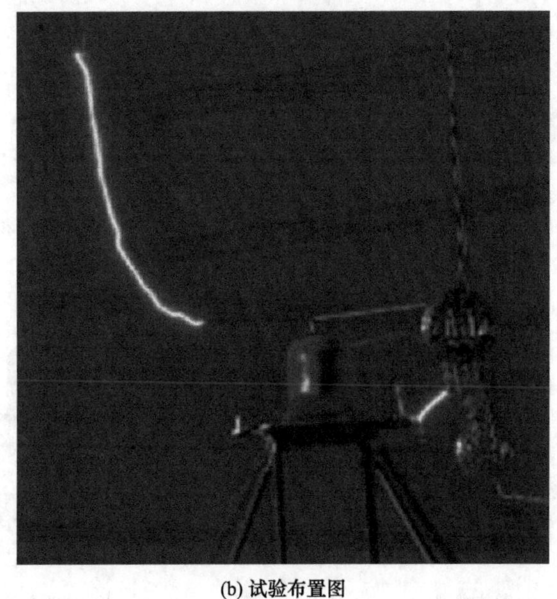
(b) 试验布置图

图 7-17　直升机带电作业组合空气间隙示意图

固定于作业平台和直升机的侧方。直升机带电作业平台位于绝缘试验台上方，试验台高12m，顶部的平台形状为3m×2.4m×0.2m的长方体，绝缘支柱由上下两节组成，下部以四个边长1.2m的正方体石墩做基座。

在试验过程中，相-地放电试验加载250/2500μs的正极性操作冲击电压。需要指出的是，虽然实际带电作业中的MD 500直升机主旋翼为非金属复合轻质材料，但是户外试验平台的模拟直升机全身为金属材料，主旋翼和地线之间可构成放电通道。为了研究中相直升机带电作业组合间隙的放电特性，试验过程保持间隙1和间隙2的和不变，使其值为7.5m。在不同的试验布置中，通过行吊移动导线和地线，分别改变间隙1和间隙2的值，实现不同的间隙组合。最终，共形成6组直升机带电作业组合间隙的试验布置，即S_1/S_2分别为0.5m/7.0m、1.0m/6.5m、1.6m/5.9m、2.2m/5.3m、2.8m/4.7m和3.2m/4.3m。本节以上述直升机带电作业组合间隙作为研究对象，采用SVM对其50%放电电压进行预测研究，并与文献[14]中的试验结果进行对比分析。

7.3.3 电场计算及特征量提取

根据户外试验场地绝缘试验平台，模拟8分裂导线、地线和作业人员的结构尺寸参数和相对位置关系，参照试验布置方式，建立直升机带电作业相-地组合间隙仿真模型，如图7-18所示。

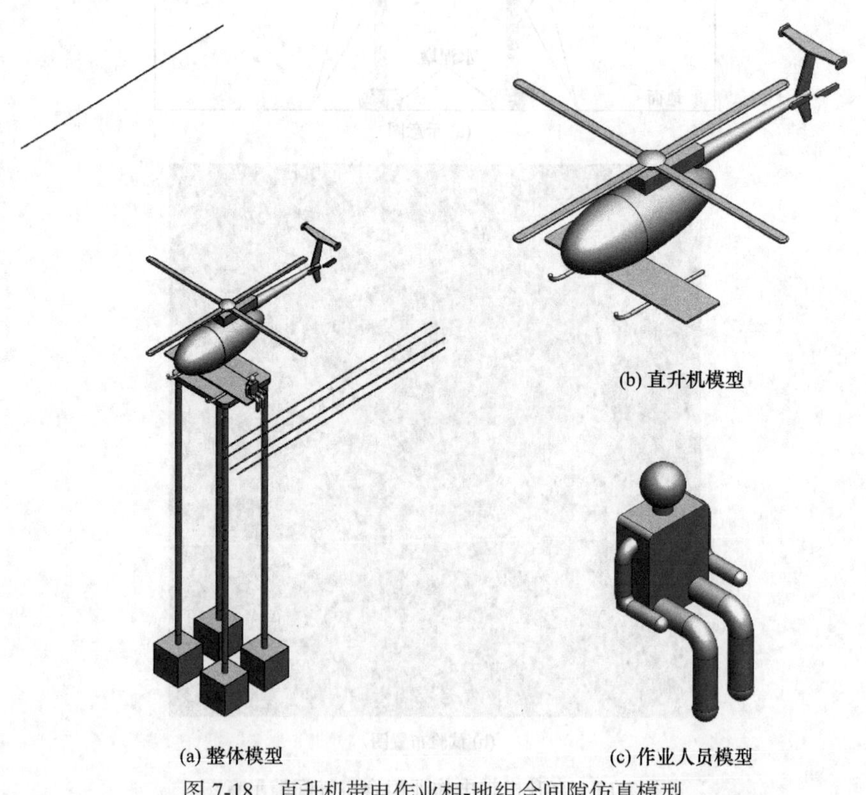

图7-18　直升机带电作业相-地组合间隙仿真模型

（1）直升机模型。如图 7-18（b）所示，直升机主旋翼根据实际尺寸及试验布置进行建模，机舱简化为一个椭圆体。考虑直升机起落架下部滑橇两端的电场可能会较大，滑橇按照实际形状进行建模，而滑橇与机身之间的连接杆可以忽略。直升机机身下方放置了一个操作平台，带电作业人员坐在操作平台的外侧。

（2）作业人员模型。人体模型的形状、尺寸主要参考 GB 10000—88[18]的统计数据，由于实际人体的形状极为复杂，精确的人体模型将导致巨大的计算量。为了适当降低分析难度，在建模时将人体模型尽量简化。如图 7-18（c）所示，人体头部采用球形来模拟，上半身采用长方体来模拟，将手臂和腿部采用圆柱体进行模拟。采用平台法进行直升机带电作业时，作业人员通常以坐姿固定于操作平台上。

（3）试验台、导线及地线模型。由于绝缘拉杆对作业人员及其附近电场的影响可以忽略不计，因此不建立其模型。同时，用于悬挂模拟导线和模拟地线的绝缘绳及导线端部高压引线也可以忽略。8 分裂导线和地线根据 1000kV 输电线路采用的实际尺寸进行建模。

（4）截断边界条件。截断空气边界采用半圆柱体，在进行电场计算时，上圆柱表面施加零电位，垂直于分裂导线的圆柱侧面加载自然边界条件。

由图 7-16 所示可知，需要定义间隙 1 和间隙 2 对应的放电通道和最短放电路径，并提取对应电场一次计算的电场分布特征集和电场二次计算的电场分布特征集。直升机带电作业相-地组合间隙放电通道和最短放电路径示意图如图 7-19 所示。间隙 S_1 的最短放电路径为作业人员膝盖到距其最近子导线的直线路径，间隙 S_2 的最短放电路径为直升机主旋翼端部到模拟地线的直线路径。放电通道是以两电极之间以最短放电路径为中心的长方体区域。

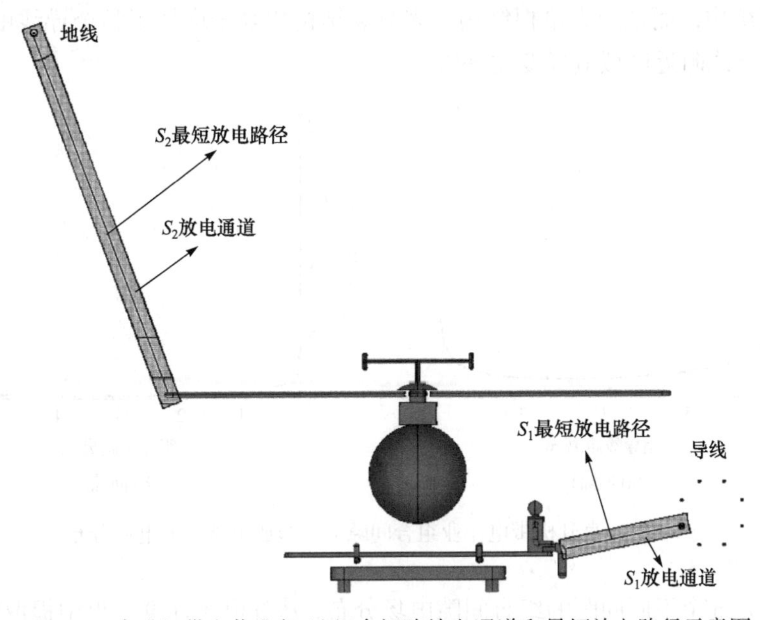

图 7-19　直升机带电作业相-地组合间隙放电通道和最短放电路径示意图

进行电场一次计算及电场分布特征提取时，对两个放电通道、作业人员和主旋翼端部进行加密剖分，在模拟导线上施加电位 1V，地线、大地和外包空气边界施加零电位，对直升机、作业平台和作业人员等悬浮导体进行表面电位耦合。以 S_1=1.6m、S_2=5.9m 的情况为例，直升机带电作业组合间隙模型的电位和电场分布如图 7-20 所示。

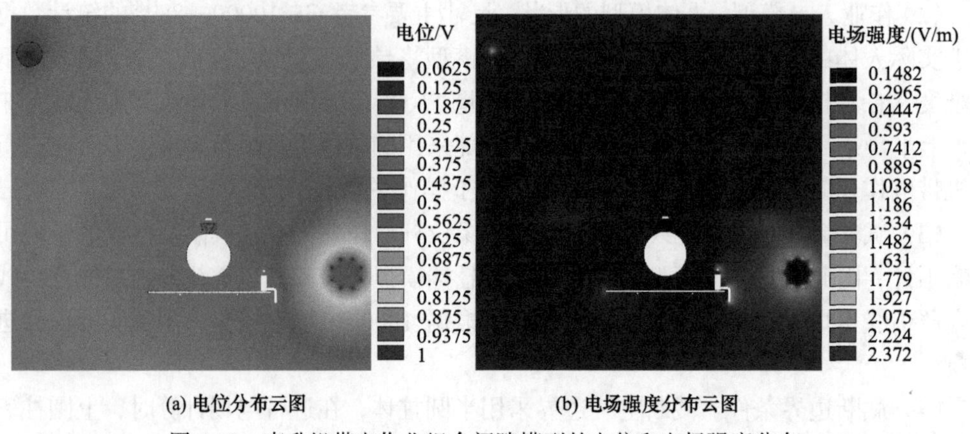

(a) 电位分布云图　　(b) 电场强度分布云图

图 7-20　直升机带电作业组合间隙模型的电位和电场强度分布

从图 7-20（b）可以看出，人体前部表面和平台背面端部的电场强度比较集中，且作业人员和分裂导线之间的电场强度也相对较大。我们分别沿两个间隙的最短放电路径进行均匀插值，可以获得放电路径上的电场强度分布，如图 7-21 所示。可见，间隙 1 和间隙 2 最短放电路径上的电场分布都呈现出 U 形曲线，且导线和地线附近的电场强度值都较大，场强变化规律体现了间隙 1 和间隙 2 两端电极的结构特征。间隙 1 两端电极附近的场强变化相对平缓，而间隙 2 两端电极附近的场强变化比较剧烈。我们认为，导线为多分裂结构，而地线为单根结构。多分裂结构相当于增加了整个导线的等效半径，因此使单根导线附近区域电场变化平缓。

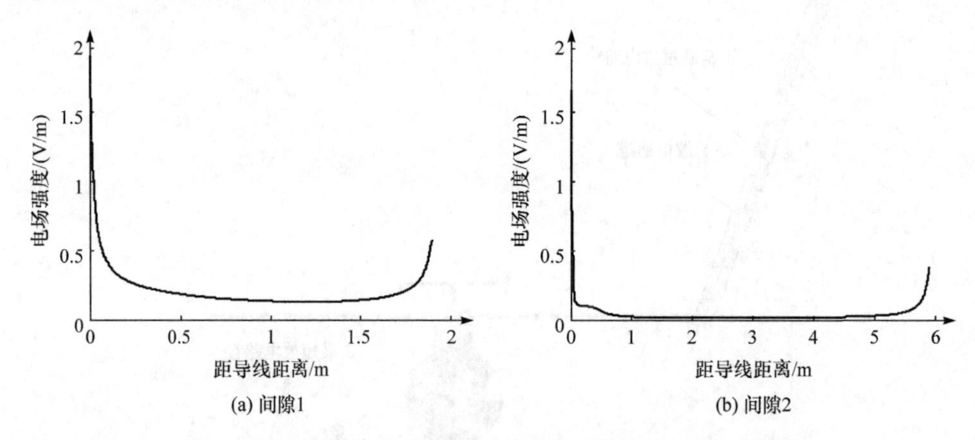

(a) 间隙1　　(b) 间隙2

图 7-21　直升机带电作业组合间隙沿最短放电路径的电场分布

依次计算 6 个不同间距的组合间隙电场分布，从静电场计算结果中提取电场分布特征集，可以得到组合间隙放电电压一次预测的输入量。

7.3.4　放电电压预测

1. 训练样本集

考虑直升机带电作业组合间隙结构比较复杂，且两个间隙的结构特点也不同，因此分别选取合适的训练样本集。间隙 1 两端的电极分别为分裂导线和作业人员腿部，最短路径电场分布具有棒-棒间隙和球-板间隙的特点，同时由于分裂导线结构复杂，因此选取棒-棒、球-板两种典型间隙和表 7-3 中的特高压酒杯塔边相空气间隙作为训练样本集。间隙 2 两端的电极分别为单根模拟地线和直升机主旋翼端部，具有棒-棒间隙和棒-板间隙的特点，由于其结构相对简单且没有分裂导线，因此训练样本集只包含上述两种典型间隙。棒-板间隙的样本数据如表 7-4 所示。棒-棒和球-板间隙的样本数据分别引自文献[19]、[20]棒-棒和球-板间隙的标准操作冲击 50%放电电压试验结果如表 7-9 所示。其中，D 表示球-板间隙的球电极直径。

表 7-9　棒-棒和球-板间隙的标准操作冲击 50%放电电压试验结果

棒-棒间隙		球-板间隙				
间距/m	U_{50}/kV	间距/m	U_{50}/kV			
			D=25cm	D=45cm	D=75cm	D=95cm
2	989	2	800	864	1126	—
3	1253	3	1020	1045	1222	1504
5	1627	4	1154	1186	1331	1550
10.5	2701	5	1286	1303	1412	1585

根据文献[19]、[20]提供的棒-棒间隙和球-板间隙的电极结构及试验布置，可以分别建立其有限元模型，进行电场仿真计算和特征量提取，并与棒-板间隙和特高压酒杯塔边相空气间隙共同构成直升机带电作业相-地组合空气间隙放电电压预测的训练样本集。

2. 放电电压一次预测

对于直升机带电作业组合间隙的间隙 1 和间隙 2，分别采用其各自对应的训练样本集对 SVM 进行训练。间隙 1 的最优参数为 $C=68.59$ 和 $\gamma=0.406$，间隙 2 的最优参数为 $C=194.01$ 和 $\gamma=0.812$。根据组合空气间隙的放电电压预测流程，以电场一次计算提取的电场分布特征量作为输入，分别采用对应的最优参数 SVM 对间隙 1 和间隙 2 的放电电压进行一次预测，结果如图 7-22 所示。

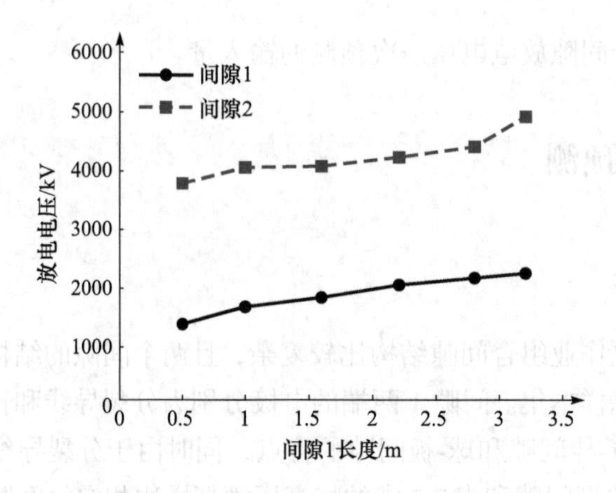

图 7-22　间隙 1 和间隙 2 放电电压一次预测结果

从图 7-22 可以看出，间隙 1 和间隙 2 的放电电压预测值都随着间隙 1 长度的增加而变大。在各间距组合情况下，间隙 1 的放电电压预测值均小于间隙 2。间隙 2 的放电电压预测值增加是因为间隙 1 长度增加后，作业人员的悬浮电位降低，导致间隙 2 击穿所需的外施电压增大。虽然间距 2 的长度也在变小，但其影响小于悬浮电位降低的影响。需要说明的是，这里的放电电压预测值是指在不考虑另一个间隙是否放电的情况下，为使本间隙放电需要在导线上加载的电位值。根据图 7-16 所示的组合空气间隙放电电压预测流程，由于间隙 1 在各个间距下的放电电压一次预测值都小于间隙 2，因此可以认为间隙 1 先击穿。由于电弧压降相比击穿电压小很多，因此可以忽略电弧压降，认为间隙 1 击穿后，作业人员与高压导线等电位。然后，在该条件下对电场进行二次计算并提取特征量，进行放电电压二次预测。

3. 放电电压二次预测

在进行电场二次计算时，对分裂导线、直升机、作业平台和作业人员施加电位 1V，对地线、大地和外包空气边界施加零电位，对直升机带电作业组合空气间隙进行电场仿真计算。同样以组合间隙 S_1=1.6m、S_2=5.9m 的情况为例，电位与电场分布结果如图 7-23 所示。由此可见，电场二次计算的结果与一次计算存在较大差别，当间隙 1 击穿后直升机作业平台和作业人员也处于高电位，由于导体的端部效应，因此电场场强较大处主要集中在作业人员的脚部、作业平台的端部和主旋翼的叶片外端部。

在进行组合间隙放电电压二次预测时，采用与一次预测时相同的训练样本和 SVM。以电场二次计算提取的电场特征量为输入，采用 SVM 分别对 6 个组合间隙模型的间隙 2 放电电压进行预测。在不同组合间隙布置条件下，组合间隙放电电压一次预测值与二次预测值如图 7-24 所示。由此可见，当间隙 1 长度为 0.5、1.0、1.6、2.2m 时，间隙 1 的放电电压一次预测值小于间隙 2 的放电电压二次预测值；当间隙 1 长度为 2.8m 和 3.2m

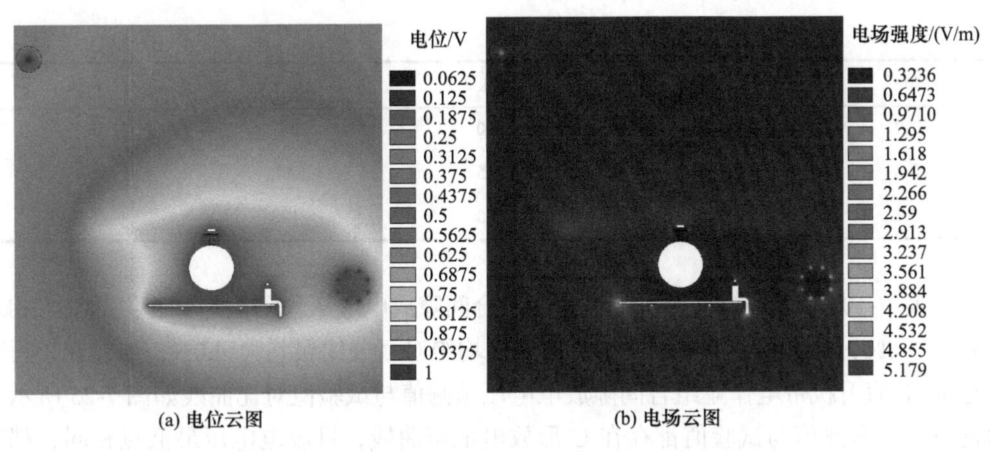

图 7-23　直升机带电作业组合间隙电位与电场分布结果

时，间隙 1 的放电电压一次预测值大于间隙 2 的放电电压二次预测值。前者表明间隙 1 击穿后还需要继续升高电压才能使间隙 2 击穿，后者表明间隙 1 击穿后间隙 2 会随之立即击穿。

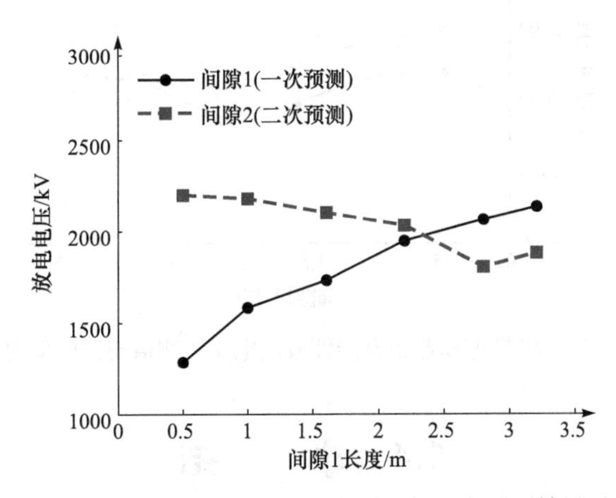

图 7-24　组合间隙放电电压一次预测与二次预测结果对比

组合间隙的最终放电电压预测值取两次预测中的较大者，由图 7-24 可以得到直升机带电作业相-地组合间隙的放电电压预测值 U_{50p}，结果如表 7-10 所示。其中，U_{50t} 表示 50%放电电压试验值，σ 表示预测值与试验值的相对误差。

表 7-10　直升机带电作业相-地组合间隙放电电压预测结果

S_1/m	S_2/m	U_{50t}/ kV	U_{50p}/ kV	σ/%
0.5	7.0	2080	2201	5.8
1.0	6.5	2075	2184	5.3
1.6	5.9	2000	2103	5.2

续表

S_1/m	S_2/m	U_{50t}/ kV	U_{50p}/ kV	σ/%
2.2	5.3	1950	2031	4.2
2.8	4.7	2065	2068	0.1
3.2	4.3	2070	2138	3.3

由表 7-10 可知[21]，直升机带电作业组合间隙放电电压预测值与试验值的最大相对误差为 5.8%，6 组间距配置下的预测结果平均绝对百分比误差为 4.0%，误差在工程允许范围内。直升机带电作业组合间隙放电电压预测值与试验值对比曲线如图 7-25 所示。由此可见，预测值与试验值都存在 U 形放电电压曲线，且放电电压最低点相同，都出现在间隙 1 长度为 2.2m 的布置下，进一步验证了预测结果的合理性。

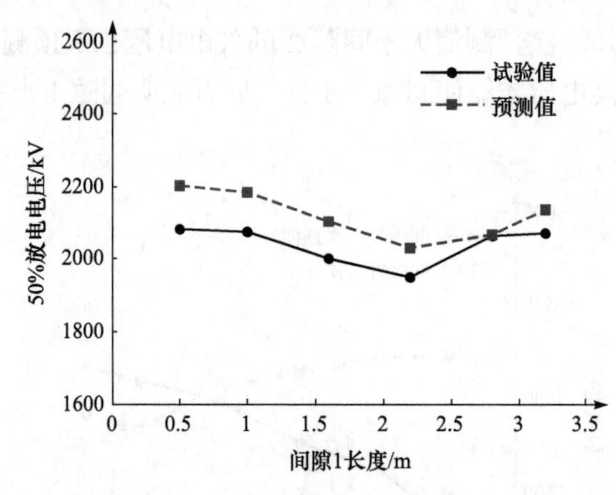

图 7-25　直升机带电作业组合间隙放电电压预测值与试验值对比曲线

7.4 小　结

本章采用空气绝缘预测模型对输电线路绝缘子串并联间隙、输电线路杆塔空气间隙和直升机带电作业组合空气间隙 3 种工程间隙结构的冲击放电电压进行预测研究。

（1）采用棒-棒间隙的 6 个试验数据作为训练样本，能够预测得到 220kV 输电线路瓷绝缘子串棒形并联间隙、复合绝缘子棒形和环形并联间隙共 8 个测试样本的雷电冲击 50%放电电压。相比 3 种海拔校正试验结果，预测值的 e_{MAPE} 分别为 3.03%、3.55%和 4.71%，误差结果在工程允许范围内。采用 SVM 进行放电电压预测，可以为并联间隙的工程设计提供参考。

（2）采用棒-板长空气间隙和一种工程间隙结构的操作冲击放电电压试验结果作为训练样本，分别对 750kV 同塔双回输电线路中相空气间隙、特高压紧凑型输电线路下相 V 串空气间隙和特高压酒杯塔边相空气间隙的 50%放电电压进行预测。3 组不同训练样本集对应预测结果的 e_{MAPE} 分别为 6.84%、4.19%和 3.46%。采用本书提出的空气绝缘预测模型可以对输电线路工程间隙结构的放电电压进行预测，有望为输变电工程的外绝缘设计提供指导。

（3）采用典型间隙和工程间隙结构作为训练样本，对直升机带电作业组合空气间隙的 50%放电电压进行预测，6 组间距配置下预测结果的 e_{MAPE} 为 4.0%，误差在工程允许范围内，且不同间距配置下的预测结果与试验数据呈现出相同的趋势，都存在着 U 形放电电压曲线，放电电压最低点也相同，验证了空气绝缘预测模型在工程结构组合空气间隙放电电压预测中的有效性。

参考文献

[1] 司马文霞, 叶轩, 谭威, 等. 高海拔 220kV 输电线路绝缘子串与并联间隙雷电冲击绝缘配合研究[J]. 中国电机工程学报, 2012, 32（10）: 168-176.

[2] 张智. 220kV 绝缘子串环形并联间隙绝缘配合及导弧性能研究[D]. 重庆: 重庆大学硕士学位论文, 2013.

[3] 全国高电压试验技术和绝缘配合标准化技术委员会. 绝缘配合. 第 1 部分: 定义、原则和规划: GB/T 311.1—2012[S]. 北京: 中国标准出版社, 2012: 26-27.

[4] 万启发, 陈勇, 霍锋, 等. 特高压及超高压线路空气绝缘间隙的高海拔修正方法[P]. 中国 200710169012.7. 2011-07-06.

[5] 廖永力, 李锐海, 李小建, 等. 典型空气间隙放电电压修正的试验研究[J]. 中国电机工程学报, 2012, 32（28）: 171-176.

[6] 陈勇, 孟刚, 谢梁, 等. 750kV 同塔双回输电线路空气间隙放电特性研究[J]. 高电压技术, 2008, 34（10）: 2118-2123.

[7] 霍锋, 胡伟, 徐涛, 等. 1000kV 交流紧凑型输电线路杆塔空气间隙放电特性[J]. 高电压技术, 2011, 37（8）: 1850-1856.

[8] 霍锋. 特高压输电线路长空气间隙绝缘特性及电场分布研究[D]. 武汉: 武汉大学博士学位论文, 2012.

[9] Paris L. Influence of air gap characteristics on line-to-ground switching surge strength[J]. IEEE Transactions on Power Apparatus and Systems, 1967, 86（8）: 936-947.

[10] Thione L, Pigini A, Allen N L, et al. Guidelines for the evaluation of the dielectric strength of external insulation[R]. Paris: CIGRE Brochure, 1992.

[11] International Electrotechnical Commission（IEC）. Insulation coordination. part 2: application guide: IEC 60071-2: 1996[S]. Geneva: IEC, 1996: 187-197.

[12] 全国高电压试验技术和绝缘配合标准化技术委员会. 绝缘配合. 第 2 部分: 使用导则: GB/T 311.2—2013[S]. 北京: 中国标准出版社, 2013: 61-64.

[13] Qiu Z B, Ruan J J, Jin Q, et al. Switching impulse discharge voltage prediction of EHV and UHV transmission lines-tower air gaps by a support vector classifier[J]. IET Generation, Transmission and Distribution, 2018, 12（15）: 3711-3717.

[14] 杜勇, 彭勇, 刘铁, 等. 特高压交流输电线路平台法直升机带电作业安全间隙距离试验研究[J]. 高电压技术, 2015, 41（4）: 1292-1298.

[15] Liao C B, Ruan J J, Liu C, et al. Helicopter live-line work on 1000-kV UHV transmission lines[J]. IEEE Transactions on Power Delivery, 2016, 31（3）: 982-989.

[16] 刘超. 特高压交流输电线路直升机带电作业进近导线路径及其安全性研究[D]. 武汉: 武汉大学博士学位论文, 2017.

[17] IEEE Task Force 15.07.05.05. Recommended practices for helicopter bonding procedures for live-line work[J]. IEEE Transactions on Power Delivery, 2000, 15（1）: 333-349.

[18] 全国人类工效学标准化技术委员会. 中国成年人人体尺寸: GB 10000—88[S]. 北京: 中国标准出版社, 1988: 6-8.

[19] 谢施君, 贺恒鑫, 向念文, 等. 棒-棒间隙操作冲击放电过程的试验观测[J]. 高电压技术, 2012, 38（8）: 2083-2090.

[20] 王晰. 不同海拔高度下棒-板间隙临界半径对比和海拔校正研究[D]. 北京: 中国电力科学研究院硕士学位论文, 2010.

[21] Qiu Z B, Ruan J J, Liu C, et al. Discharge voltage prediction of complex gaps for helicopter live-line work: an approach and its application [J]. Electric Power Systems Research, 2018, 164: 139-148.